U0237920

中国人工智能系列研究报告

大型语言模型的教育应用

陈向东　主编

华东师范大学出版社

·上海·

图书在版编目(CIP)数据

大型语言模型的教育应用/陈向东主编.—上海:华东师范大学出版社,2023

(中国人工智能系列研究报告)

ISBN 978-7-5760-4357-0

Ⅰ.①中… Ⅱ.①陈… Ⅲ.①自然语言处理-研究报告-中国 Ⅳ.①TP391

中国国家版本馆 CIP 数据核字(2023)第 239218 号

大型语言模型的教育应用

组　　编　中国人工智能学会
主　　编　陈向东
策划编辑　周　颖
责任编辑　孔　灿
审读编辑　孔　灿　程云琦
责任校对　王丽平
版式设计　宋学宏
封面设计　冯逸珺

出版发行　华东师范大学出版社
社　　址　上海市中山北路 3663 号　邮编 200062
网　　址　www.ecnupress.com.cn
电　　话　021-60821666　行政传真 021-62572105
客服电话　021-62865537　门市(邮购)电话 021-62869887
地　　址　上海市中山北路 3663 号华东师范大学校内先锋路口
网　　店　http://hdsdcbs.tmall.com

印 刷 者　上海华教印务有限公司
开　　本　787 毫米×1092 毫米　1/16
印　　张　13.5
字　　数　265 千字
版　　次　2023 年 12 月第 1 版
印　　次　2023 年 12 月第 1 次
书　　号　ISBN 978-7-5760-4357-0
定　　价　58.00 元

出 版 人　王　焰

积极探索大型语言模型的教育应用

从互联网到物联网，到人工智能，到元宇宙，再到 ChatGPT，数字化、网络化、智能化、多元化、协同化的技术迭代升级与集群突破，使教育面临着一轮又一轮的挑战，也为实现"以学习者为中心"的教育理念创造了可能和条件。其中，以 ChatGPT 为代表的"大型语言模型"（Large Language Model，LLM，又被译为"大语言模型"或"大模型"），使人工智能技术在更好地理解和生成人类语言、赋能人类学习等方面，显现出越来越强大的功能。自 ChatGPT 上线以来，大型语言模型及其应用领域本身竞争激烈，技术迭代日新月异，有关大型语言模型教育应用的理论探讨也逐步深入，各种观点相互交织甚至针锋相对，涉及教育变革、教师角色、学生素养、知识产权、技术伦理诸多维度。此外，在实践应用层面，越来越多的学校、教师和学生尝试将大型语言模型应用于教与学，或规划个性化学习内容和进度，或提供实时的学习反馈，或辅助教学设计，或生成针对特定学习目标的学习资源，或用于自动化作业评价……总之，大型语言模型的产生和教育应用，不仅为教育数字化转型提供了新的路径和工具，更是给整个教育系统带来了自工业革命之后以确定性知识的授受为基本特征的教育生态的颠覆性、革命性的变革。

如火如荼的大型语言模型及其应用

从 20 世纪 50 年代基于语料库词频统计进行语词预测的 n-gram 模型,到谷歌(Google)2017 年发布的 Transformer 模型,再到 2022 年 11 月 OpenAI 的 ChatGPT 上线,大型语言模型发展迅猛。OpenAI 的 GPT 模型从 GPT-3.5、GPT-4、GPT-4 Turbo 到 GPTs,一路高歌猛进;微软发布了整合 GPT-4 Turbo 和图像生成器 DALL-E 3 以及其他一些升级功能的 Copilot;谷歌在 PaLM(Bard)的基础上发布了包括适用于高度复杂任务的 Gemini Ultra、适用于各种任务的最佳模型 Gemini Pro 以及适用于端侧设备的 Gemini Nano 三个版本的 Gemini 1.0。

2023 年 11 月 6 日,OpenAI 通过首届开发者大会向世人展示 OpenAI 在大模型降费提速、定制化、多模态应用、GPT 商店等方面的显著进展。用户无需任何代码、全程支持可视化点击操作的自定义 GPTs 功能对所有 ChatGPT Plus 全面开放,用户只需要给 ChatGPT 对话指令、额外的知识数据,然后选择是否需要网络搜索、数据分析和图片生成等多模态功能,就能构建法律、写作、营销等特定领域的 ChatGPT 助手,并且可同时分享给他人使用。仅仅不到一个月,谷歌推出了"最通用、功能最强大"的全新大型语言模型 Gemini 1.0,支持 32K 的上下文长度,具有复杂多模态推理能力,可以同时识别文本、图像、音频、视频和代码五种信息,能够发现大量数据中难以辨别的知识,因此能够更好地理解微妙的信息,并回答复杂的问题,从而可以进行数学和物理等复杂学科的推理。据谷歌声称,Gemini Ultra 在 30 个常用学术基准上领先 GPT-4,并以 90.0% 的得分(高于 GPT-4 的 86.4%)成为第一个在 MMLU(massive multitask language understanding,大规模多任务语言理解)[①]测试中超过人类专家的模型。在教育应用上,Gemini 能够独立批改物理作业,在正确"读懂"题目、识别凌乱手写笔迹的同时,指出学生解题过程中的错误,并给出正确的解题步骤。

自 GPTs 公开发布以来,技术门槛的下降带来了越来越多天马行空般的创意。至 2023 年 12 月初,GPTs Hunter 上已汇聚 3.3 万个 GPT 应用,在全球流量排名 Top 50 的 GPT 应用中,ChatGPT 官方发布的多款 GPT 应用稳居榜单前列,DALL·E、数据分析(Data Analysis)、ChatGPT 经典版、创意写作教练(Creative Writing Coach)、ChatGPT-狂野修改(ChatGPT-Hot Mods)占据前五。非官方的 GPT 应用也凭借着个性化应用异军突起,如可画(Canva)因其在商标设计方面的强大功能进入榜单前十。在科研和教育领域,建立在 2 亿篇学术论文基础上的"研究 GPT"(ResearchGPT)、能读 PDF 的"问你 PDF 研究助手"(Askyourpdf Research Assistant)、个性化 AI 家

---

① MMLU 是一个结合了数学、物理、历史、法律、医学和伦理学等 57 个科目的测试集,用于测试世界知识和解决问题的能力。

教应用"驯鹿先生"(Mr. Ranedeer)等位居前列;在编程、网站搭建和视图设计领域,支持轻松创建精美网站的"设计师 GPT"(DesignerGPT)、智能处理网页信息的得力助手"网页向导"(WebPilot)、输入公司名生成商标的"商标设计师"(Logo Creator)等表现不俗。这些应用覆盖编程、设计、办公、科研、教育、游戏、营销、写作、生活等各个领域,甚至还有解梦算命、鸡尾酒调制、与苏格拉底对话、恋爱陪伴……大型语言模型及其应用正向着更大、更好、更快、更强(Bigger, better, faster, stronger)发展。①

大型语言模型教育应用的积极探索与规制

作为一种有数十亿甚至万亿级参数的人工神经网络,目前的大型语言模型主要基于 Transformer 架构,通过自监督学习(self-supervised learning)或半监督学习(semi-supervised learning)的方式,使用大量未标记文本并进行(预)训练,从而获得人类语言中的语法和语义特征,"记住"大量事实,并进行推断与决策。

以 ChatGPT 为例,它能够通过学习和理解人类的语言来进行对话,通过上下文互动,回答问题,承认错误,质疑不正确的前提,并拒绝不适当的请求,完成撰写邮件、论文、视频脚本、文案、翻译、编写代码等任务。自 ChatGPT 上线以来,大型语言模型在生成文本、回答问题、进行对话等任务中展现出创造性、逻辑推理、理解上下文等方面的强大能力在教育领域引起了巨大的反响,在备受用户欢迎的同时,也引发了许多教育管理者和教师对于众多负面效应的忧虑。例如,ChatGPT 不可避免地成为一些学生代写作业的工具,*Nature* 对 ChatGPT 会成为学生写论文的工具的担心②似乎不可避免地成为现实,而正是基于对这些负面影响的担心,欧美许多地区,例如纽约市的公立学校在 2023 年年初曾以"担心对学生学习的负面影响以及内容的安全性和准确性"为由,阻止学校网络和设备对于 ChatGPT 的访问。③④ 但是,随着大型语言模型应用

①　HEIKKILÄ M, HEAVEN W D. Google DeepMind's new Gemini model looks amazing — but could signal peak AI hype[EB/OL]. (2023 - 12 - 06). https://www.technologyreview.com/2023/12/06/1084471/google-deepminds-new-gemini-model-looks-amazing-but-could-signal-peak-ai-hype/.

②　STOKEL-WALKER C. AI bot ChatGPT writes smart essays — should professors worry? [EB/OL]. (2022 - 12 - 09)[20220 - 12 - 10]. https://www.nature.com/articles/d41586-022-04397-7.

③　SHEN-BERRO J. New York City schools blocked ChatGPT. Here's what other large districts are doing[EB/OL]. (2023 - 01 - 07)[2023 - 01 - 18]. https://www.chalkbeat.org/2023/1/6/23543039/chatgpt-school-districts-ban-block-artificial-intelligence-open-ai.

④　ELSEN-ROONEY M. NYC education department blocks ChatGPT on school devices, networks[EB/OL]. (2023 - 01 - 04)[2023 - 01 - 18]. https://ny.chalkbeat.org/2023/1/3/23537987/nyc-schools-ban-chatgpt-writing-artificial-intelligence.

场景的丰富和应用规范的不断完善,与 AI 一起学习、工作、游戏成为必然趋势。因此,如何进一步规制大型语言模型的教育应用,成为政策制定者、人工智能企业和教育界人士共同关心的课题。

早在 2019 年 5 月,中国政府与联合国教科文组织合作举办主题为"规划人工智能时代的教育:引领与跨越"的国际人工智能与教育大会,会议通过的《北京共识——人工智能与教育》(*Beijing Consensus on Artificial Intelligence and Education*)成为国际社会对智能时代教育发展的共同愿景。[①] 为落实 2019 年《北京共识》中的若干建议,联合国教科文组织在 2021 年发布《人工智能与教育:政策制定者指南》(*AI and Education Guidance for Policy-makers*)[②],旨在为政策制定者提供了解人工智能的指南,帮助他们知晓如何应对人工智能给教育领域带来的挑战和机遇,具体介绍了关于人工智能的必备知识,包括其定义、底层技术、技术应用、潜能和局限性。在此基础上,联合国教科文组织又于 2023 年 9 月 7 日颁布了全球首份生成式人工智能应用于教育和研究的指南性文件——《生成式人工智能教育和研究指南》(*Guidance for Generative AI in Education and Research*),旨在促使生成式人工智能能够更好地融入教育。[③] 2023 年 8 月 31 日,OpenAI 首次发布针对特定行业——教学的应用指南,即《利用人工智能教学》(*Teaching with AI*)[④],通过分享一些教师使用 ChatGPT 辅助学生学习的案例,指导教师如何使用 ChatGPT,给出了帮助教师使用 ChatGPT 的提示语示例,解答了教师在教学过程中遇到的常见问题,以便帮助教师更有效地在课堂上使用 ChatGPT。

对于人类学习和知识生产而言,大型语言模型的应用是一把双刃剑。积极探索大型语言模型的教育应用,意味着不仅要充分利用大型语言模型在信息集成、运算、表达等方面的优势,积极开发大型语言模型教育应用的资源与场景,以促进人类学习,提高学习效能,同时还需要应对人工智能带来的相关教育机遇和挑战,规避可能引发的问题,如加剧数字鸿沟、超越国家监管能力、未经授权使用内容、缺乏对现实世界的深入了解,以及产生深度赝品等争议和风险。[⑤] 在此意义上,大型语言模型的教育应用,既涉及技术标准、环境建设等宏观政策层面的问题,又涉及课堂教学、自主学习等微观层面问题,更涉及相关的安全与伦理问题。

① 联合国教育科学及文化组织. 北京共识——人工智能与教育[EB/OL]. (2019). https://unesdoc. unesco. org/ark:/48223/pf0000368303/PDF/368303qaa. pdf. multi. page=52.

② UNESCO. AI and Education Guidance for Policy-makers[EB/OL]. (2021). https://unesdoc. unesco. org/ark:/48223/pf0000376709.

③ MIAO F, HOLMES W. Guidance for Generative AI in Education and Research [M]. Paris: UNESCO, 2023.

④ Open AI. Teaching with AI[EB/OL]. (2023 - 08 - 31). https://openai.com/blog/teaching-with-ai.

⑤ MIAO F, HOLMES W. Guidance for Generative AI in Education and Research [M]. Paris: UNESCO, 2023.

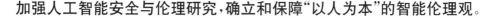

加强人工智能安全与伦理研究，确立和保障"以人为本"的智能伦理观。

作为通过机器来模拟人类认知能力的人工智能，大型语言模型应用必然涉及安全、伦理与变异安全等问题。其中，安全问题涉及国家安全、社会安全、经济安全、个人安全等，伦理问题则包括隐私、公平、透明、歧视、就业等领域，而因智能技术的不可控而产生的对社会与人类的伤害等变异安全问题，同样是大型语言模型教育应用的潜在威胁。加强人工智能的安全与伦理研究，规范、保障和促进大型语言模型的教育应用，需要重申"以人为本"的价值观，促进大型语言模型在教育应用中人的能动性、包容、公平、性别平等、文化和语言多样性，以及多元的意见和表达，确保教育数据和算法使用合乎伦理、透明且可审核，培养与人工智能时代生活和工作相适应的价值观和技能，以确保大型语言模型的教育应用真正造福教师、学习者和研究人员。

加强人工智能法律与宏观教育政策供给，引领和规制大型语言模型的教育应用。

在实践层面，需要将智能伦理转化为法律与政策供给，兼顾人工智能治理与发展，规划人工智能和大型语言模型的教育应用法律法规、政策、标准、规则与发展计划，规范人工智能治理，加强智能治理的监管与执法，以数字化转型改进教育管理和供给，确保研究人员、教师和学习者以负责任和合乎道德的方式使用大型语言模型，了解数据标签和算法中可能存在的偏见等道德问题，遵守有关数据隐私和知识产权的法律法规，严格审慎地对待输出数据的准确性、有效性及其限度。

以大型语言模型赋能教学、教师和学习支持，变革教与学的方式，提高学习效能。

尽管借助人工智能增强教育和学习的新兴实践案例层出不穷，但借助大型语言模型改进人类学习的探索才刚刚起步。一方面，我们需要密切跟踪大型语言模型技术及其教育应用的迭代更新；另一方面，开发更加专业化的细分学习技术与场景，以大型语言模型赋能教师，赋能教学，赋能学生的学习。这就需要对教师和学生进行基于大型语言模型的教与学技术的培训与指导，培养对大型语言模型符合伦理和有意义使用的理解和技能，引导教师和学生正确使用大型语言模型，支持个性化、开放化的学习选择，提高学习品质与效能；需要改进基于数据的教学管理规定，从根本上改进学习评价，检测学习过程，关注和规避教学风险；需要提高学习的包容性，扩大学习机会，关照残障学习者等弱势群体，服务全民终身学习。在这一过程中，尤其要关注的是，改善学习者的思维品质，培养和提高学习者的计算思维（computational thinking），使其有能力评估信息,分解问题,并通过适当使用数据和逻辑制定解决方案。培养和提高学习者的跨学科迁移学习的能力、提问与下达指令的能力以及批判性思维能力,在使用大型语言模型学习的过程中,不仅能够提出基于证据、合乎逻辑、科学有效的"真"问题,而且在 ChatGPT、Gemini 等大型语言模型都没有能够很好地解决幻觉与一本正经地胡说八道的问题的情况下,借助相关智能工具自主鉴别人工智能生成的大量存在偏差的信息甚至是虚假信息[①],进而能够区分、标识和使用大型语言模型输出数据与自主学习成果,规避学习过程中基于生成式人工智能的成果剽窃,维护学术诚信。

探索中的《大型语言模型的教育应用》研究报告

为了系统性地推进大型语言模型在教育领域的应用,探讨其对于教育数字化转型的实践意义和潜在价值,华东师范大学教育学部副主任、中国人工智能学会智能教育技术专业委员会主任陈向东教授及其团队在前期研究的基础上,跟踪大型语言模型技术及其在教育领域的应用进展,编撰了这本《大型语言模型的教育应用》,并于 2023 年 9 月 17 日在江西省南昌市第十二届中国智能产业高峰论坛上予以发布。这是中国教育人工智能领域,特别是大型语言模型教育应用领域的重要事件。

作为我国(也可能是全球)大型语言模型教育应用领域的第一份系统的研究报告,本书梳理了大型语言模型教育应用的多场景案例,探讨了大型语言模型对于专业设置、教育治理、教师职业能力、学生培养、教育研究等不同方面的影响;剖析了大型语言模型教育应用的典型场景,包括个性化学习、智能备课、教学评价、智能代理等;分析了机器心理学视角的人工智能研究,从人类与人工智能差异、人类心理评估方法应用以及机器心理学引起的争议等角度介绍了这一新兴领域的发展前景;以人工智能基础教育为例,介绍了大型语言模型对于青少年人工智能教育课程教学的内容、方法和工具的革命性影响;针对人工智能应用产生的伦理问题,从数据隐私、风险行为、可解释性与透明度等角度分析了大型语言模型伦理问题的独特性,并且对教育领域的应对提供了建议。

毫无疑问,以 ChatGPT 为代表的大型语言模型对于教育而言是一种颠覆性技术,相对于常规技术而言,颠覆性无法通过传统技术预测的方法线性地评估其应用的前景。为此,本研究报

---

① MIAO F, HOLMES W. Guidance for Generative AI in Education and Research [M]. Paris: UNESCO, 2023.

告采用技术预见的方法和技术,不仅关注大型语言模型本身的技术特征、应用现状,而且将大型语言模型的教育应用镶嵌在社会整体数字化转型的宏观背景下,关注社会变革对于教育变革的需求、未来科技对于教育的推动,基于经济、社会和教育整体发展的需求辨识助推社会理想的智能技术,预测从精英主义或专家驱动的过程转变为更具有参与性和包容性的活动,呼吁吸纳专家、教育管理者、一线教师、家长、学生等更加广泛的社会团体共同探讨面向未来教育的问题。本研究报告的诞生标志着我国在大型语言模型教育应用领域研究和实践的进一步深入,有助于推动大型语言模型服务于教育的数字化转型。本研究报告既注重价值导向也兼顾实践应用,可以成为一份供教育决策者、管理者、技术研发者和教学实践者了解大型语言模型教育应用的指导性文献。

正如圣塔菲研究所(the Santa Fe Institute)人工智能研究员梅拉妮·米歇尔(Melanie Mitchell)所称:"对于许多任务来说,多模态模型还有很长的路要走,才能普遍而稳健地发挥作用。"①在人工智能发展一日千里的大时代,一切似乎才刚刚开始,对于奇点的突破除了人工智能巨头,也需要更多的创新探索者。同样,人工智能的教育应用,也属于越来越多的创新者、探索者。未来,大型语言模型教育应用希望如可汗学院创办人萨尔·可汗(Sal Khan)所展望的那样:"人工智能将促成教育界有史以来最大的积极变革,为地球上每个学生提供无比出色的个人导师,为每个教师提供卓越非凡的助教。"②教育改革发展的未来之路,将一如既往地需要解放思想、与时俱进,跟踪、研究智能技术发展前沿,主动应对智能技术挑战,让基于大型语言模型的教学与学习成为新时代的新学习生态。

是为序!

华东师范大学教授
上海师范大学教育学部部长

---

① HEIKKILÄ M, HEAVEN W D. Google DeepMind's new Gemini model looks amazing — but could signal peak AI hype[EB/OL]. (2023 - 12 - 06). https://www.technologyreview.com/2023/12/06/1084471/google-deepminds-new-gemini-model-looks-amazing-but-could-signal-peak-ai-hype/.

② KHAN S. Sal Khan's 2023 TED Talk: AI in the classroom can transform education [EB/OL]. (2023 - 05 - 01). https://blog.khanacademy.org/sal-khans-2023-ted-talk-ai-in-the-classroom-can-transform-education/.

目 录

引 言

语言一直是我们交流思想、分享知识和塑造文化的重要工具。随着科技的进步,我们开始探索如何让机器理解和生成人类语言,其中一种重要的技术就是语言模型。简单来说,语言模型通过预测文本序列的可能性来实现机器理解和生成人类语言这一目标,它在许多自然语言处理任务中都得到应用,如语音识别和机器翻译等。随着我们对语言复杂性的深入理解,以及计算能力的不断提升,目前已经发展出更大、更复杂的语言模型,即"大型语言模型"(Large Language Model, LLM),通常也被译为"大语言模型"或"大模型"。这些模型的出现使得 AI 技术可以更好地理解和生成人类语言。2022 年 11 月 30 日,ChatGPT 的发布使得这些大型语言模型走出了学术界,成为公众领域的关注焦点。

虽然许多媒体将 ChatGPT 的产生称为"横空出世",但是大型语言模型的成功并不是一蹴而就的。20 世纪 50 年代基于统计的 n-gram 模型,就开始尝试通过统计语料库中的词序列出现的频率来预测下一个词。到了 20 世纪 90 年代,随着神经网络的发展,人们开始尝试使用神经网络来建立语言模型,如基于循环神经网络(RNN)的语言模型。近年来,随着时代的进步,人们开始使用更复杂的神经网络结构来建立语言模型,如基于长短期记忆(LSTM)的语言模型和基于 Transformer 的语言模型。这些模型可以更好地处理长序列,也可以更好地处理长距离的依赖关系。与传统的语言模型相比,大型语言模型通常使用更大的模型结构,如更多的层、更多的隐藏单元、更多的参数等,这使得它们可以学习更复杂的模式。目前主流的 GPT、Claude、Bard、LLaMa 等大型语言模型基本都具有以下特点:

(1)基于 Transformer 的架构。大型语言模型通常采用基于 Transformer 的架构,这种架构能够处理长序列的输入,捕捉文本中的长距离依赖关系,并且可以并行计算,从而显著提高模型的训练效率。

(2)自监督学习。大型语言模型通常采用自监督学习的方式进行训练,也就是说,模型通过预测文本中的某个部分(如下一个词)来学习语言的统计规律。这种训练方式不需要大量的人工标注数据,可以利用大规模的未标注文本进行训练。

(3)预训练和微调。大型语言模型的训练通常分为预训练和微调两个阶段。在预训练阶段,模型在大量的未标注文本上进行自监督学习,获取语言的统计规律;在微调阶段,模型在特定任务的少量标注数据上进行训练,学习相关的知识。

(4)生成能力。大型语言模型具有较强的文本生成能力,可以生成连贯、相对自然的文本。这使得它们可以用于各种文本生成任务,如自动写作、对话系统等。

(5)知识获取能力。由于大型语言模型在大量文本上进行预训练,它们可以获取训练文本中的各类知识,包括常识和专业知识。这使其可以用于诸如问答、阅读理解等知识获取任务。

(6)可微调性。大型语言模型可以通过微调来适应不同的具体任务。这使得它们可以应用于文本分类、情感分析、命名实体识别(Named Entity Recognition, NER)等各种自然语言处理任务。

从技术的角度看,近期大型语言模型得以蓬勃发展,受到了多方面的影响:计算技术,特别是 GPU 的进步,为大规模神经网络模型的训练提供了充足的算力基础;大数据与云计算技术使得超大规模数据集的存储和高效处理成为可能;分布式训练框架的出现实现了在大数据集上进行模型并行训练;深度学习核心算法如注意力机制等的创新,使得模型在长文本上建模的效果取得突破。这些因素共同促成了大型语言模型产生的技术基础,使得大型语言模型在实践领域受到越来越多的关注,尤其是教育领域。GPT-4 等大型语言模型的出现,不仅改变了人们对人工智能的认知,也为教育领域带来了前所未有的机遇。

大型语言模型的核心价值在于它们能够理解和生成人类语言。语言是学习的基础工具,无论是教师的讲解还是学生的提问,都依赖于语言的表达和交流。大型语言模型赋予了机器理解和生成语言的能力,这意味着机器可以更深入地参与到教学过程中,成为教师和学生的有效助手。当然,大型语言模型的重要性不仅在于其语言处理能力,更重要的是它们可以处理大规模的知识和信息。通过在大量文本上进行预训练,大型语言模型可以获取丰富的语言知识,建立语言表示的空间,为后续知识学习奠定基础。在复杂的教育场景中,教师需要处理大量信息,而大型语言模型可以协助教师处理更多教学信息,提高教学效率。同时,它们也可以帮助学生处理更多学习信息,提升学习成效。当然,一些新的大型语言模型开始支持多模态输入,可以理解语音、图像等非文本信息。这种多模态学习有助于知识的立体化编码和理解。另外,大型语言模型还具备迁移学习的能力,可以实现跨领域知识迁移,快速适应新任务,加速新知识的获取。这对教育领域的知识迁移学习尤为关键。

由此可见,大型语言模型与教育场景高度契合,它的语言理解、知识学习、迁移适应等能力可有效应用于教学与学习过程,助力教师和学生取得更好的教育效果。这项突破性技术为教育领域带来了巨大的机遇与可能性。与传统的人工智能辅助工具相比,大型语言模型的技术特点具有革命性的进步,这使得教育技术面临着新的变革。

首先,人工智能辅助教育的内容和形式更加丰富多样。传统的人工智能辅助教育通常依赖于预先编程的教学内容和教学策略,这使得它们在处理复杂和多变的教学情境时可能显得力不从心。而大型语言模型在语言理解生成能力以及处理大量信息方面具有优势,可以生成性地处理各种各样的教学内容和教学策略,以更好地满足不同学生的学习需求。

其次,人机协同具有更强的语言理解和生成能力。大型语言模型通过预训练学习了丰富的语言先验知识,可以更好地分析语义,进行推理和对话。这使得基于大型语言模型的教学系统可以与学生进行更流畅自然的交互。学生可以用自己的语言提问,教学系统可以生成针对性的回答,而非简单机械式的反馈。

第三,加强元学习和迁移学习的能力。基于大型语言模型的教学系统可以更快适应不同学科领域,实现知识和能力的迁移与积累。相比传统 AI 系统需要为每个学科领域开发专门模型,大型语言模型使得跨学科的 AI 辅助教学成为可能,从而促进不同学科和任务之间的知识迁移和共享。

第四,持续学习以优化教学系统。基于大型语言模型的学习系统可以分析学生的学习情况,发现知识盲区,以实现闭环式的教学优化。相比传统教学系统静态的内容和框架,大型语言模型使得 AI 辅助教学更加智能化和个性化,从而实现针对每个学生的教学动态调整。

最后,推进多模态理解能力。新的大型语言模型具有多模态理解能力,可以同时处理语音、文字、图像等不同类型的信息。这使得基于大型语言模型的教学系统可以接入丰富的多模态教学内容,实现视听结合的教学。该教学系统可以分析讲解语音,理解课件内容,改变传统单一的文字教学形式。

总的来说,基于大型语言模型的 AI 辅助教育与传统的教育技术在内容和形式、智能化程度等方面存在显著的差异。这些差异主要源于大型语言模型的技术特点,这些特点使得大型语言模型可以更好地推进智能教育技术领域的发展。

正因如此,自 ChatGPT 问世以来,大型语言模型在教育领域引起了巨大的反响,随之而来的是几十场围绕 ChatGPT 与教育展开的学术研讨会,涉及教育变革、教师角色、学生素养、知识产权、技术伦理等方面,各种观点针锋相对、相互交织。以学生作业为例,一方面,许多学校和教育机构担心出现抄袭、代写、作弊等各类学术不端行为,因此明文禁止学生使用这项工具;另一方面,也有研究者和机构认为需要改变的是教育计划和评价体系,而不是一味禁止工具的应用。2023 年 3 月初,国际文凭组织 IBO 宣布不会禁止学生使用像 ChatGPT 这样的软件,因为人工智能必将成为我们日常生活的一部分。与此同时,越来越多的教师和学生尝试将 ChatGPT 应用于教与学,例如,为学生规划个性化的学习内容和进度,并且提供 24/7 的智能辅导服务,在学生遇到问题时提供实时的帮助;辅助教学设计,生成针对特定学习目标的学习资源、教学活动、作业习题和评价方案;提供实时的学习反馈和评估,了解学生的学习进度,找出学习难点,提供针对性的教学调整建议;辅助个人的专业学习,深化对教育知识和学科知识的理解与掌握,提升自己的教学技能;进行教学研究和创新的探索,辅助进行教学研究的规划、设计、文献解读、教学情境模拟,评估不同情境下的教学策略的效果等。

对于学术研究领域而言,从 2017 年开始,就已经出现一些对于大型语言模型在教育中应用的零星讨论,但讨论范围比较狭窄,大多围绕语言模型的能力评价。但是从 2023 年 1 月底开始,尤其是从 2023 年 3 月开始,关于大型语言模型教育应用的相关研究论文大量出现,探讨的内容也开始涉及更多的视角,其中既有实证性的研究,也有纯粹思辨性的探讨(毕竟这是一个新出现的领域,需要一些预见性的思想),更有一些教育工具的开发,以及一些探索性的实践案例介绍。无论是 GitHub 的开源代码、arXiv 上的预印本还是正式学术期刊发表的论文,都只能算是大型语言模型教育应用的先期探索。

本研究报告的编写,旨在系统性地梳理大型语言模型在教育领域的应用现状,并探讨其在教育中的实践意义和潜在价值。我们认为,大型语言模型的出现,不仅为教育技术领域带来了新的研究对象,也为教育实践提供了新的工具和可能性。目前对于大型语言模型在教育领域应用方面的研究还处于初级阶段,相关的理论探讨和实践应用都还需要进一步深化和拓展。为此,本研究报告将从大型语言模型对教育的影响、典型的教育应用场景、大型语言模型与机器心理学、面向大型语言模型的人工智能基础教育、教育应用的伦理等不同角度探讨大型语言模型教育应用的理论与实践,这一报告的意义表现在以下几个方面。

首先,本报告具有很强的现实意义。由于大型语言模型技术在教育领域的探索还处于起步阶段,相关研究尚不系统,应用范围有限,本报告立足当前阶段的成果,对大型语言模型的教育应用进行全面梳理,可以为后续研究奠定基础。

其次,本报告在内容设置上兼具广度和深度。本报告将从技术发展、典型应用、新兴议题等不同角度全方位探讨大型语言模型的教育价值,既有宏观描述,也有具体案例分析,能提升读者对这个新兴领域的整体认识。

第三,本报告在对象选择上具有前瞻性。本报告关注各类相关论文、开源代码、前沿讨论等资料来源,站在技术和应用的双重高度,对这一新生事物进行多角度思考,为各界人士提供重要参考。

最后,本报告在价值导向上兼顾实践性。在探讨技术机遇的同时,本报告也会讨论伦理规范、应用策略等问题,使之成为一份可供教育决策者、技术研发者和教学实践者参考的指导性文献。

总之,通过编写本研究报告,我们希望能够推动大型语言模型技术在教育领域的深入研究和广泛应用。本报告面向教育管理部门、科研机构、高校教师、教育企业等广大读者群体:教育技术研究者可以从中获取最新的研究动态和理论探讨;一线教师和管理者可以获取大型语言模型在教育中的应用案例和实践经验;政策制定者可以从中获取大型语言模型在教育应用中可能面临的伦理问题和政策建议;而致力于教育信息化的企业则可以了解一些未来大型语言模型在教育中的实践领域和应用方向。

大型语言模型对教育的影响

  大型语言模型(以下简称LLM)可能改变教育领域的许多方面,包括学生培养、教师发展、学习环境、教育治理等,如图2-1所示。首先,LLM的应用会对一些行业产生冲击,这将会直接影响高等教育专业课程的设置。教育者和决策者基于对就业市场的分析与预测,需要及时调整学校专业与课程设置以适应未来社会的需求。其次,随着LLM的渗透,教与学的内部要素也会发生变化,进而推动教与学的变革。LLM的引入将在学生培养、学习资源和学习环境以及教师能力等诸多方面产生影响,这些影响可以是直接的,如通过AI工具提供更丰富的学习资源,或者是间接的,如通过改变教学方式影响学生的学习体验,辅助持续、精准和个性化的评估等,为教育教学提供更便利的支持。再次,在教与学改变的基础上,LLM也会促进学校治理的变革,借助LLM智能处理和分析大量数据,更好地辅助教育决策,制定科学有效的教育规划、制度和政策等。最后,LLM的语言处理、生成等方面的强大能力也正在影响着教育研究方法甚至是研究方向,这不仅可以拓展出新的研究工具和方法,还可以提出研究的新思路,使得教育研究者可以从新的角度来理解和改善教育现象与问题。基于上述认识,本章将分析已有研究及实践,梳理出LLM对教育影响的几个重要方面。

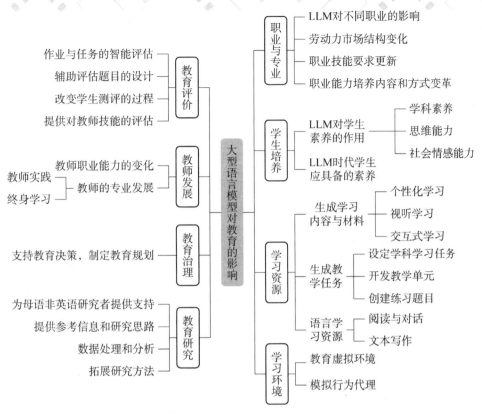

图 2-1　大型语言模型对教育的影响

2.1　职业与专业

历史上每一次跨越式的技术进步都会对职业和专业产生广泛的影响。18 世纪的工业革命让机器代替了大量的人力劳动,这导致许多传统手工业的消失,但同时也创造了大量新的工作岗位,比如工厂工人、机械维护师等。19 世纪末的电力革命改变了许多行业的生产方式和工作方式,也产生了所有与电力有关的新职业。20 世纪的计算机和互联网革命对职业与专业的影响更是深远,计算机科学家、软件工程师、网页设计师等一系列新的职业随之产生。更为显著的是,许多传统的行业和职业也因为电脑和互联网的介入发生了根本性的变化。例如,记者需要有在线编辑和社交媒体管理的技能,零售商需要学习电子商务,教师需要掌握在线教学的技能等。

现如今,人工智能技术的进展正深刻地改变职业和专业的图景,如数据科学家、AI 工程师等新职业在社会各领域承担起了重要的角色。以 LLM 为基础的新一代 AI 技术在社会各领域的广泛应用,也进一步催发了一些职业的此消彼长,并改变着一些职业的工作方式。

由于 LLM 具有多种语言的任务处理能力,如文本生成、信息提取和自然语言理解,许多职业的自动化水平得以提升，工作效率也随之提高。这类情况正在重塑职业和劳动力市场的结构，如对低技能和重复性工作的劳动力需求可能会减少，而与人工智能和数据分析相关的工作需求会增加，在劳动力市场需求的驱动下，社会需要通过教育等手段，重新评估和调整某些职业的培养内容与方法，以应对这些挑战。

2.1.1 对于不同职业的影响

我们正在目睹一个深刻的转变，LLM 的发展和普及将使许多行业的运作方式发生颠覆性的变化。这些模型的广泛应用，从提高工作效率到完全改变职业领域的工作内容与流程，正在让我们重新思考各行各业的工作方式。

首先，我们最容易感受到的是 LLM 对语言文字生产相关领域工作的冲击。一方面，LLM 的应用提高了内容创作效率，如在新闻和媒体行业，可以利用文本生成的功能自动化新闻创作的业务流程，从体育比赛到财经新闻的报道，都可以由 LLM 来辅助完成。这不仅提高了工作效率，也为这些新闻工作者、媒体人等释放了时间，让他们可以更专注于深度报道和热点调查，从事更需要高水平认知技能的工作。另一方面，低技能重复劳动类型工作面临着潜在威胁，甚至可能被完全替代。例如，以对话作为服务主要形式的客户服务行业，在 LLM 的支持下，不仅可以提供 24 小时的机器人客服，还可以在服务的过程中，通过对客户交流内容的实时分析，更精准地识别客户需求，以自然的语言表达为客户提供他们所需的服务。因此，LLM 的发展让上述客服领域的核心功能尤其容易被替代。

其次，对于一些需要依据特定专业知识精准决策的职业，LLM 可以为其专业赋能。例如，教师、医生、律师等专业人员都可以借助 LLM 分析专业问题并作出决策，LLM 的加持提升了这类职业的工作效能。同时，以往被认为需要人为操作甚至具有创意性的工作也受到了 LLM 的影响。LLM 的生成能力可以嵌入多种具有一定创作特征的职业，如绘图、视频制作等，这将会替代一部分初级画手或视频创作者的工作。

最后，随着 LLM 的发展和应用，也会产生一些全新的工作岗位。一些工作致力于推动 LLM 的有效应用，如提示工程师等，还有一些工作则为完善技术和解决技术应用中的问题发展而来，如 AI 伦理顾问等。

基于上述认识，本节将通过一些典型案例，进一步解释 LLM 对于职业的影响。

在内容创作领域，LLM 可用于生成文章草稿或博客帖子，这将为新闻媒体工作者提供创作支持。例如，一名科技博客作者可以提供一些关键词或主题，如"人工智能的最新发展"，然后使用 LLM 生成一个包含相关信息和见解的内容参考。除直接提供创作内容以外，还可以利用一些基于 LLM 的写作助手，为作家提供建议和替代句式，以改进和丰富他们的表达方式。这不仅可以提高写作效率，还可以为创作者提供新的视角和信息来源。这种功能已经在多个平台和工具中开始应用，如"ShortlyAI""Jasper"，以及"Rytr""Scalenut""Copy. ai"①等。整体来说，利用 LLM 可以完成写作辅助工具的功能，通过提供拼写、语法和风格建议，帮助作家改进他们的文字。值得注意的是，由于 LLM 的通用性，它还能提供针对不同写作目标（例如，更正式或更友好）的定制建议，使内容更加符合目标受众的期望。此外，LLM 可以用于生成针对特定受众的个性化内容。例如，一家名为 Phrasee 的公司使用 AI 来创建针对不同受众群体的电子邮件营销文本。通过分析历史数据和用户偏好，Phrasee 的 LLM 服务可以为营销人员生成更有可能引起用户兴趣的标题和正文，从而提高营销活动的效果，达到利用 AI 内容增加点击次数、转化次数以及潜在客户的目的。同时，该公司的服务还包括通过企业端大规模内容生成和优化的控制，提供人工智能生成的品牌内容。②

在新闻行业，自从 ChatGPT 亮相世界之后，许多传统媒体与新兴媒体纷纷启动了基于 LLM 的新闻服务。英国的出版商 Reach 声称，公司已经成立专门的团队，专注于探究如何利用 ChatGPT 支持新闻写作，如编写交通信息和天气预测等新闻报道。Reach 表示，探索 LLM 的使用更多是为了接受新技术和数据使用带来的变化，而不是削减人员成本，但是全国记者联盟的协调员表示"这可能对工作岗位产生影响……我们正在经历集团的 200 个工作岗位的减少"。③ 新闻网站 BuzzFeed 也公开表示，将采用 ChatGPT 来协助其创建面对用户的个性测验，并根据用户反应生成个性化的文本内容。简言之，BuzzFeed 要采用 ChatGPT 上岗写稿，部分取代人类撰写。比如，利用 ChatGPT 帮助 BuzzFeed 的 *Quizzes* 栏目批量生成内容。*Quizzes* 是 BuzzFeed 的用户互动栏目之一，ChatGPT 会给这个栏目制作各种小测试，包括性格测试、人格诊断等④，以强化该网站内容推送的针对性与个性化。同时，美联社、路透社、华盛顿邮报、英国广播公司、泰晤士报等主流媒体也纷纷利用 ChatGPT 等 AI 工具来创作内容，推出个性化产品，以

① ARIS B. 10＋ Best AI Content Generators in 2023: Pros and Cons ＋ Key Features [EB/OL]. (2023－07－23)[2023－07－31]. https://www.hostinger.com/tutorials/ai-content-generators.

② Phrasee. More Clicks, Conversions, and Customers with AI Content [EB/OL]. [2023－07－31]. https://phrasee.co/.

③ Ray Schultz. Daily Mirror publisher explores using ChatGPT to help write local news [EB/OL]. (2023－02－18)[2023－07－17]. https://www.ft.com/content/4fae2380-d7a7-410c-9eed-91fd1411f977.

④ BRUELL A. BuzzFeed to use ChatGPT creator openai to help create some of its content [EB/OL]. (2023－01－26)[2023－07－17]. https://www.wsj.com/articles/buzzfeed-to-use-chatgpt-creator-openai-to-help-create-some-of-its-content-11674752660.

此来提升观众的参与度。在中国,百度推出的"文心一言"宣布与新京报、澎湃新闻、广州日报、中国妇女报等媒体进行深度合作。这些举措也标志着新闻媒体与 AI 的进一步紧密融合,LLM 正在深入影响着语言文字创作类相关行业结构与工作内容。

除了自动化创作之外,基于 LLM 的生成式 AI 也改变了以往新闻行业通过纸质材料或关键词检索的资料搜索方式。基于 LLM 的工具可以通过自然语言处理等技术,对用户的搜索需求进行更加准确的理解和分析,不仅可以获取更加精准的信息,同时还可以通过个性化推荐和资料整合,提供更加智能和便捷的信息服务。例如,新一代的 AI 驱动搜索引擎 New Bing,是微软与 OpenAI 的联合创新,于 2023 年 2 月 8 日正式投入使用。由于该引擎整合了基于 ChatGPT 的生成模型以及 Bing 搜索引擎的技术,对于新闻工作者而言,该类工具能够以更加人性化、个性化的方式,帮助他们迅速获取所需的信息,比如新闻事件或相关资料。区别于传统的基于关键词检索的搜索引擎,New Bing 允许使用自然语言来描述用户的搜索需求,进而更快捷、更准确地找到所需的信息。另外一款基于人工智能的资料收集工具 Crystal Knows,可以帮助记者了解他们的采访对象,并给出相应的沟通策略。在运用时只需输入目标对象的姓名、所在公司或 LinkedIn 个人页面链接,就能生成一份详细的个性分析报告。这份报告涵盖采访对象的性格类型、交流方式、倾向以及建议,让记者能深入地理解受访者的个性和需求,从而作出更精确的采访和报道。

在客户服务行业,由于 LLM 具有处理和生成自然语言文本的能力,这使得它可以自动执行许多原本需要人工处理的任务。基于 LLM 的聊天机器人不仅可以自动回应客户查询,而且通过精准识别用户需求提供更符合自然对话的即时响应来解决常见问题,从而增强了客户体验。一项研究讨论了在客户服务中将 LLM 用于智能代理辅助沟通的情况:LLM 通过自动生成可以参考的内容来辅助客服工作,强调了使用 LLM 在缩短客服响应时间和提高响应质量方面的好处,从而节省成本并提高客户满意度。[①] 在实践场域的应用方面,Inbenta 作为一家专注于自然语言处理的公司,它使用 OpenAI 的 GPT‐3 来增强其创设的聊天机器人解决方案。Inbenta 的聊天机器人用于客户支持,帮助企业自动回应客户的问题和需求。通过使用 GPT‐3,Inbenta 的机器人可以生成更自然和深入的对话,为客户提供更加有效和愉快的体验。另一个例子是 SAP 公司。作为一家全球领先的企业应用软件公司,SAP 也开始利用 GPT 系列的 LLM 来提升其客户服务方案。SAP 的聊天机器人集成了 GPT 的技术,以提供高度智能的自动客户服务。这些机器人能够理解和处理各种客户请求,从订单状态查询到技术支持问题,使客户能够快速

---

① HOWELL K, CHRISTIAN G, FOMITCHOV P, et al. The economic trade-offs of large language models: A case study [J]. arXiv,2023,2306.07402.

获得所需的信息和支持。

上述新闻、客户服务行业是受 LLM 影响较为直接的领域,可以看出,LLM 可以辅助甚至直接代替人类完成大量面向语言的劳动密集型工作。值得注意的是,即使是有些被认为需要发挥创造性的工作也受到了 LLM 的冲击。

在游戏行业,第一批因 AI 失业的人群已经出现,例如游戏美术领域的原画师。原画师作为游戏美术的一个重要组成,主要工作是根据游戏项目前期制定的美术风格,将美术需求用绘画形式表现出来,如关卡场景、角色造型等。目前,随着基于 LLM 的 AI 图片与视频创作工具的应用,原画师职业主要受到以下几个方面的影响:(1)带来失业的风险。AI 绘图技术的高效和生成产品的质量可接受度较高,从市场调查数据来看,2023 年上半年有许多公司实施了裁员计划,被裁员较多的是初级和中级原画师。[①] (2)改变了部分工作内容。一部分原画师的工作从原本的提供产品绘画角色,转而为 AI 生成的初稿图进行精修,职业收入也受到影响。(3)改变了以往的工作方式。面对这样的风险,一些公司和职业人员正在积极拥抱这种转变,将 AI 融入自身业务生态,利用如 Midjourney 等 LLM 工具辅助绘图。同时,在各大招聘平台上,已经出现不少诸如"AI 绘画师、AI 原画师和 AI 训练师"的新岗位,其岗位要求中都注明需要会使用 Stable Diffusion 和 Midjourney 等主流 AI 绘画工具。[②]

LLM 对社会行业的冲击不仅体现在其强大的自然语言理解能力,其模型也能够嵌入至现有的数据处理流程之中,协助分析、洞察不同维度数据的商业价值。

在电子商务和其他数据密集型行业中,LLM 能快速分析大量文本数据,并提取有价值的信息。例如,一项研究表明,LLM 可以用于优化电子商务的系统性能[③]:通过分析如产品之间关系的结构化信息,研究者发现了 LLM 在预测标签数据有限的产品之间关系的潜力。具体而言,在关系标签任务中,与人类相比,LLM 在每个关系仅使用少量标签的示例时就可以取得不俗的表现,其表现不仅优于传统的 AI 模型,并且足以取代人工,从而大幅提升关系标签的自动化水平。在法律服务方面,LLM 的法律分析能力有助于提高法律服务的效率。一项实验表明[④],LLM 在

---

① 刘佳,刘晓洁.第一批因为 AI 失业的人出现? 游戏原画师迎来变革[EB/OL]. (2023 - 04 - 05)[2023 - 07 - 31]. https://www.yicai.com/news/101722482.html.

② 王小方.被裁员? 原画师们正忙着用 AI 作画[EB/OL]. (2023 - 04 - 24)[2023 - 07 - 17]. https://new.qq.com/rain/a/20230424A03BVF00.

③ CHEN J, MA L, LI X, et al. Knowledge Graph Completion Models are Few-shot Learners: An Empirical Study of Relation Labeling in E-commerce with LLMs [J]. arXiv, 2023, abs/2305.09858.

④ NAY J J, KARAMARDIAN D, LAWSKY S B, et al. Large Language Models as Tax Attorneys: A Case Study in Legal Capabilities Emergence [J]. arXiv, 2023, abs/2306.07075.

适用税法方面的法律理解能力正在提高,向其提供更多相关的法律来源材料可以进一步提高总体准确性,尤其是当改进的提示和正确的法律文本相结合时,可以达到很高的准确度。虽然LLM还不能达到专业税务律师的水平,但随着技术的不断进步,LLM自主推理法律的能力可能会对法律界和人工智能治理产生重大影响。

此外,LLM也正在影响更高端的技术生产行业。最近,纽约大学坦登工程学院的研究人员通过与ChatGPT"对话",首次实现了由人工智能来设计一种微处理器芯片。研究人员通过使用预定义提示脚本的对话和自由提示的对话进行了两项实验。这两项对话实验均遵循如下具体的对话流程,包括向工具发出初始提示,并对输出内容进行直观评估,以确定其是否符合基本设计规范。如果设计不符合规范,则最多使用相同的提示重新生成五次。设计和测试平台编写完成后,研究者使用Iverilog仿真软件对模型生成的设计方案进行编译与模拟实验。结果表明,虽然仅凭目前实验的反馈,LLM还无法完成设计硬件的全部流程,但对话式LLM可能对硬件设计有帮助。利用ChatGPT-4模型提供人工反馈,或者将其用于协同设计时,可以大大提高效率,从而实现快速的工程设计探索和迭代。值得注意的是,这其中ChatGPT-4可以生成功能正确的执行代码,也可以节省设计人员在实现通用模块时的时间。未来的研究可以开发专门针对硬件设计的对话式LLM以改进其在高端技术生产行业的表现[1],预计LLM将有潜力进一步变革该领域的生产方式与业务流程。

在全球化的背景下,LLM在语言翻译和跨文化交流方面也发挥着重要作用。国际企业可以使用LLM进行即时翻译,以便与来自不同国家和语言背景的客户或合作伙伴进行无缝交流。例如,微软推出了一个名为Translator for Business的工具,它可以整合到Office 365套件和Microsoft Teams中。该工具作用类似于ChatGPT的LLM,使国际企业能够在会议、文档和电子邮件中使用即时翻译功能,从而与来自不同语言背景的合作伙伴和客户进行无缝沟通,微软在产品新闻发布和技术博客中介绍了这一应用。

总的来说,LLM正在多个行业内促进工作自动化,提高生产效率,优化客户体验,并支持全球化的协作和交流。然而,LLM对工作的自动化也可能导致职业和劳动力市场的结构变化。在一些领域,例如基础客户服务,自动化可能减少对初级客服代表的需求。对于内容创作,虽然它可以提高生产效率,但也可能改变记者和编辑的角色。在全球化背景下,语言翻译的自动化可能减少对人工翻译的需求,但同时它也为跨国公司和远程工作提供了更多机会。

---

① BLOCKLOVE J, GARG S, KARRI R, et al. Chip-Chat: Challenges and Opportunities in Conversational Hardware Design [J]. arXiv, 2023, abs/2305.13243.

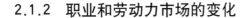

2.1.2　职业和劳动力市场的变化

正如前文所提及的,LLM 对于多个行业既增强了工作自动化和效率,也可能导致职业和劳动力市场的结构变化。随着以 GPT 系列为代表的 LLM 的能力不断增强,它们可能会对就业市场产生重大影响。有研究者根据 O∗NET 数据库和美国劳工统计局(BLS)提供的职业就业数据,以 GPT-4 为例考察 LLM 对美国劳动力市场的影响。结果表明,在职业层面,大约 80% 劳动力的 10% 的工作会受到 GPT-4 的影响,约 19% 的工作中的 50% 的任务可以交由 GPT-4 完成。[①] 从职业中需要运用 ChatGPT 相关技能的角度来看,当前劳动力市场中约有 28% 的职业需要 ChatGPT 等相关技能,未来还会有额外的 45% 的职业需要 ChatGPT 相关技能。

一项研究从人工智能与人类共生的角度来探讨 ChatGPT 如何影响未来劳动力市场,探索如何让 ChatGPT 与人类共同合作,提高生产力和效率,而不是替代人类的工作。[②] 该研究通过对某在线招聘平台的职位发布数据分析,使用了一个大规模的以职业为中心的知识图谱和一种语义信息增强的协同过滤算法,探讨了 ChatGPT 如何塑造劳动市场。该研究通过分析确定了前 10 个新兴职业,分别是电商直播销售员、在线教育教师、远程医疗从业者、在线客服代表、数据分析师、云计算工程师、网络安全专家、人工智能产品经理、在线营销专员、新能源汽车驾驶员,同时还确定了前 10 个下降的职业,分别是收银员、接待员、实体店销售员、餐饮和酒店服务员、银行出纳员和其他财务文员、导游、房地产经纪人、人力资源专员、物流协调员、秘书。

类似的研究也表明,一些工作可能会更加自动化或需要更少的人力,但是有些领域可能会出现新的就业机会。[③] 最容易受到 LLM 影响的职业包括电话销售以及各类高等教育教师,如英语语言文学、外语文学和历史教师。受到 LLM 影响最大的行业包括法律服务以及证券、商品和投资行业。此外,较高薪资的职业更有可能受到 LLM 快速进展的影响。研究者认为,这可能是因为较高薪资的工作通常需要更复杂的沟通技巧,而这些技巧可以从 LLM 中受益。

OpenAI 公司调查了 GPT 系列模型和相关技术对美国劳动力市场的潜在影响。[④] 研究者结合人类专业知识和 GPT-4 的能力分类,根据职业与 GPT 能力的对应关系评估职业,结果表明:

---

①　ELOUNDOU T, MANNING S, MISHKIN P, et al. Gpts are gpts: An early look at the labor market impact potential of large language models [J]. arXiv, 2023: abs/2303.10130.

②　CHEN L, CHEN X, WU S, et al. The Future of ChatGPT-enabled Labor Market: A Preliminary Study. [J] arXiv, 2023, abs/2304.09823.

③　FELTEN E, RAJ M, SEAMANS R. How will Language Modelers like ChatGPT Affect Occupations and Industries? [J]. arXiv, 2023, abs/2303.01157.

④　ELOUNDOU T, MANNING S, MISHKIN P, et al. Gpts are gpts: An early look at the labor market impact potential of large language models [J]. arXiv, 2023, abs/2303.10130.

GPT 之类的 LLM 具有诸如蒸汽机、电力和互联网等通用技术的特征,它们可能产生相当大的经济、社会和政策影响。研究者以美国 O ＊ NET27.2 数据库为主要职业信息收集来源,收集了 1016 个职业的信息,包括它们各自的详细工作活动(DWA)和任务。DWA 是完成任务过程中的一项综合操作,而任务是特定职业的工作单元,可能与零、一个或多个 DWA 相关联。研究者从美国劳工统计局提供的 2020 年和 2021 年职业就业系列中获取就业和工资数据。该数据集包括职业名称、每个职业的工人人数、2031 年的职业水平就业预测、进入职业所需的典型教育以及获得职业能力所需的在职培训。

研究者首先确定了一个"曝光度"(Exposure)评价标准,指的是美国劳动力市场引入 LLM 可能对人类工作产生影响的程度,即衡量使用 LLM 或 LLM 驱动的系统是否会将人类执行具体的工作或完成任务所需的时间减少 50%(使用 LLM 没有使工作时间明显减少或导致工作质量下降为 E0 级,使用 LLM 能明显减少完成任务的时间至少 50% 则评为 E1 级,使用基于 LLM 开发的额外软件能明显减少完成任务的时间至少 50% 为 E2 级)。然后根据该标准,开展人工打分与 GPT ‐ 4 打分,并对其结果进行比较,结果发现人类评分者(x 轴)和 GPT ‐ 4(y 轴)显示出对不同职业的 LLM 曝光程度评分的高度一致(见图 2 ‐ 2)。但是,在最高曝光水平附近,GPT ‐ 4 评级往往低于人类评级。

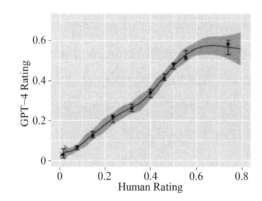

图 2 ‐ 2　人类评分者和 GPT ‐ 4 打分结果对比图

其中,人类标注了 15 个将百分之百受到 LLM 影响的职业,包括数学家、报税员、金融量化分析师、作家和写作者以及网络和数字界面设计师等;GPT ‐ 4 则标注了 86 个职业,包括会计师和审计师、新闻分析师、记者和新闻工作者、法律秘书和行政助理、临床数据经理和气候变化政策分析师等。

基于以上关于 LLM 对于职业影响的发现,我们正在见证劳动力市场的重大变革。未来将有更多职业会受到 LLM 的影响。基于 LLM 的语言生成功能,将加快一些行业的发展、迭代,抑或是消失。在这样一个不断变化的环境中,个人和组织需要适应和应对新的技能需求,以把握由大型语言模型带来的职业和劳动力市场结构的变化。

2.1.3　人才职业技能的更新

LLM 会改变工作的方式,还可能导致对新技能和能力的需求。在此背景下,如何适应新的劳动力市场,培养适应未来人工智能社会的人才将成为一个重要问题。

仍以上述利用 ChatGPT 分析某招聘网上职位变化的研究为例,这项研究也分析了在新兴职业的职位描述中最常提及的技能,并预测未来对哪些技能的需求会增加。研究结果表明,这些技能包括[①]:数字营销、数据分析、编程、云计算、人工智能和机器学习、网络安全、远程医疗、在线客户服务、在线教育等。分析得出的这些技能预计在诸多行业中将会有很高的需求,包括技术、产品、运营等领域,而制造业、服务业、教育和与健康科学相关的行业对 ChatGPT 相关技能的要求相对较低(编者注:这只是该研究的一家之言)。这可以指引个人和组织为劳动力市场需求的变化做好准备,并对教育和职业道路作出明智的决策,也对学校在专业、课程设置以及培养方式上提供了启示。

OpenAI 公司的研究也探讨了某些职业关键技能与受 LLM 影响程度的关系[②],这些技能涵盖了背景性技能(Content Skills)、过程性技能(Process Skills)以及跨领域技能(Cross-Functional Skills)。具体来说,背景性技能是指在各种不同的领域中,需要掌握并运用背景结构来获取和培养的具体技能,有阅读理解、积极倾听、写作、口语、数学、科学等;过程性技能是指有助于在各个领域更快地获取知识和技能的程序,包括批判性思维、主动学习、学习策略以及监控等;跨领域技能是一种较为成熟的能力,它有助于完成跨多个职位或工作角色的活动或任务,也就是说,这种技能不仅针对某一特定职业或工作,还可以应用到多种不同的职业与工作环境中,如解决复杂问题的能力、资源管理技能、社交技能以及技术能力等。[③] 该研究从跨领域技能中选择了人们较为熟悉的编程能力进行探究。研究发现,科学和批判性思维技能在职业中的重要性与前文提

---

① CHEN L, CHEN X, WU S, et al. The future of chatgpt-enabled labor market: A preliminary study [J]. arXiv, 2023: abs/2304.09823.

② ELOUNDOU T, MANNING S, MISHKIN P, et al. Gpts are gpts: An early look at the labor market impact potential of large language models [J]. arXiv, 2023. abs/2303.10130.

③ O＊NET. Browse by Cross-Functional Skills [EB/OL]. (2023 - 07 - 11) [2023 - 07 - 28]. https://www. onetonline.org/find/descriptor/browse/2.B.

及的曝光程度呈显著负相关,这表明需要这些技能的职业不容易受到当前 LLM 的影响。相反,写作技能与曝光程度呈正相关,这意味着涉及这些技能的职业更容易受到 LLM 的影响。与受 LLM 影响水平呈正相关的技能还包括积极倾听、阅读理解和口语。与受 LLM 影响水平呈负相关的技能还包括数学、科学、主动学习、批判性思维、学习策略、监控技能等。值得注意的是,跨领域技能中的编程技能对于任何级别曝光水平的职业影响都是正相关,这说明与编程技能相关的职业在这场 LLM 带来的巨大变革中受到的影响非常大。此外,该研究还根据"入职所需的教育水平"和"获得能力所需的在职培训"两个变量,来分析对教育和培训需求的趋势。研究发现,没有正规教育证书或高中文凭的员工从 LLM 中受益的可能性较低,随着受教育水平的提高,从 LLM 中受益的可能性也随之增加。

此外,也有研究者表明,为适应新的劳动力市场,个人要根据其需求的变化,不断更新自己的技能和知识,保持与时俱进。这些技能主要包括以下几个方面。首先,与 AI 技术直接相关的数字技能与编程技能,还包括创新能力、协作能力、持续学习能力等非技术能力。[①] 其次,还需要重视跨学科和终身学习的能力。在人工智能时代,不同领域之间的交叉和整合将变得越来越普遍。因此,需要培养跨学科的综合素养,能够灵活地运用不同领域的知识和技能。同时,也必须实现终身学习,以适应不断变化的专业需求和技术发展。最后,创新、创业和创造力在人工智能时代将变得非常重要。与传统技术和服务不同,人工智能技术需要创建新的应用场景和业务模型。因此,有必要鼓励和培养创新精神与创业意识,使人才能够更好地将人工智能技术转化为商业价值和社会价值。

可见,随着 LLM 的发展,人力资源在职业技能方面正在发生变革。由于劳动力市场对于复杂问题解决、大数据分析以及 AI 编程等多领域技能的需求增加,这通常需要更加广泛和深入的知识储备以及批判性思维和创造力思维。此外,基本的阅读和写作能力在许多职业中仍然是不容忽视的核心技能,而在 LLM 技术赋能的环境下,需要从业者具备更高阶的评价、创造、应用能力。当然,虽然就个人而言,必须主动适应市场的变化,特别是在 AI 相关的领域,通过终身学习和技能更新,以及培养创新和协作能力,使得自己在 LLM 时代的劳动力市场中保持竞争力,但更重要的是,整个教育体系应该为应对这些变化做好必要的准备,无论是教育的内容还是教育的方式都面临着现实与需求之间不断紧绷的张力。

---

① LIU JUN XIAN. From the Perspective of the Labor Market, The Opportunities and Challenges Brought by the New Generation of Artificial Intelligence Technologies such as ChatGPT are Analyzed [J]. Scientific Journal of Technology, 2023(5):6 - 17.

2.1.4 人才培养的变革

对劳动力市场的影响也会波及教育与培训行业，为使劳动力适应技术的变化，政府和教育机构也需要考虑如何在这个不断变化的环境中重构职前与职后的教育。费尔顿（Felten）等人的研究报告表明[1]，虽然 LLM 有可能提高某些任务的效率和准确性，但也可能导致某些职业和行业的就业岗位减少。该报告建议政策制定者考虑采取措施来减轻这些负面影响，为可能受到自动化影响的劳动者投入相关的教育和培训计划。具体而言，这些措施包括以下方面。

首先，考虑将 ChatGPT 及同源技术的应用技能纳入课程。[2] 根据市场的真实反馈，为了使学生做好未来进入劳动力市场的准备，在教育和培训领域应该更新教育和培训计划。整合 ChatGPT 相关技能，将未来所需的关键技能纳入课程。有研究者提出要重视人工智能发展所需的技能和知识，加强相关技能的培训和教育。在人工智能时代，编程、机器学习和数据分析等技能将变得非常重要，有必要加强相关课程的设置和教学。[3] 除了与 ChatGPT 相关的技术技能，该报告呼吁教育和培训计划还应专注于培养沟通、批判性思维、问题解决、创造力、适应性、团队合作、领导力和情商等软技能，即重点培养劳动力与 AI 技术互补的技能。[4] 研究者认为这些技能不太可能被自动化取代，并且与 AI 技术相辅相成。例如，批判性思维和问题解决能力可以帮助从业者发现自动化的新机会或开发 AI 技术的新应用。同样，创造力可以帮助从业者针对复杂问题提出创新解决方案。

其次，教育和培训计划应该优化实现方式。教育和培训计划应该是所有人都可获得且经济实惠的，可以提供灵活的学习选择，如在线课程、微证书和培训班，以便个人更容易获取新技能。例如，教育技术公司 DeepLearning. AI 与 OpenAI 合作开设了"获得 AI 职业所需的知识和技能"的在线课程[5]，初级课程包括"机器学习""机器学习与数据科学""人人适用的人工智能"，以及"为了机器学习和数据科学专业化的数学""造福人类的 AI"；中级课程包括"深度学习""自然语

---

① FELTEN E, RAJ M, SEAMANS R. How will Language Modelers like ChatGPT Affect Occupations and Industries? ［J］. arXiv, 2023, abs/2303.01157.

② CHEN L, CHEN X, WU S, et al. The future of chatgpt-enabled labor market: A preliminary study ［J］. arXiv, 2023, abs/2304.09823.

③ LIU JUN XIAN. From the Perspective of the Labor Market, The Opportunities and Challenges Brought by the New Generation of Artificial Intelligence Technologies such as ChatGPT are Analyzed ［J］. Scientific Journal of Technology, 2023(5):6 - 17.

④ FELTEN E, RAJ M, SEAMANS R. How will Language Modelers like ChatGPT Affect Occupations and Industries? ［J］. arXiv, 2023, abs/2303.01157.

⑤ Deeplearning. AI. Gain the knowledge and skills for an AI career ［EB/OL］. ［2023 - 08 - 18］https://www.deeplearning.ai/courses/.

言处理""人工智能医学""TensorFlow：数据和部署""TensorFlow 开发者证书""TensorFlow：高级技术"以及"生成对抗网络""LLM 生成式人工智能"；高级课程包括"生产环境中的机器学习工程"和"AWS 云平台上的数据科学实操"。学习者可以通过线上课程的学习获得相应水平的认证。

最后，人工智能时代需要建立更开放、更协作的人才培养模式。人工智能技术的发展需要多领域知识和技能的交叉与整合，以及建立更紧密的产业—大学研究合作关系。因此，有必要建立一种更加开放和协作型的人才培养模式，加强学校与企业之间的合作，推进产业界、学术界、研究界之间的协同创新，为人才培养提供更广阔的平台和机会。例如，可以与行业专业人士合作，确保学校的课程与劳动力市场的最新趋势保持同步，同时应促进学生与行业专业人士之间的合作，提供真实世界的经验和建立人脉的机会等。

LLM 对劳动力市场的影响正在重塑教育和培训的内容与方式，这使得教育和培训行业面临更新和调整课程内容的压力，以确保劳动力具备未来市场所需的技能。

2.2　教师职业能力

LLM 作为走向通用人工智能的一条重要途径，已经取得令人瞩目的进展，目前的一些研究展示了 LLM 在支持学生个性化学习、智能辅导、教学内容创作和学生评估，以及人机协同教学等方面的潜力。在这样的环境下，LLM 对教师职业能力产生了新的要求，需要教师与时俱进地更新自身的能力。其一，重视并积极拥抱 LLM 等人工智能技术，将前沿技术应用于教学场景中，利用技术有效提升自身专业技能，如利用 LLM 开发教学资源、提高教学成效、促进自身专业发展等；其二，促进学生学习方式的变革，教会学生利用技术工具促进自身学习；其三，鉴于在技术发展过程中必然会遇到的 AI 幻觉、内容偏见以及伦理道德等问题，教师要有强大的批判性思维能力，不仅自身要具备内容甄别能力，也要保障学生的使用安全。同时，LLM 本身作为一种强大的工具，也能为教师的专业发展提供支撑。在教学实践方面，LLM 是教师的"助教"，帮助教师拓展教学资源、评估学生作业、提供个性化教学等；在终身学习方面，LLM 可以成为指导者，作为教师自主学习知识和技能的辅助工具，促进教师的专业发展。

2.2.1　教师职业能力的变化

首先，面对 LLM，教师需要具备更高级的数字能力（如使用 ChatGPT），这将涉及学习如何与 ChatGPT 交互并利用其完成自己的工作任务。有研究者探讨了教师使用 ChatGPT 所需的数字能力,主要包括"技术熟练程度""教学兼容性""社会意识"三个方面(见表 2-1)。具体来说,教师需要熟练地操作、调整和应用 ChatGPT,将获得的资源与教学内容和方法相结合,以创造更丰富有益的教学体验,同时教师在应用 ChatGPT 时应当考虑到社会、伦理和文化等问题。高级的数字能力不仅可以帮助教师有效地使用这些工具来提升教学技能,而且有助于为学生提供一个更富有创意和参与度的学习环境。

表 2-1　教师使用 ChatGPT 所需数字能力框架

技术熟练程度	• 了解 ChatGPT 的功能 • 了解 ChatGPT 的工作原理 • 构造有效的提示并与 ChatGPT 交互 • 在课堂上使用 ChatGPT 解决难题 • 及时了解 ChatGPT 的最新变化
教学兼容性	• 思考并规划使用 ChatGPT 来增强或转变语言教学和学习任务的方法 • 实施使用 ChatGPT 的任务 • 引导学习者使用 ChatGPT 进行自主学习
社会意识	• 对 ChatGPT 的缺点有批判性的认识,并在规划和实施任务时考虑这些缺点 • 告知学习者 ChatGPT 的风险、道德问题和缺点

其次,教师需要提高自身的批判性思维与评估能力。LLM 虽然强大,但可能产生偏见或不准确的信息。当使用 LLM 生成学习内容时,教师需要具备批判性思维,以评估这些模型生成内容的可靠性和适用性。[①] 此外,教师要更加准确地评估学生的学习进度,并判断何时使用 AI 工具,何时依靠传统的教学方法。一项研究探讨了在混合式学习方法中使用 ChatGPT 给工程教育带来的机遇和挑战,研究发现,学生快速掌握了 ChatGPT,并且有信心将其用于辅助学习。但是,研究人员担心这会对发展横向能力(lateral competencies,包括批判性思维、解决问题、小组合作能力等)产生潜在影响,而横向能力是未来工程师不可或缺的技能。虽然 ChatGPT 可以成为混合式学习中的一个有价值的工具,但仍有一些问题需要解决,如可靠性问题、作弊问题、过度依赖人工智能、师生互动减少以及评估方面的挑战。为了解决这些问题,教育工作者应该努力将 ChatGPT 作为一种补充工具而不是传统教学方法的替代品,监控学生对其的使用情况,并提升自身批判性思维和准确评估学生学习进度的能力。值得注意的是,由于 ChatGPT 在生成

---

① KOHNKE L, MOORHOUSE B L, ZOU D. ChatGPT for language teaching and learning [J]. RELC Journal, 2023:00336882231162868.

教学资源方面的偏误,教师的专业知识、经验和对学生的理解仍然是作出正确教学决策的关键,它们依然是教育工作者非常重要的核心能力,AI目前尚不能取代教师。

最后,教师需要关注LLM对人际交往能力的影响。一项将ChatGPT介入混合式学习的研究发现,学生在遇到困难时经常使用ChatGPT会大大减少师生之间的互动,这减少了教师监督和指导的机会。[①] 教师可以通过人际互动和指导,并纳入更多的肢体动作、小组作业和练习,以确保学生不会过于依赖该工具来解决问题和获取知识。在许多领域,职业道德的教育占据至关重要的位置。例如,在医学领域,职业道德通常体现在医疗决策过程以及与不同利益相关者(患者、家属等)的有效沟通上。虽然ChatGPT在一般情况下可以避免生成不道德的答案,但是在涉及医学伦理这种特殊领域时,它可能面临一些挑战。教师需要强化对职业道德的培养,以确保学生在使用LLM时能够遵守行业标准和伦理准则。在教学中,教师对学生的社会情感支持越来越受到关注,课堂教学不仅仅是知识传递,还包括情感支持和师生间的社会互动。有研究者从师生课堂交互水平角度来看LLM的价值[②],认为教师应通过创造有意义的对话和互动来提供这种支持,以增强学生的批判性思维、独立思考能力和人际沟通能力。因此,该研究提出利用LLM来增强课堂教学中的师生交互,在师生间建立创新、有意义的对话,以提高教学效果。

由此看来,LLM时代的教师不仅要掌握相应的技术技能,还要具备批判性思维、人际交往和情感支持等多方面的能力,这对教育工作者的未来发展具有深远的意义。

2.2.2 教师自身的专业发展

教师的专业发展要求他们在职业生涯中不断提高自己的知识、技能和专业水平,以适应不断变化的教育环境和学生需求。有学者指出,随着技术的发展,教师将承担更加关键和专业的角色,以一种最有利于学生的方式来整合技术,因此,教师和LLM之间形成了一种互补关系。[③] LLM应当成为教师专业发展的有益补充,主要可以体现在两方面:一方面,在教学实践的维度,LLM可以协助教师进行教学,并在拓展教学资源、自动化教学任务以及支持个性化教学方面实现效率的提升,这使得教师可以聚焦于深化专业知识和提升教学技巧,从而增强对学生的引导和支持;另一方面,在终身学习的维度,教师可以将LLM作为学习知识和技能的工具,

---

① SÁNCHEZ-RUIZ L M, MOLL-LÓPEZ S, NUÑEZ-PÉREZ A, et al. ChatGPT Challenges Blended Learning Methodologies in Engineering Education: A Case Study in Mathematics [J]. Applied Sciences, 2023,13(10):6039.

② TAN K, PANG T, FAN C. Towards Applying Powerful Large AI Models in Classroom Teaching: Opportunities, Challenges and Prospects [J]. arXiv, 2023, abs/2305.03433.

③ JEON J, LEE S. Large language models in education: A focus on the complementary relationship between human teachers and ChatGPT [J]. Education and Information Technologies, 2023:1−20.

ChatGPT 等 LLM 的辅助可以让教师保持在教育领域的前沿,不断拓宽视野,提升自己的专业素养。

1. 教学实践

LLM 能够用于处理大量信息、理解复杂问题以及生成高质量内容,这为教育工作者提供了前所未有的实践机会。LLM 可以帮助教师深度理解并处理各种类型的数据,包括文本、音频和视频等,并为教育工作者提供一个全新、多元、丰富的教学资源库,如提供广泛的学科资源,创建丰富的教学形式,完善自动化教学任务,支持学生个性化学习等,从而帮助教师提高教学效率,更好地满足学生的学习需求。LLM 对教师教学实践的影响主要体现在以下几个方面。

首先,LLM 可以帮助教师进行教材内容的开发。有研究者探讨了使用 ChatGPT 开发英语教材以提高学生英语听说读写等语言技能方面的潜力和局限性。[①] 研究结果揭示了 ChatGPT 辅助开发英语教材的可行性。然而,教师在设计材料时需要客观地验证 ChatGPT 生成的结果,经过各种验证步骤后,教师还需要对材料进行细化和改进。这些发现为理解和认识 ChatGPT 在教材开发中的局限性提供了宝贵的见解,有助于理解使用 ChatGPT 创建口语和阅读材料的影响与限制。

还有研究者通过扎根方法总结了 ChatGPT 在以下几个维度中的应用[②]:(1)在评价学习者的语言技能方面,ChatGPT 可以作为练习语言的伙伴,根据学习者的语言使用情况提供反馈来支持学习过程;(2)在提高学习者的语言技能方面,ChatGPT 可以作为一个有效的工具,通过模拟各种生活场景,帮助学习者在实际环境中使用英语;(3)在提高学习者的学习效率方面,ChatGPT 可以通过自动化一些重复性的学习任务,如词汇记忆、语法练习等,来帮助学习者节省时间和精力;(4)在提供个性化的学习体验方面,ChatGPT 可以根据学习者的个人需求和能力,提供定制化的学习资源和学习路径,从而提高学习者的学习效果和满意度。教师可以将这几个维度的 LLM 辅助语言学习的应用与教学实践相结合,在语言教学中更好地使用 ChatGPT,以促进教学效能提升。

其次,在自动化教学任务方面,教师可以使用 ChatGPT 对学生评价内容进行改进,还可以借助 LLM 创建一个强大的数据集[③],以便更好地分析和区分学生的学习水平。通过利用 LLM,

① KIM T. A field study on the development of teaching materials for secondary English and its use of ChatGPT [J]. Secondary English Education, 2023,16(2):207－218.

② BIN-HADY W R A, AL-KADI A, HAZAEA A, et al. Exploring the dimensions of ChatGPT in English language learning: A global perspective [J]. Library Hi Tech, 2023.

③ WILICHOWSKI T, COBO C. How to use ChatGPT to support teachers: The good, the bad, and the ugly [EB/OL]. (2023－05－02)[2023－07－28]. https://blogs.worldbank.org/education/how-use-chatgpt-support-teachers-good-bad-and-ugly.

教师能够自动生成具体而又个性化的反馈,从而帮助学生认识到他们的优势和需要改进的领域。GradeScope 是一个在线评分工具,它支持对各个学科的多类别作业(项目、测验、工作表)进行评分。通过扫描学生作业、提交成绩、发送和导出成绩等四个简单步骤,教师能够借助人工智能来自动评分并提供反馈。这种方法让教师能够更高效地管理教学任务,并为学生提供有价值的指导。

最后,在支持个性化教学方面,教师可以利用 LLM 辅助开展对话教学与问题解答。Duolingo 与 OpenAI 的 GPT - 4 合作,推出了两项新功能:"AI 对话伙伴"(Role Play)和"解释我的答案"(Explain my Answer)。[①] 在语言学习领域,存在一种被称为"隐性学习"的最佳实践,这种方法通过在多种情境中反复使用词汇和语法,即通过实践来学习,相比纯粹记忆规则更加有效。在这个过程中,如何实现及时的对话,如何基于学生的解释给予恰当的指导,以及如何创造情境逼真的教学环境,这些因素对于促进学生的语言学习至关重要,需要教育工作者在实际教学中不断调整和提升,以达到更高效的教育效果。

也有研究者选取了 20 条国际中文教学中常见的有典型语法错误的句子,通过两种渠道(OpenAI 官网 ChatGPT 和日本 ChatGPT 聊天小程序)与智能 AI 机器人进行互动,让 AI 修改病句,并分析和评价 ChatGPT 修改句子的能力。[②] 研究发现,ChatGPT 输出的句子具有一定的准确性和可信度,能够生成与病句对应的正确句子。在国际中文教学中,它更适合用作教学和学习的辅助工具,特别是服务于具备对错判断能力的教师或高级汉语学习者。对于汉语初级学习者来说,仍需进一步优化其功能。可见,大型语言模型在辅助语言学习者个性化学习方面具有很大的应用价值。

2. 终身学习

人工智能时代的教师专业知识更加复杂和多元化。[③] LLM 的应用对教师提出了挑战,需要教师与时俱进,不断更新自身的知识结构和专业技能。同时,LLM 的涌现能力也为解决这一挑战提供了一条可行路径:教师可以将 LLM 视为强有力的工具,用以推动终身学习。具体而言,利用 LLM 推进教师的终身学习可以有以下几条路径。

首先,LLM 能提供与学科知识相关的材料,包括教学资源、教材、习题等,帮助教师深入探究学科知识,了解学科前沿和最新的研究成果。比如在数学领域,GPT - 4 不仅可以解决大部分

① OpenAI. duolingo [EB/OL]. [2023 - 07 - 28]. https://openai.com/customer-stories/duolingo.
② 戚灵隆,那日松. 基于 ChatGPT 的国际中文语法教学辅助应用的探讨[J]. 现代语言学,2023,11(3):955 - 962.
③ 吴军其,吴飞燕,文思娇,等. ChatGPT 赋能教师专业发展:机遇、挑战和路径[J]. 中国电化教育,2023(05):15 - 23.

初等数学问题,还能够处理更加复杂的高等数学难题。有学者提出一个名为 MathChat 的对话框架①,用户可以将要解决的数学问题输入,并与 LLM 助手一起来解决,MathChat 会提供一些提示模板,以帮助用户更好地表达清楚要求,比如工具使用提示、问题解决策略选择提示等。该研究选择了来自各种竞赛和考试的数学问题作为数据集,并按照难度将这些问题分为 5 个等级,其中难度最高的第 5 级问题包括定理的应用和复杂方程的推导。研究人员根据 MathChat 的对话框架将这个数据集输入给 GPT - 4,并对输出结果进行评估。研究发现,在 MathChat 框架下,GPT - 4 对第 5 级问题的正确率保持在 50%,虽然目前复杂的数学问题对于 LLM 来说仍是一个挑战,但我们也能看出 LLM 在数学领域的巨大潜力,研究人员对 LLM 未来应用于数学研究、解决现实数学难题保持乐观的态度。随着技术的不断发展,研究人员通过提示和训练,可以将 LLM 培养成学科领域内的专家。教师通过与 LLM 对话交流即可迅速了解到学科领域的前沿知识理论,不断更新知识结构,提高专业水平。

其次,LLM 与其他智能技术结合,可以帮助教师阅读复杂的文献,起到事半功倍的效果。以 SciSpace 平台为例,用户将文献输入平台,并与智能机器人就文献内容展开讨论,如图 2 - 3 所示,界面的左侧为文献原文,右侧为聊天窗口。用户可以在聊天窗口询问任何与文献相关的问题,比如"这篇文章的大意是什么""该文章用到了哪些研究方法"等,机器人会结合文章内容给出详尽的解答。用户还可以在左侧原文界面进行逐句精读,用鼠标划出一个段落要求机器人进行翻译、解释。该平台还支持对文献图表的分析,使用"解释数据、表格"按钮可以对文献进行

图 2 - 3 SciSpace 平台示例

---

① WU Y, JIA F, ZHANG S, et al. An Empirical Study on Challenging Math Problem Solving with GPT - 4 [J]. arXiv, 2023, abs/2306.01337.

截图,智能机器人首先会对图表作简单介绍,然后会结合上下文阐释其中的数据,这项功能在面对一些较为复杂的图表时能提供不错的参考。对教师来说,LLM 支撑的文献研究工具大大降低了他们阅读外文文献的难度,提高了他们通过阅读学术论文进行学习的效率,也有助于培养教师阅读和研究文献的能力。

再次,教师学习教育理论、教学技能也可以从 LLM 中获得帮助。教师可以利用 LLM 辅助搜索学术论文、教育学经典著作、教育理论等相关资源,深入了解不同的教育理论;LLM 还可以提供关于不同理论的解释和比较,帮助教师理解理论之间的联系和差异。以 ChatGPT 为例,教师可以要求 ChatGPT 解释游戏化教学理论,ChatGPT 会对这个理论的含义、发展和应用进行阐述;教师若想进一步了解,可以询问游戏化教学的案例,ChatGPT 则会罗列出一些经典的例子;如果教师继续追问"如何在英语学科中开展游戏化教学",ChatGPT 会根据英语学科的特点,提供开展游戏化教学的步骤并给出一些建议;教师甚至可以就已有的教案与 ChatGPT 展开探讨,将教案文本输入给 ChatGPT,并询问"如何在这个教案中融入游戏化教学",ChatGPT 会结合上下文语境,从教学目标、教学重难点、教学活动等多方面提出修改建议,引导教师思考与实践。

最后,技术的飞速发展要求教师与时俱进,及时了解新兴技术,掌握新工具的使用技巧,比如教育大数据的分析、ChatGPT 的应用等,这些技能也可以依托 LLM 进行学习。有学者创建了 InsightPilot,这是一个基于 LLM 的自动化数据探索系统[①],可以减轻手动探索数据的负担。用户将需要分析的数据输入系统,并在用户界面以自然语言发出查询,系统的 LLM 组件根据上下文选择适当的见解和分析意图,随后系统从数据中生成见解,并以自然语言和图表相结合的方式显示出结果。这个系统简化了用户的数据探索流程,提高了用户作出数据驱动决策的效率和生产力。对于教师,这类系统大大降低了数据分析的门槛,将原本复杂的数据整理、筛选、分析的过程转变为和 LLM 的对话交流,有助于教师提升教育数据分析的能力。

2.3　学生培养

LLM 的自然语言生成能力可以为学生提供丰富的学习资源,培养他们的学科素养。学生通过与 LLM 进行互动和交流,可以培养批判性思维、自我反思等能力。此外,利用 LLM 辅助开

---

① MA P, DING R, WANG S, et al. Demonstration of InsightPilot: An LLM-Empowered Automated Data Exploration System [J]. arXiv, 2023, abs/2304.00477.

展团队任务可以促进协作,培养情感表达、沟通协作等重要的社会情感能力。具体而言,包含以下几个方面。

首先,LLM的生成内容可以成为学生学习的有效资源。学生可以利用LLM获取各种学科的信息、观点和解决问题的方法。通过与LLM互动,学生可以获得及时、准确的答案和指导,扩展他们的知识面并提升学科素养。LLM还可以为学生提供个性化的学习材料,根据学生的兴趣、能力和学习风格进行定制,帮助他们更好地理解和掌握知识。

其次,与LLM进行互动和交流可以培养学生的批判性思维和自我反思能力。学生可以向LLM提问、寻求解决方案,从中学会思考问题的多个角度和不同的解决途径。LLM可以帮助学生分析问题、评估不同的选项,并引导他们形成独立、批判性的观点。通过与LLM的对话,学生可以思考自己的观点、质疑现有的知识和理解,并进行自我反思,进而提高他们的思维能力和分析能力。

最后,利用LLM进行学习并完成团队任务可以促进学生的协作和社会情感能力的培养。学生可以与同伴一起使用LLM解决问题、完成项目,通过小组学习,培养团队合作和协作的能力。学生可以通过与LLM的互动提供意见、解释观点,并学会倾听和尊重他人的意见。在协作过程中,学生也能够培养情感表达、沟通和协调的能力,进一步提高他们在团队合作中的社交技巧。

然而,LLM在教育领域的广泛应用也对学生的素养提出了新的要求。学生需要具备对LLM提供的信息进行批判性思考和评估的能力,以便有效获取和筛选信息。同时,学生需要培养更加高级的数字应用能力,比如掌握提示技巧来熟练运用LLM工具。此外,学生还应该培养LLM时代下的社会责任感,以便更好地应对LLM工具带来的学术诚信、社会伦理道德等问题。

2.3.1　学生培养的变化

LLM对学生培养的作用可以分为三个维度:其一是学科素养,包括学科基本的知识体系以及相应的技能方法;其二是思维能力,涵盖批判性思维、自主学习、元认知等高级的思维能力与策略;其三是社会情感能力,比如团队协作、沟通表达等。

1. 学科素养

LLM为学生学科素养的培养提供了新的可能性。LLM有着强大的文本生成能力,能提供广泛的、涵盖各学科知识的信息资源,并能根据学生的需求和兴趣对资源重新组装,提供个性化的学习支持和辅导。学生可以利用LLM生成的文本来拓展自己的思路,获取新的观点和论证材料,促进学科素养的提高。目前一些探索性研究已经在信息科技、临床医学、物理以及阅读与写作等学科领域开展。

在信息科技课程学习方面,代码理解能力对于学生掌握代码背后的逻辑和功能至关重要。而对代码进行解释有助于促进学生对代码的理解,提高编程能力。莱诺宁(Leinonen)等利用LLM生成大量的代码注释[1],并开展了两次实验,第一次实验让学生解释有关函数定义的代码,第二次实验则是让学生为注释的准确性、可理解性和长度打分。这些代码注释部分来自实验一,部分由 GPT - 3 生成。结果表明,与学生编写的代码注释相比,GPT - 3 编写的代码注释在可理解性和准确性方面的平均得分更高。此外,这项研究还发现由 LLM 生成的代码注释遵循着某一标准格式,可用于学生模仿学习,提高代码注释的质量。在具体的教学中,教师可以通过LLM 生成代码以及注释作为课程中的示例,由于 LLM 生成代码的高准确性和可理解性,能帮助学生阅读代码,提高代码理解和解释能力。

LLM 在临床医学上也有不错的表现。有学者通过测试 GPT - 4 在美国医疗执照考试中的表现,评价 GPT - 4 在医学教育、评估和临床实践等方面的潜在用途。[2] 研究发现,尽管当前的GPT - 4 模型没有读取医学测试中常见的图形和图表的能力,但 GPT - 4 仍能取得优异的成绩,且准确率在 70%～80% 之间。案例研究展示了 GPT - 4 解释医学推理、向学生提供个性化解释的能力,并就 LLM 如何支持医学教育和临床实践展开了讨论,还探讨了 GPT - 4 在准确性和安全性方面的挑战。该研究指出,GPT - 4 能够处理一些复杂的医疗临床任务,LLM 有可能成为辅助医疗教育和最终临床决策的有力工具。

在物理学科领域,LLM 能够有效应对物理测试题,其回答可以作为学生的参考。科特梅尔(Kortemeyer)探究了 LLM 在物理入门课程中的应用及其对物理教育的影响。[3] 该研究设置了一个共有 30 道物理题目的测试,考虑到当时 LLM 没有接收图片的输入端口,因此包含图、表的题目被转述成文字输入,要求 LLM 用一个答案和简短的解释来进行作答。在第一次测试中,GPT - 3.5 给出了 50% 的正确率,而 GPT - 4 达到了 93.3% 的正确率,后者分数在某大学期末课程排名中可达到前 4%。研究还设置了两种类型的干扰,发现 GPT - 4 对两种干扰的反应完全不敏感,稳定性很高。值得注意的是,在主观题的回答中,GPT - 3.5 对于一些问题能给出简洁、

① LEINONEN J, DENNY P, MACNEIL S, et al. Comparing Code Explanations Created by Students and Large Language Models [J]. arXiv, 2023, abs/2304.03938.

② NORI H, KING N, MCKINNEY S M, et al. Capabilities of GPT - 4 on medical challenge problems [J]. arXiv, 2023, abs/2303.13375.

③ KORTEMEYER G. Can an AI-tool grade assignments in an introductory physics course? [J]. arXiv, 2023, abs/2304.11221.

正确的回答,对另一些题则存在逻辑错误;GPT-4 有 26 题能达到专家的水平,但是偶尔也会出现难以解释的逻辑错误。研究表明,GPT 模型能够通过一些物理入门测试,GPT-4 的一些回答甚至能与领域专家水平相近。虽然 LLM 没有提供任何数学公式或物理定律,暂时无法用于物理研究,但它对初级物理学的概念理解是比较清晰的。因此可以将 LLM 用于学科学习中,将 LLM 生成的回答作为示例供学生学习,增进学习者对初级物理概念的理解。

在阅读和写作方面,LLM 可以生成高质量的测试题,作为学生日常训练的辅助工具,以提高学生的读写素养。迪杰斯特拉(Dijkstra)等人在最近的工作中,利用 LLM 进行教学内容的创作设计,辅助学习者的学习。[①] 研究中使用 GPT-3 生成了一种交互式的教学材料——阅读理解任务的选择题和答案,这种自动生成的测验不仅可以减轻教师的负担,还可以用来提高学生的积极性和参与度。更为重要的是,LLM 为学生提供了一个有用的工具,在日常学习和考试前用来提升学生的阅读理解能力。

2. 思维能力

LLM 对学生思维能力的培养提供了有益的帮助。在与 LLM 进行对话或使用其生成的文本时,学生需要对所得到的信息进行评估和分析:他们需要思考模型的输出是否合理、可靠,是否存在偏见或错误,并提出质疑和验证,这有助于培养学生的批判性思维。而在交互过程中,LLM 可以提供不同的解决方案、观点和思路,激发学生的创造性思维。另外,面对 LLM 的帮助,学生可以培养自主学习和自我管理的能力。根据对现有文献的梳理,LLM 对学生思维能力的影响主要体现在自主学习和元认知、批判性思维和独立思考、好奇心与创造力等方面。

首先,在自主学习和元认知方面,学生可以通过 LLM 追踪记录自己的学习过程,得到各项反馈的学习数据,调整认知策略、实现自我管理。阿迪卡里(Adhikari)提出了一个过程可视化工具(PV)来总结学习者的写作和编程能力。[②] 该工具专注于在学习过程中为学习者提供自我、同伴和教师的反馈,有助于培养学习者的自主学习能力和元认知。PV 可以对学习者的描述性统计数据进行整理和汇总,比如生成关于输入字符、单词、句子、行、段落的总数,打字时间和平均打字速度等数据的汇总表。PV 还可以提供过程回放功能:显示 30 秒的写作或者写代码的打字步骤,学习者通过调整播放速度、暂停、重放来实现交互;在整个回放过程中,每个时间节点的文

---

① DIJKSTRA R, GEN? Z, KAYAL S, et al. Reading Comprehension Quiz Generation Using Generative Pre-trained Transformers [J]. 2022.

② ADHIKARI B. Thinking beyond chatbots' threat to education: Visualizations to elucidate the writing and coding process [J]. arXiv, 2023, abs/2304.14342.

本删除、添加轨迹可以突出显示，以便学习者查看。PV 能记录学习者的单词输入频率，可以用于分析学习者是否过度使用了某些冠词和副词，在一定程度上激励他们增加词汇量，并提高单词使用的准确性。PV 使用可视化热图来比较段落间的两两相似性，其中每个单元格表示对应句子间的相似度得分。通过过程可视化工具，学习者能清晰地得到学习过程中的各项数据，并有效获取来自教师和其他学习者的反馈，以便调整自我的学习计划、策略，培养自主学习能力和元认知。

另外，由于 LLM 能够生成丰富而优质的学习资源，在一定程度上可以代替教师，帮助学生自主学习，比如利用 LLM 辅助教师进行教学资源的设计。一项研究采用 GPT - 3 来自动生成与阅读理解相关的选择题和答案，结果表现出了高度的准确性，尤其适合学生进行自主学习。[①] 同时，学生对于这种新兴的学习方式有着较高的积极性，从某种程度上来说，这种方法有助于激发学生的自主学习能力。

其次，在批判性思维和独立思考方面，LLM 可以作为教学代理，用以辅助课堂上的师生对话，利用师生间的对话促进知识、技能、思想的交流，使其成为培养学生批判性思维、独立思考能力和有效沟通的重要媒介。师生交互是学生培养中不可或缺的重要环节，但在课堂中教师可能没有时间或资源为每个学生提供个性化的关注。一项研究提出利用 LLM 来增强课堂教学中的师生交互[②]，比如对话补充、智能评估等技术，在师生间建立创新、有意义的对话，引导学生独立思考，提高教学效果。面对学生提问，这些技术可用于生成与教学情境相关且有意义的回应，提供专业的教学知识和个性化的教学风格，并自动评估学生的回答、作业等。在 LLM 的辅助下，师生间能无缝交流，学生的问题能被及时解答，学生也能在对话中培养独立思考能力和批判性思维。在哈灵顿（Harrington）的研究中，LLM 可以被用作智能聊天机器人来辅助学生进行法律知识的学习。[③] LLM 可以创造一个无障碍的学习环境，根据学生特征提供个性化的学习指导。LLM 可以在学生和文本之间创造教育对话，通过与文本的互动交流，学生能够更加深入地研究复杂主题，阐明模糊的历史背景，提炼和应用复杂的概念，并培养自身批判性思维和独立思考能力。

最后，LLM 作为教学代理，还可以激发学生好奇心，培养他们的提问能力。LLM 拥有强大

① DIJKSTRA R, GEN? Z, KAYAL S, et al. Reading Comprehension Quiz Generation Using Generative Pre-trained Transformers [J]. 2022.

② TAN K, PANG T, & FAN C. Towards Applying Powerful Large AI Models in Classroom Teaching: Opportunities, Challenges and Prospects [J]. arXiv, 2023, abs/2305.03433.

③ HARRINGTON S A. The Ultimate Study Partner: Using A Custom Chatbot To Optimize Student Studying During Law School [J]. Available at SSRN 4457287, 2023.

的自然语言生成能力,在和学生对话的过程中,可以通过上下文给予学生提示,激发他们的好奇心,进而引导学生提出发散性的问题。阿布德尔加尼(Abdelghani)等学者探究了儿童好奇心驱动的提问能力,研究利用 GPT-3 作为教学代理,提高学习者发散性问题的提问能力,激发其好奇心。[①] 实验分为三个步骤:第一,使用 GPT-3 生成引发好奇心的提示,并将其与人类专家在相同任务下产生的提示进行比较,"闭合型"提示用于引导学生思考与当前任务相关的一项具体信息,"开放型"提示则引导学生构思多个信息和问题;第二,对 75 名 9～10 岁的小学生展开实证研究,评估学生在使用不同类型提示时对开放性问题的回答表现;第三,通过特定的测试评估学生的训练效果,包括提出多样性问题、对自我技能的认知以及对于好奇、提问的态度。研究发现,LLM 不仅具有显著促进好奇心激发学习的潜力,并且还能作为一个培养学生创造性表达的有力工具。

3. 社会情感能力

通过与 LLM 的交互,学生有机会锻炼自己的情感表达和沟通能力。他们可以尝试用准确、清晰和恰当的语言来表达自己的思想、感受和意见,与 LLM 进行情感交流。同时,在与 LLM 对话时,学生可能需要与他人共同解决问题、讨论观点或合作完成任务,这有助于培养学生的团队合作能力。

在团队协作方面,LLM 可以充当评价辅助工具,让学习者在对其他学习者进行评估时,能够给出更加合理的反馈,培养他们的评估技巧和协作意识。同侪评估是学习者根据教师提供的标准对其他学习者的作业进行反馈的过程,大量研究表明,同侪评估有助于学生的发展,但也存在低质量评估破坏协作氛围的问题。为了解决这一问题,研究者使用 BERT 模型对同侪评估进行评价,从而帮助学生改进反馈[②],营造良好的协作气氛。该研究使用美国某个同侪评估平台 Expertiza2 的数据,在该平台学生可以提交自己的作业并对其他学生的作业进行评价。研究总结了高质量评估的几个特征,如包含建议、提到问题、语气积极等,并生成提示以供 LLM 学习。训练后的模型能够对学生作业给出较为合理的反馈,比如,使用较为积极的语气,提出的建议切合实际具有可行性等。因此学习者可以对 LLM 生成的反馈进行模仿学习,用以改进自己的评估方式,使得团队协作更加顺利。

① ABDELGHANI R, WANG Y H, YUAN X, et al. GPT-3-driven pedagogical agents for training children's curious question-asking skills [J]. arXiv,2023,abs/2211.14228.

② JIA Q, CUI J, XIAO Y, et al. All-in-one: Multi-task learning bert models for evaluating peer assessments [J]. arXiv, 2023,abs/2110.03895.

在情感表达和沟通能力上,LLM 可以充当智能教学代理,根据学生特征展开对话,让学生在对话中培养清晰、恰当的表达技巧,提高社交水平。有研究者设计了一个名为 STARie 的原型,该原型结合现有人工智能模型可以生成儿童的声音和逼真的面部动画,用作儿童学习口头叙述技能的智能代理。① 该原型集成了 GPT - 3、语音合成、表情学习和动画等多个 AI 模型,旨在支持用户练习讲故事的能力,特别是针对 4～8 岁的儿童。该代理可以模拟儿童的伙伴,并根据儿童特征进行提问、反馈。研究表明,具有社会互动能力的智能代理可以提高效率,通过展示与所讲故事相匹配的情感,STARie 可以帮助孩子们理解情感在讲故事中的重要性,帮助他们学会识别和回应语言交流,提高他们的社交技能。

2.3.2 学生应具备的素养

目前,LLM 也存在一些限制与挑战,这对学生所应具备的素养提出了新的要求。

第一,学生需要与时俱进,培养数字应用能力。在以往的教学中,比较注重学生基本的数字能力,比如使用在线学习平台、发布电子作品、运用数字化工具等等。为了应对人工智能工具的快速发展,学生需要培养更加高级的数字能力。② 学习的重心应该从知识、技能转向人工智能时代的高效数字化学习。③ ChatGPT 的大规模使用让这个需求更加迫切,学生要掌握一些能力来更好地使用这些 LLM 工具,比如:学生要有清晰表达和提出问题的能力,通过简洁、明确的表达让模型能够准确理解和回应;学生要掌握引导对话的能力,通过适当的提示、追问来引导对话方向;学生还要具备解读和评估模型回答的能力,由于 LLM 生成内容的不确定性,学生需要对回答进行评估。有学者将这部分能力总结为技术熟练度④,即了解 ChatGPT 的特点和功能、理解 ChatGPT 的工作原理、能构建有效的提示并与 ChatGPT 进行交互、在课堂使用 ChatGPT 并解决挑战、及时了解 ChatGPT 的变化等。

值得注意的是,有研究关注学生和 LLM 对话时的提示能力⑤,该研究创建了 StudentEval,一个包含了由学生创建的 48 道代码程序问题共 1 749 个提示的集合。该集合提供了一个测试

---

① LI Z, XU Y. Designing a realistic peer-like embodied conversational agent for supporting children \ textquotesingle s storytelling [J]. arXiv, 2023, abs/2304.09399.

② JONES R H, HAFNER C A. Understanding digital literacies: A practical introduction [M]. Routledge, 2021.

③ 焦建利. ChatGPT 助推学校教育数字化转型——人工智能时代学什么与怎么教[J]. 中国远程教育, 2023(4), 16-23.

④ KOHNKE L, MOORHOUSE B L, ZOU D. ChatGPT for language teaching and learning [J]. RELC Journal, 2023:00336882231162868.

⑤ BABE H M L, NGUYEN S, ZI Y, et al. StudentEval: A Benchmark of Student-Written Prompts for Large Language Models of Code [J]. arXiv, 2023, abs/2306.04556.

大语言代码模型(Code LLM)性能的基准,考虑到面对代码问题时,非专家群体(如学生)无法给出较为准确的提示,这可能会导致 LLM 提供不合理的解答。而 StudentEval 可以很好地衡量 Code LLM 在这方面的能力。相对地,该研究测试了 5 个 Code LLM,并总结了好的提示所具备的特征:其一,带有专业术语的提示更容易成功,这意味着学生在对 LLM 发出提示时,应该尽可能地使用专有名词;其二,在提示的长度方面,带有更多细节的提示能提高 LLM 反馈内容的正确率。这些建议将有助于学生培养发出提示的能力,让学生与 LLM 展开更加有益、高效的对话。

第二,学生需要培养信息获取和筛选能力。LLM 生成的内容是基于大量文本数据训练得出的,数据包括互联网上的网页、书籍、对话等等,有时候会受到数据训练的偏见和信息不完整性的影响,LLM 会反映在训练数据时接触到的信息和观点,导致生成的内容存在偏见或误导性。因此用户和 LLM 交互可能会使现有的刻板印象加深,甚至产生新的刻板印象。[①] 有时候 LLM 无法提供完整全面的信息,学生需要有能力辨别 LLM 回答中的信息缺失。LLM 在回答时可能会忽略特定语境或背景的信息,这就需要学习者意识到 LLM 的局限性。

例如,有学者在探究 LLM 在初级物理教学的应用时,发现其具有一定的局限性[②]:在 30 道物理题目中,LLM 被要求给出一个答案和一个简短的解释,GPT - 3.5 只有 50% 的正确率,GPT - 4 的正确率虽然能达到 90%,但是在主观题的回答中,总是会出现一些令人难以理解的逻辑错误。也有学者在一份研究中要求 ChatGPT 解释一句英文中的语法错误,ChatGPT 的回答是冗长、重复并且不准确的。[③] 这意味着在一些情况下,LLM 会给出一个令人印象非常深刻但是不正确的答案,对于不成熟的学习者来说,他们可能没有足够的能力来核查这些答案,进而产生误导。有研究发现,以 GPT - 3、GPT - 3.5、GPT - 4 为代表的 LLM 对数学、科学或其他跨学科领域抱有偏见[④]:GPT - 3 和 GPT - 3.5 将数学视为一个负面概念,认为数学是无聊、困难、乏味的,GPT - 3 将学校和考试、无聊、枯燥联系到了一起,并且将教师定义为独裁、严格,尽管有证据表明 GPT - 4 产生的偏见减少了,但未来的 LLM 如何与人类对齐还任重道远。

① FERRARA E. Should ChatGPT be Biased? Challenges and Risks of Bias in Large Language Models [J]. arXiv, 2023, abs/2304.03738.

② KORTEMEYER G. Can an AI-tool grade assignments in an introductory physics course?[J]. arXiv, 2023, abs/2304.11221.

③ KOHNKE L, MOORHOUSE B L, ZOU D. ChatGPT for language teaching and learning [J]. RELC Journal, 2023, 54(2): 537 - 550.

④ ABRAMSKI K, CITRARO S, LOMBARDI L, et al. Cognitive Network Science Reveals Bias in GPT - 3, GPT - 3.5 Turbo, and GPT - 4 Mirroring Math Anxiety in High-School Students [J]. Big Data and Cognitive Computing, 2023, 7(3): 124.

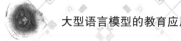

2.4 学习资源

大型语言模型通过对大量的文本数据进行学习和理解,使得模型能够生成各种自定义的教育内容,包括生成学习内容和材料,生成教学任务,生成语言学习资源等。

2.4.1 学习内容和材料

借助针对性的提示和需求,LLM 可以生成教科书、教程、讲义和其他学习材料,并且可以针对特定年龄段或知识水平定制内容。以下是一些典型的生成学习内容和材料的探索。

1. 个性化学习

在教育领域,通过特定的提示可以有效引导 LLM 生成易于学习者理解的学习内容和材料,从而支持个性化学习。具体而言,包含以下几个维度。

首先,LLM 可以回答具有挑战性的问题。例如,ChatGPT 这样的 LLM 应用可以使传统的问答测试更加个性化。学习者可以使用 ChatGPT 学习、比较和验证如物理、数学、化学、哲学和宗教等不同学科的答案。[①] ChatGPT 还可用于提问以澄清课程材料的特定部分,或者按学习者的要求解释这些材料。[②] 例如,当老师给学习者布置文本作业时,学生可能不理解上下文中某些单词的含义。ChatGPT 可以解释这些单词,并通过回答后续问题继续深入交流,以帮助学生充分理解特定内容,学习者还可以要求用他们的第一语言(如中文等)进行解释。

其次,LLM 可以针对学习者的学习需求提供解题思路及矫正练习。例如,弗里德(Frieder)等人构建了 GHOSTS 自然语言数据集,其中包含研究生水平的数学试题。研究者使用问答形式用 GHOSTS 数据集测试了 ChatGPT 的数学能力,并根据细粒度标准对其进行了评估。研究发现,ChatGPT 在数学测评中可以更好地为学习者的问题提供针对性的回答,并提供解题思路与步骤,进行矫正和练习。[③] 帕尔多斯(Pardos)等人使用开放式自适应辅导系统(OATutor)调

① LIU Y, HAN T, MA S, et al. Summary of chatgpt/GPT‐4 research and perspective towards the future of large language models [J]. arXiv, 2023, abs/2304.01852, 2023.05.11.

② KOHNKE L, MOORHOUSE B L, ZOU D. ChatGPT for language teaching and learning [J]. RELC Journal, 2023:00336882231162868.

③ FRIEDER S, PINCHETTI L, GRIFFITHS R R, et al. Mathematical capabilities of chatgpt [J]. arXiv, 2023, abs/2301.13867.

查 ChatGPT 生成的学习提示是否有助于学习代数[①]，来自 Mechanical Turk 的 77 名参与者参与了实验。该实验使用了 OpenStax 的初级和中级代数教科书中的问题。这些参与者被随机分配到对照组(使用手动提示)或实验组(使用 ChatGPT 提示)。对于这两个课程中的每个问题，研究者都通过问答的形式从 ChatGPT 获得答案，并根据三个标准进行评分。研究发现，ChatGPT 提供了正确答案，并且答案中没有使用不当语言。与此同时，由 ChatGPT 生成的学习提示中有 70% 通过了人工检查。这显示 ChatGPT 对于代数学习者提供学习提示的可行性，也为其他学科应用特定提示辅助学习提供了有价值的参考。

最后，LLM 可以为学习者的学习过程提供详细的解释。特别是在计算机教育领域，LLMs 在自然语言生成方面的能力，为编程学习者提供了具有针对性的解释。学习者理解和解释代码的能力在计算机教育中非常重要，已有多项研究探讨了学习者解释代码能力与其他技能(如编写和追踪代码)之间的关系，并揭示了以高阶抽象的方式描述代码的行为与学习者编写代码的能力有很强的相关性。然而，在实际编码环境中，准确而简洁地理解和解释代码对学生而言是具有挑战性的任务。LLM 的出现为应对该挑战提供了解决方案。有研究者开发了 GpTutor(一款 Visual Studio Code 扩展程序)，它使用 GPT 模型的 API 提供个性化的编程代码解释。[②] 研究者认为现有的自然语言生成(NLG)代码解释器存在解释肤浅、提供过多或不相关的信息以及不能及时更新等方面的局限性。GpTutor 的开发旨在通过提供简洁准确的解释并全面分析该函数的源代码来克服这些限制。初步评估表明，GpTutor 提供了较为准确的解释，并且对学生和教师都非常友好，用户只需将相关的源代码合并到提示中便可获得相对详尽的解释。对于学生而言，使用 GPTutor 可以方便地获得针对他们遇到的编码问题的个性化解释。对于入门者学习编程语言的场景可以使用 GpTutor 来理解示例代码，对于需要快速熟悉代码库的新员工也可以使用 GpTutor 深入了解每行代码背后的业务逻辑。

2. 视听资源

LLM 在图形图像生成方面的能力也在教育中受到关注。LLM 可以根据文本描述生成插图、动画、视频等视听资源，使抽象概念更直观。例如，在医学领域，LLM 可以用于生成医学图像资源以辅助医学教育。运用 DALL‑E 可生成虚拟的医学图像(如 X 射线图像和心电图)，帮

① PARDOS Z A, BHANDARI S. Learning gain differences between ChatGPT and human tutor generated algebra hints [J]. arXiv, 2023, abs/2302.06871, 2023.02.14.

② CHEN E, HUANG R, CHEN H S, et al. GPTutor: a ChatGPT-powered programming tool for code explanation [J]. arXiv, 2023, abs/2305.01863.

助医学生练习和提高读片技巧。在一项研究中,研究者尝试用 DALL - E 生成肺部塌陷"Pneumothorax x-ray result"的影像图片。虽然生成的 X 射线图像质量较差,但图像仍然给人一种典型气胸 X 射线图像的印象,算得上比较成功。即便如此,从专业性的角度来看,要求 DALL - E 生成正常胸部 X 射线结果的图片时,其生成的四幅 X 射线图像均未能满足研究者的期望,尤其是在心电图以及特定疾病/创伤的人体部位的图像生成方面也表现不佳。虽然其图像生成能力有待进一步优化,但其表现已经为医学教育打开了新的可能性。[①]

除了在医学教育中应用,一些基于 LLM 的图像生成工具也体现出了课堂应用潜力。教师可以使用 LLM 辅助学生进行创造性写作活动。例如,为学生提供各种美丽和富有创意的图像,来激发学生的写作灵感。[②] 在基于 LLM 的图像生成工具 Midjourney 或 Stable Diffusion 的辅助下,这种创造性写作活动有了落地的可能性。上述工具可以根据教师的提示创造出独特的图像,作为学生写作的启发性材料。例如,一名教师让学生分别命名一个动物、一个地点和一个活动。学生给出的提示分别是海象,海滩,坐在椅子上吃汉堡。然后,利用 Midjourney 工具,根据学生的这些提示生成了一幅图像,如图 2-4 所示,学生就可以根据图片进一步创作故事。这个过程不仅可以激发学生的写作灵感,还可以让他们参与并控制自己的学习过程。

图 2-4 由 Midjourney 生成的辅助创意写作的图像

---

① AMRI M M, HISAN U K. Incorporating AI Tools into Medical Education: Harnessing the Benefits of ChatGPT and Dall-E [J]. Journal of Novel Engineering Science and Technology, 2023,2(02):34-39.

② CAMPBELL R. Midjourney 5-In The Classroom [EB/OL]. (2023-05-12)[2023-07-27]. https://usingtechnologybetter.com/blog/midjourney-5-in-the-classroom/.

3. 交互式学习

LLM 可以提供交互式和更具实践性的学习体验[①]，如模拟特定角色，与学生进行互动。在医学领域，ChatGPT 或其他类似的 LLM 可以在安全环境中模拟与患者互动，使医学生可以练习沟通技巧和诊断技术。沟通和诊断技能是每位医生必备的基本技能，传统上学生主要通过常规讲座获取这方面的基本知识。在临床前阶段，医学生可以通过与"模拟"患者进行客观结构化临床考试（OSCE）来练习他们的技能。然而，在实习阶段医学生将与真实的患者互动，不良的沟通和诊断技能可能对来院的患者构成严重的健康危险。LLM 的出现在一定程度上改进了沟通和诊断技能的学习。例如，医学生可以利用 ChatGPT 在安全的环境中练习他们的沟通和诊断技能。可以指示 ChatGPT 扮演具有特定症状的患者。医学生可以与扮演患者角色的 ChatGPT 进行对话，收集所需信息，然后利用这些信息进行疾病诊断。

这种交互式的学习资源还特别集中地体现在聊天机器人这一类应用程序上，它通过文本和/或语音来模拟用户与"真人"的自然对话，类似于 ChatGPT 的基于 LLM 的聊天机器人正在不断地被开发并应用于教育实践，可以在教学中担任教学（Learning）、辅助（Assisting）和指导（Mentoring）三类角色。在教学角色中，聊天机器人可以通过融入课程，来教授学习内容或技能。如在课堂中让学生与聊天机器人以对话的形式学习某些特定知识，也可以通过在课堂外提供额外的服务来支持学习，例如模拟国外虚拟笔友的语言学习聊天机器人[②]。辅助角色可以通过提供脚手架、推荐和通知应用于四类场景中，包括行政协助、校园协助、课程协助以及图书馆协助。在指导角色中，聊天机器人可用于支持自主学习和成长，通过对话鼓励学生反思和计划他们的学习进度，甚至提供心理方面的疏导与激励。

2.4.2　教学任务

除了丰富学习内容和学习材料之外，LLM 还成为教师教学的得力助手，帮助教师生成教学任务，优化教学过程。

1. 设定学科学习任务

在学科教学领域，教师使用 LLM 来开发学习任务。在一项研究中，26 名物理教师作为任务

---

① AMRI M M, HISAN U K. Incorporating AI Tools into Medical Education: Harnessing the Benefits of ChatGPT and Dall-E [J]. Journal of Novel Engineering Science and Technology, 2023, 2(02): 34 - 39.

② NA-YOUNG K, et al. Future English Learning: Chatbots and Artificial Intelligence [J]. Multimedia-Assisted Language Learning, 2019(2): 32 - 53.

开发者,开发 4 个物理学领域的概念性任务,用于评估德国高中十年级学生(年龄为 15～16 岁)对于牛顿物理学中常见概念的掌握情况。其中一半的参与者使用 ChatGPT 3.5 作为创建物理任务的支持工具(干预组),而另一半参与者则使用数字化的标准高中物理教科书作为创建物理任务的支持工具(对照组)。研究发现,这两组设计的任务在适切性和正确性方面表现都很高,但在任务的具体性方面很低,表明两组都难以提供足够的信息以解决任务。除此之外,在任务清晰度以及任务背景方面存在显著差异。在这两种情况下,使用教科书的学生得分更高,使用 ChatGPT 的学生认为系统可用性很高,但在输出质量方面存在不足。这意味着,尽管学生发现 ChatGPT 易于使用,但该模型生成的任务质量还不如教科书生成的任务好。[①] 这也为 LLM 更加具体的学科知识垂直类应用的开发与实践提供了广阔空间。

2. 创建练习题目

利用 LLM 还可以创建考试练习题目以帮助学生学习。[②] 在医学教育中,一个关键的挑战是创建能够有效评估对复杂医学概念的理解和应用的作业。ChatGPT 可以根据特定的学习目标生成作业,并根据个体学生的需求进行定制。这个功能可以节省教育工作者大量的时间,并确保作业符合课程的学习目标。对于这个问题,只需要简单地使用命令来提示 ChatGPT,例如,向 ChatGPT 输入提示:"为医学生提供 15 个关于某主题的多项选择/问答题。"ChatGPT 就会根据提示呈现具体的示例。不仅如此,ChatGPT 还可以用于考试练习,医学生可以使用 ChatGPT 生成模拟实际考试的练习题,这些题目的格式和难度水平与实际考试相似。由于 LLM 的通用性,像 ChatGPT 这样的模型应用所生成的问题可以涵盖广泛的主题,使学生能够练习不同类型的问题,提高他们的应试能力。

在编程教学领域也有相似的探索,创建足够数量的新练习以形成有用的资源对教育工作者来说是一项重大挑战,有一类研究致力于创建更为适切的编程练习。例如,CodeGym 是一款创新的在线 Java 编程学习平台,它使用了 LLM 生成的编码练习,以互动游戏的形式帮助学习者从零开始掌握 Java 编程。[③] 它包含超过 1 200 个编程实践练习,兼具必要的编程理论知识。平台

---

① KÜCHEMANN S, STEINERT S, REVENGA N, et al. Physics task development of prospective physics teachers using ChatGPT [J]. arXiv, 2023,abs/2304.10014.

② AMRI M M, HISAN U K. Incorporating AI Tools into Medical Education: Harnessing the Benefits of ChatGPT and Dall-E [J]. Journal of Novel Engineering Science and Technology, 2023,2(02):34－39.

③ CODEGYM. Learn Java Online in a FunWay [EB/OL]. [2023－07－28]. https://codegym. cc/? ref = zmy1yzz&.gclid=Cj0KCQjw5f2lBhCkARIsAHeTvlgHvu2q4JSqVsIjSoSGVYao1GiJutWCqVS-qV46saxPzL0CmPBv4zwaArNpEALw_wcB.

会根据学生的学习进度和喜好,自动生成符合学习难度的 Java 代码练习样例,同时提供完整的编程环境上下文信息,如语言版本、预期执行结果、相关代码库提示等。这些编码练习简洁明晰,使用了 LLM 可以理解的专业术语。系统会鼓励学习者仔细阅读并透彻理解每段生成代码的语义,以加深对编程概念的认知。此外,还会根据每个学生的学习特点,提供个性化的编程学习计划,并插入简短的编程理论辅导视频,实现理论联系实践。总体来说,作为一个基于 LLM 生成编码练习的新型编程学习平台,CodeGym 实现了互动、个性化和预测性的编程学习,这类自动化练习题目的生成可以有效帮助学习者从零开始掌握 Java 语言。

2.4.3　语言学习资源

借助预训练,LLM 获得了深厚的语言知识积累和强大的语言理解生成能力,这为语言学习提供了独特的技术支撑。LLM 可以对语料库进行深入分析,发现语法规则、词汇规律等语言内在结构,从而针对性地生成适合不同语言水平的学习资源。同时,结合语音识别和自然语言处理技术,LLM 可以与学习者进行流畅的语音交互,提供个性化的交互式语言学习体验。此外,LLM 还可以通过辅助文本写作来促进学习者的语言学习与应用。总体而言,LLM 技术为语言学习提供了智能化、个性化和沉浸式的支持,将大幅提升语言学习的效率、效果与体验。现有研究从阅读与对话、文本写作两个方面探索 LLM 在语言学习资源支持方面的具体作用。

1. 阅读与对话

在语言学习方面,LLM 最容易实现的基本功能是帮助学生获取词典定义和示例。[①] 例如,它可以定义一个词,识别其词性,提供例句,并提供额外的含义。这可以帮助语言学习者排除阅读中词语理解的障碍,提供及时适切的学习辅助。

通过阅读资源的个性化支持来促进语言学习也是 LLM 所擅长的。一种 AI 阅读助手使用 LLM 作为预测引擎来生成对用户查询的响应[②],可以自动生成丰富且高质量的语言学习素材,如会话、篇章等。这些多样的语料可以帮助语言学习者在沉浸式的语言环境中快速进步。同时,根据学习者水平自动校准生成内容风格,可以使每个学习者获得最佳的个性化学习体验,这极大地提升了语言学习的效率。

LLM 的语言生成能力还特别适用于通过模拟真实的对话来支持语言学习。OpenAI 开发

---

① KOHNKE L, MOORHOUSE B L, ZOU D. ChatGPT for language teaching and learning [J]. RELC Journal, 2023:00336882231162868.

② HSIAO S, COLLINS E. Try Bard and share your feedback [EB/OL]. (2023 - 03 - 21)[2023 - 07 - 28]. https://blog.google/technology/ai/try-bard/.

的 ChatGPT 等语言模型已应用于各种语言学习场景,包括语言辅导、语言生成和语言翻译。而且 ChatGPT 已显示出改善语言学习成果和增强学习体验的潜力。[①] 一项研究提出利用增强现实、语音机器人和 ChatGPT 技术来开发一款专门为儿童设计的语言学习软件工具,帮助儿童学习外语。[②] 这个软件工具使用增强现实和语音机器人来吸引孩子们的注意力,激发他们的学习兴趣,并提供有趣的交互式学习环境。ChatGPT 将被用来高效地生成语言学习工具所需的内容,并生成交互式对话。目前,这些对话已经托管在 Google Dialogflow 平台上。

需要说明的是,虽然 ChatGPT 潜力巨大,但必须解决有关其生成内容准确性的一些问题。研究者使用 ChatGPT 生成原始对话材料,用于训练面向特定课程的聊天机器人。在验证内容准确性后,这些材料可以由 ChatGPT 翻译成与 Google Dialogflow 等人工智能聊天机器人兼容的格式,从而为学生提供个性化的交互式学习资源。该研究提出的方法和设计原则可以成为开发高效的外语教学软件的重要参考。

2. 文本写作

LLM 可以用于编写对话或生成与单个主题相关的各种类型的文本[③],撰写各种书面内容,包括文章、社交媒体帖子、论文和电子邮件等。ChatGPT 还可以调整对话的复杂性,使其更适合初学者或高级学习者。不仅如此,利用 ChatGPT 还可以用另一种语言重写对话,辅助学生写作翻译。对于教师来说,可以要求 ChatGPT 生成理解和扩展问题(开放式或多项选择)以丰富写作任务的训练方式。目前的研究表明,ChatGPT 有潜力让外语学习变得更加有吸引力和有趣,而且它对于语言学习的潜力是巨大的。

除了 ChatGPT 外,目前已有一些将 LLM 与其他 AI 技术相结合的应用用于语言学习。名为 STARie 的具身对话代理(ECA)的设计原型,旨在支持 4～8 岁儿童开展写作叙事和故事创作。[④] 该 ECA 集成了多个 AI 模型,如 GPT-3、语音合成和面部生成,利用人工智能生成的合成媒体来模拟儿童在叙事过程中可能获得的支持,具体流程如图 2-5 所示。然而,设计以儿童为中心的 ECA 时需考虑适龄性、儿童隐私、性别选择等伦理关切。该研究构想,将实际应用的流

① KIM S, SHIM J, SHIM J. A Study on the Utilization of OpenAI ChatGPT as a Second Language Learning Tool [J]. Journal of Multimedia Information System, 2023,10(1):79-88.

② TOPSAKAL O, TOPSAKAL E. Framework for a foreign language teaching software for children utilizing AR, voicebots and ChatGPT(Large Language Models)[J]. The Journal of Cognitive Systems, 2022,7(2):33-38.

③ KOHNKE L, MOORHOUSE B L, ZOU D.ChatGPT for language teaching and learning [J]. RELC Journal, 2023:00336882231162868.

④ LI Z, XU Y. Designing a realistic peer-like embodied conversational agent for supporting children's storytelling [J]. arXiv, 2023,abs/2304.09399.

程构建在 OpenAI 的 GPT－3 系列 LLM 之上，以便于研究人员和教育工作者可以向 STARie 提供适合年龄和教育目标的有效提示。在接收和理解孩子的故事输入后，STARie 将立即通过语音合成（实时语音克隆）生成文本和音频回复，在几秒钟内生成任意语音。此外，通过 VOCA (Voice Operated Character Animation) 改变人物的说话风格、身份相关的面部形状和姿势，用 FLAME 模型 (Faces Learned with an Articulated Model and Expressions) 对前一步骤生成的面部进行动画化。通过将 LLM 纳入 STARie 中，根据提示语的设计使 STARie 能够以有效的教育语言作出回应。例如，可以提示 STARie 将孩子的贡献融入故事创作中，同时确保故事仍然符合故事大纲的范围，还可以通过提供提示指定学习目标。通过这种方式与 STARie 互动，以期儿童通过有指导的实践培养他们的叙事技巧。

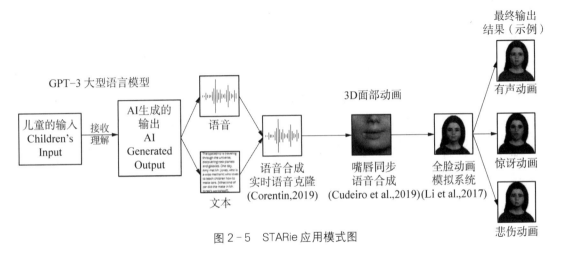

图 2－5　STARie 应用模式图

不仅如此，在 LLM 的加持下，人们可以改进机械写作及提高精致写作的品质。精致写作是与机械写作相对应的概念，机械写作是机器所越来越擅长的，而精细写作更需要人的批判性思维以及创意。① ChatGPT 显示出很多强大的功能可以帮助我们提高写作能力。

以下是 ChatGPT 在文本写作训练中所能做到的。(1)机械写作。ChatGPT 在遵循标准写作规范方面的表现比人类要好得多，它始终以几乎完美的语法、句法、拼写、标点符号、词汇以及句子和段落结构进行写作。虽然偶尔会出错，但并不比一般的人类作者更频繁。(2)解释已知概念。语言生成软件在清晰解释众所周知的信息和概念方面已经非常出色，并且比任何人更快。ChatGPT 会总结相关的信息，将多个来源进行比较，并清晰地总结"众人的智慧"。(3)给出信息确认。未经授权引用他人的思想而不明确其来源是抄袭行为，即使用自己的话表达出来，在

---

① BISHOP L M. A computer wrote this paper: What ChatGPT means for education, research, and writing [J]. SSRN Electronic Journal, 2023.

ChatGPT 的帮助下,明确已知信息的关联来源将不需要太多时间。(4)调整文本输出水平和语气。语言生成软件还具备模仿各种写作风格的高超技巧。我们可以要求 ChatGPT 用小学生也能理解的话解释你的写作,甚至可以模仿司法意见的语气。(5)拓展常见观点。ChatGPT 可以将你输入的任何想法或观点转化为一篇表达得像高级写作一样的明确论述,但实际上 ChatGPT 的拓展是基于已经储备的语料库而生成的。(6)给出线索。ChatGPT 还可以根据特定的问题,提出相关解答问题的线索,并输出相关文献的引文。(7)提供标准建议。ChatGPT 不仅可以作为一个写作工具,还可以给出好的建议,其回答是根据训练数据不同的来源并比较它们的一致性,无论好坏与否,提问者都会得到主流的建议。(8)模仿写作风格。语言生产软件还非常擅长模仿不同的作者、不同的风格和语气。(9)给予写作反馈。(10)跨语言翻译。(11)营造平等竞争。对于母语非英语的学习者来说,ChatGPT 是一大福音。因为对于这些学习者不擅长的语言,ChatGPT 可以提供帮助,可以更快地写作,减少错误,提供更正式的改写方式和表述方式。(12)节省时间。ChatGPT 可以让写作更加高效。(13)模仿人类创意。ChatGPT 甚至可以产生看似有创造性的写作。

可见,LLM 可以通过学习海量文本来快速捕捉写作的规律,并运用所学知识进行创造性写作。LLM 的语言表达能力可以丰富文章细节,提高文字质量。它还可以帮助人类写作者更快更好地组织段落,使文章结构合理。如果用恰当的方法与人类写作者合作,LLM 可以成为有效的写作指导工具,辅助教师和学生创作出有价值的文本。

2.5 学习环境

随着人工智能技术的不断进步,LLM 正在重塑我们的学习环境,它们凭借强大的自然语言处理能力和图像生成能力,可支持构建沉浸式的个性化虚拟学习空间,以及创建用于教育的模拟行为代理,从而产生更具有互动和自主探索意义的学习体验。

2.5.1 教育虚拟环境

21 世纪的今天,教育不再局限于实体教室,从最初的在线教学平台到今天的虚拟现实技术,技术的发展使我们可以通过创建更丰富、更吸引人的虚拟环境,来满足不同的学习需求。LLM 可以帮助教育工作者开发高度自定义和个性化的教育虚拟环境,为学生提供沉浸式的学习体验。例如,它可以帮助教育工作者创建模拟实际环境的场景,如化学实验室或历史事件,以促进学生的积极参与和深度学习。教育虚拟环境可以生成逼真的三维场景、交互界面、角色和事件等数字内容,教师可以利用这一优势,让学生身临其境地在虚拟环境中学习知识和技能,无论是历史事件的重现,还是抽象知识的可视化呈现,都可以借此迅速达成。

人工智能技术在开发沉浸式和交互式体验中变得越来越重要。在类似教育元宇宙这种虚拟学习环境中,ChatGPT 可以被整合为虚拟助手或教师,为学习者提供实时、互动式的学习支持。一项研究通过分析 ChatGPT 如何创建身临其境的交互式体验,设定了 ChatGPT 在元宇宙等虚拟环境中的四类应用:[①]

(1) 教育:ChatGPT 可用于为学生创建个性化学习体验。例如,它可用于提供作业反馈、回答问题和提供其他资源。

(2) 娱乐:ChatGPT 可用于创建引人入胜的互动游戏、故事和体验。例如,它可以用来创建与用户进行实时互动的虚拟角色。

(3) 个性化:ChatGPT 可用于为用户创建个性化体验。例如,它可用于根据用户的偏好和行为推荐产品、服务和体验。

(4) 支持:ChatGPT 可用于为用户提供支持。例如,它可用于回答客户服务查询、提供技术支持和提供指导。根据 ChatGPT 对元宇宙可能产生的影响,有效地利用它来创建更具沉浸感和吸引力的虚拟环境。

通过将 ChatGPT 整合到虚拟学习环境中,可以创造一个更加沉浸式和个性化的学习体验。学习者可以在一个模拟的现实世界中与虚拟角色和环境互动,而 ChatGPT 作为一个信息源,可以提供及时的指导和反馈。这种方式不仅增加了学习的趣味性,还能够根据每个学习者的需求和兴趣提供定制化的学习路径。

除此之外,还有一些自动图像生成系统可以为虚拟学习环境提供支持,例如 DALL－E 2 可以根据文本描述创建逼真的图像和艺术,以创建教育虚拟环境。[②] 虽然 AR 和 VR 技术是创建虚拟环境的主要技术实现方式,但为了构建出真实且引人注目的数字内容,并能够与物理世界无缝整合或模拟实体世界的体验,这个过程往往需要消耗大量的时间、精力和资源。将 DALL－E 2 集成到这些沉浸式体验中可以提高内容创建的质量和效率,并能够轻松地创建视觉上令人惊叹且与上下文相关的环境。例如,在 VR 领域,DALL－E 2 可用来创建和现实世界极度相似的虚拟环境,甚至可以根据用户的想象力生成全新的奇异世界。[③] 此外,DALL－E 2 根据

① ZHOU P. Unleasing ChatGPT on the metaverse: Savior or destroyer? [J]. arXiv, 2023, abs/2303.13856.

② OpenAI. DALL－E2[EB/OL]. [2023－07－28]. https://openai.com/dall－e2.

③ FRCKIEWICZ M. The Role of DALL－E2 AI in Augmented Reality and Virtual Reality [EB/OL]. (2023－06－21)[2023－07－28]. https://ts2.space/en/the-role-of-dall-e-2-ai-in-augmented-reality-and-virtual-reality/.

图 2-6　DALL-E 根据提示生成的
3D 渲染图

文字描述生成图像的能力还可以推进在 AR 和 VR 应用中创建个性化以及上下文相关的内容。比如,在教育环境中,DALL-E 可用于创建自定义教育内容,例如基于文本输入的视觉教具和插图,使学习更具吸引力且易于理解。如图 2-6,利用 DALL-E 生成了一幅关于水的化学结构 3D 渲染图,教师可使用 DALL-E 生成的这张图像来解释化学概念。总体而言,利用嵌入在学习环境中的这些 LLM 应用,可与课堂教学环节有效契合,不仅有助于教师有效地教授抽象的概念,也可以帮助学生更好地理解和记忆知识内容。

Midjourney 等类似程序也是根据文本提示创建图像的工具。人工智能系统经过几十亿张图片和几十亿个描述符的训练,处理文本输入并可生成多张基本符合描述精度的图像。例如,Midjourney 是一个非常有潜力的 AI 艺术生成平台,它基于文本提示可以自动生成各种风格的数字艺术作品和图像。虽然它支持的虚拟教学场景可能不如其他模型丰富和多样,但其为创设面向专业设计特点的虚拟学习环境提供了选择。例如,设计研究员和教育家安德烈斯·泰勒兹(Andrés Téllez)通过 Midjourney 探索了人工智能在设计中的应用,特别是在设计教育和设计实践方面的价值①:设计师可以使用 Midjourney 快速为项目生成新的想法或图像;Midjourney 可以作为一种制图工具,轻松地将抽象想法"转化"为具体图像;Midjourney 还可以作为一种学习工具,帮助设计师和学生了解如何将人工智能应用到不同目的的设计教育和实践中。

2.5.2　模拟行为代理

除了辅助生成教育虚拟环境之外,LLM 在模拟教学行为代理方面也有一些有趣的应用探索。目前,行为代理技术已经用于模拟人类行为,在教育中发挥一定的作用。这些代理可以模拟特定的行为,例如教师的教学行为,或者学习者的学习行为,为学习者提供实时的反馈和建议,推动他们进行自主的探索学习,等等。

ChatGPT 的语言理解和生成能力使其成为模拟人类行为的新工具。它可以作为模拟行为代理的一部分,在虚拟环境中扮演特定角色,如教师、学生或顾问,帮助学习者通过模拟场景来学习和练习技能。使用 ChatGPT 作为模拟行为代理,学习者可以在一个可控和安全的环境中

① TÉLLEZ A. Exploring the use of Artificial Intelligence in Design with Midjourney [EB/OL]. (2023-09-03) [2023-07-31]. http://www.andrestellez.com/blog/exploring-the-use-of-artificial-intelligence-in-design-with-midjourney.

练习社交技能、决策制定和问题解决能力。例如,在一种模拟教室环境中,学习者可以与由ChatGPT驱动的虚拟学生互动,练习教学技能和课堂管理策略。这种方法提供了一种无风险的方式来增强学习者的能力和信心,同时也为他们提供了宝贵的实践经验。

在科学研究领域,MIT的李巨团队开发出了一款名为CRESt(Copilot for Real-world Experimental Scientist)的人工智能助手①,其后端是用ChatGPT串联,为实验科学家提供强大的工具和支持。该人工智能助手独特的特点是,能够调用真实世界的机械臂进行自动化实验,自主查找本地或在线的专业材料数据库,并提供优化材料配方的主动学习算法。该研究对LLM在行为代理方面的探索呈现如下特点。

首先,CRESt的这项自动化实验的特性让科研人员能够更专注于他们的研究工作,而不需要手动执行复杂且耗时的实验过程。通过调用机械臂,实验过程变得更加准确,也降低了由于人为因素引起的误差。其次,CRESt可以自主查找本地或在线的专业材料数据库。这为科研人员提供了极其丰富和及时的资源,使他们可以在研究中使用最新、最专业的材料。这个特性有效地提高了科研工作的效率和质量。最后,CRESt还提供了一种主动学习算法,用于优化材料配方。这个算法可以根据已有的数据和结果不断学习和改进,为科研人员提供更优的材料配方,进一步提高实验结果的准确性。CRESt的前端实现了"voice-in voice-out",使得用户可以直接通过口头与其交流,这让那些没有编程经验的科研人员也能够充分利用这款AI助手的强大功能,他们只需要通过口头对话,就能指导CRESt帮助他们进行自动化的实验。

除了专有领域的行为代理探索之外,也有研究团队开发了面向更加广泛任务的通用行为代理的探索性应用。例如,Auto-GPT是完全自主运行的GPT-4,它也支持语音交互,可以实现修复代码、设置任务、创建新实例等②。目前,经过多轮迭代,Auto-GPT可以使用GPT-4编写代码并执行python脚本,这使得它能够递归地调试、开发和自我改进。③ 未来基于LLM的智能代理将与其他人工智能代理协作,以自然语言回答学生问题,模拟教师行为,在对话过程中根据学生理解状况调整解释。

---

① REN ZHICHU, ZHANG ZHEN, TIAN YUNSHENG, LI JU. CRESt-Copilot for Real-world Experimental Scientist [EB/OL]. (2023 - 07 - 11)[2023 - 07 - 31]. https://chemrxiv.org/engage/chemrxiv-article-details/64a81dcd6e1c4c986bf83225.

② u/lostlifon. GPT - 4 Week 3. Chatbots are yesterdays news. AI Agents are the future. The beginning of the proto-agi era is here [EB/OL]. (2023 - 04)[2023 - 07 - 28]. https://www.reddit.com/r/ChatGPT/comments/12diapw/gpt4_week_3_chatbots_are_yesterdays_news_ai_/?onetap_auto=true.

③ SigGravitas. Massive Update for Auto-GPT: Code Execution! [EB/OL]. (2023 - 04 - 01)[2023 - 07 - 28]. https://twitter.com/SigGravitas/status/1642181498278408193.

基于 LLM 的智能代理对于构建教育领域的行为代理具有很大的启发意义,这已经在游戏领域开始应用。来自美国斯坦福大学以及谷歌的人工智能研究团队创造了一个名为 Smallville 的人工智能驱动的虚拟世界。[①] 这个独特的环境被构建为一个小镇,其中 25 个角色由 GPT 模型和自定义代码控制,以高度逼真的行为模拟虚拟角色的独立生活。[②] 开发者解释道:"代理感知它们的环境,所有的感知都保存在被称为记忆流的代理经验的综合记录中。基于它们的感知,检索相关的记忆,然后使用这些检索得出的内容来决定一个行动。这些检索到的记忆也被用来形成较长期的计划,并创造更高层次的反思。所有这些代理的行为都被输入记忆流中供将来使用。"研究人员在很大程度上依赖于一个用于社会互动的 LLM。

实际上,在这之前已经有一位游戏 Mod 的制作者为《辐射 4》游戏引入了基于 ChatGPT 制作的对话 Mod,将游戏原本有限的四个反应即"疑问、讽刺、赞同、拒绝"进行了更细致的拓宽。[③] 对于教育而言,这些 AI 代理的成功创设,意味着在教育虚拟环境中建构自动生成的交互式的对话环境,以及创建基于角色设定的教育行为代理具有可能性。

除此之外,也有研究将对话代理应用于软件开发中,来自清华大学和北京邮电大学的研究人员创建了一种基于 LLM 的软件开发框架——CHATDEV。该框架采用基于对话的端到端方法,实现多角色间的高效沟通和协作。CHATDEV 作为研究者创建的一个虚拟的聊天驱动的软件开发公司,将开发过程细分为四个不同的时间阶段:设计、编码、测试和文档编制。每个阶段都涉及一组代理人,例如程序员、代码审查人员和测试工程师,促进协作对话并促进无缝工作流程。这一虚拟公司汇聚了基于不同社会身份的代理人,包括首席官员、专业程序员、测试工程师和美术设计师,聊天链充当一个促进器,将每个阶段分解为一个个子任务。当人类"客户"提出初步任务(例如"开发一个五子棋游戏")时,CHATDEV 的代理人通过协作聊天进行有效的沟通和相互验证,这个过程使它们能够自动创建全面的软件解决方案。[④] 该模式的潜力凸显了将 LLM 整合到软件开发领域的可能性,这也反映了模拟的行为代理将在包括教育在内的更多领

① PARK J S, O'BRIEN J C, CAI C J, et al. Generative agents: Interactive simulacra of human behavior [J]. arXiv, 2023, abs/2304.03442.

② Edwards B. Surprising things happen when you put 25 AI agents together in an RPG town [EB/OL]. (2023 – 04 – 12)[2023 – 07 – 28]. https://arstechnica.com/information-technology/2023/04/surprising-things-happen-when-you-put-25-ai-agents-together-in-an-rpg-town/.

③ 游研社.《辐射 4》的语音 AI MOD 可以自己生成对白了[EB/OL]. (2023 – 03 – 30)[2023 – 07 – 28]. https://club.gamersky.com/activity/632842?club=163.

④ QIAN C, CONG X, YANG C, et al. Communicative Agents for Software Development [J]. arXiv, 2023, abs/2307.07924.

域中发挥价值。

总体而言,LLM 促成的虚拟环境和模拟行为代理不仅可以丰富学习形式,降低实际场景的限制,为数字化学习环境增加沉浸式、个性化和实践性的维度,更重要的是它们开启了更加以学生为中心,强调主体参与和兴趣驱动的探索,对于提高学习者的参与度、增强他们的技能和创新学习路径具有重要价值,这一领域蕴含了改善学习体验和效果的巨大可能。

2.6　教育评价

前面多节讨论了 LLM 对于教育不同领域的影响,与教育评价有着或多或少的关联,本节将系统梳理 LLM 对于教育评价的影响。首先,LLM 能够为学生的作业和任务提供自动化、个性化的评估,从而节省教师的时间并提供精准反馈。其次,LLM 的应用使评估题目和方案得到优化,能够自动生成适应学生能力水平的题目,提高评估的准确性和有效性。此外,LLM 对学生测评过程产生的影响也是本节关注的重点,包括优化测评过程和对教育公正性的担忧。最后,讨论 LLM 在教师评估方面的应用,以帮助教师改进课程设计和提升教学技能。

2.6.1　作业与任务的智能评估

LLM 可用作学生作业和其他虚拟任务的评估代理,主要工作集中在学生答案的自动评估以及自适应反馈上。教师借助 LLM 对相关作业(例如论文、研究报告和其他写作作业)进行评分,可以节省大量时间。学生提交作业后,LLM 可以迅速生成相应的评估响应,指出学生的错误、不足或提供改进建议。这种即时反馈可以帮助学生及时纠正错误,调整学习策略,以提高学习效果。相比传统的作业批改过程,LLM 的使用能够节省时间,注重及时反馈,并使学生能够更加高效地利用他们的技能和知识来完成任务。

1. 提供高效评估工具和资源

LLM 的应用可以为教师提供更高效的评估工具和资源。教师通常需要花费大量时间和精力对学生作业及学习任务进行评估。然而,LLM 的自动化评估能力可以减轻教师的负担,节省时间和精力,使教师能够更专注于学生的学习过程和提供个性化指导,从而提高教师的教学效果和学生的学习体验。

伯尼乌斯(Bernius)等使用 CoFee 框架以生成计算机辅助反馈。CoFee 框架采用了基于片段的评分概念,利用主题建模和之前评估阶段收集的评估知识库,自动进行评分,将反馈直接链接到文本的不同片段。教师在在线平台上定义练习,包括问题陈述、评分标准、示例解决方案和截止日期。学生可以在平台上以纯文本形式插入他们的解决方案。借助 CoFee 框架中细分的结构化评分,能够收集和重复使用手动评估其间生成的知识,并通过机器学习技术,有效支持教师进行评估工作。研究发现,使用自动反馈建议可以减少教师的评估工作量,并帮助他们提供一致的反馈,减少学生的抱怨,从而提高评价的效率和质量。同时,这种自动反馈建议的应用可以提高评价的效率和一致性,使教师能够更好地关注学生的学习过程并进行针对性的指导。①

目前,对物理试题的结果进行评分可以直接通过机器完成,而对答案的推导过程则需要由人类操作,耗费更多的人力和资源。为此,科特梅尔提出了一种利用人工智能辅助的物理试题评分工作流程。研究人员使用 GPT - 4 对推导过程进行评分,并将结果与人工评分进行比较。研究发现,GPT - 4 的评分结果和人工评分结果基本一致,这也验证了 LLM 在物理试题评分中的有效性和可靠性。该研究为物理教育领域提供了一种新的评估方法,通过结合人工智能技术,教师可以获得更高效和更准确的评估结果,并为学习者提供个性化的反馈和指导。②

2. 提供即时和全面反馈

通过利用 LLM 和自动评分技术,学生可以获得全面的反馈和有针对性的建议,促进其学习效果的提升。传统的学生评估受限于人力和时间资源,而自动评估的优势在于高效性和一致性。LLM 能够分析学生作业的文本内容,发现潜在问题并提供具体的改进方向。这种个性化的反馈激发了学生的学习动力,帮助他们纠正错误并完善自己的表现。

摩尔(Moore)等结合人工和自动评估方法,对学生提出问题的语言和教学质量进行了调查。研究结果表明,通过人工和自动评估方法,可以评估学生提出问题的语言和教学质量,并提供有针对性的建议。未来可综合利用专家评估和自动评估的协同方法,为学生提供全面的反馈,帮助他们不断提高学习效果。③

朱孟晓等人应用新的自动评分技术,包括自然语言处理和机器学习等,提供对学生简短书面回答的自动反馈。通过运用 LLM 和自动评分技术,研究人员开发了一种反馈系统,将自动评

① BERNIUS J P, KRUSCHE S, BRUEGGE B. Machine learning based feedback on textual student answers in large courses [J]. Computers and Education: Artificial Intelligence, 2022,3:100081.

② KORTEMEYER G. Can an AI-tool grade assignments in an introductory physics course?[J]. arXiv, 2023,abs/2304.11221.

③ MOORE S, NGUYEN H A, BIER N, et al. Assessing the quality of student-generated short answer questions using GPT - 3[C]//European conference on technology enhanced learning. Cham: Springer International Publishing, 2022:243 - 257.

分技术整合到在线科学课程模块中，支持学生对科学论证进行修改。例如，气候模块是在线学习的主要模块之一，研究人员通过分析来自气候模块的日志文件和学习成果，考查学生对自动反馈所促进的修订与学生学习成绩的关系，从而比较一般反馈（上下文无关）和上下文反馈（上下文相关）的影响。研究结果表明：相较于一般反馈，上下文反馈提供了更具体的修订建议，在支持学生提高表现方面更加有效。这项研究揭示了学生对自动反馈的反应，以及通过上下文反馈促进的修订如何与学习成绩相关。这些结果为在课堂教学中应用自动反馈以改进科学论证写作提供了有益见解。[①]

类似的探索旨在探讨面向开放式问答的自动评分的技术限制[②]，并介绍了利用预训练语言模型（如 BERT 和 GPT）作为评分模型的进展。该研究的关键在于，在阅读理解的典型场景中利用上下文微调 BERT 进行自动评分。通过精心设计的输入结构，该模型能够考虑到每个项目的上下文信息，从而提高评分的准确性和可靠性。研究还讨论了该方法可能存在的偏差、常见错误类型和局限性，以便更全面地评估其有效性和适用性。研究发现，通过在上下文中微调 BERT，可以有效地对多个项目共享的阅读段落中的开放式学生回答进行自动评分。生成的单一共享评分模型具有提供准确评分的潜力，并为学生提供及时的反馈和指导。

3. 提供个性化指导

LLM 与可视化工具相结合，可以帮助学生和教育工作者理解和分析学习过程，并根据学生的个体差异，提供个性化的反馈。这可以帮助学生了解他们的优势和待改进的领域，并提供针对性的建议，促进学生的学习和成长。

阿迪卡里等提出了一组新的基于 LLM 的可视化工具，统称为过程可视化（PV），用于评估学习者在写作或编程过程中的能力特征和生成相应的教学建议。PV 工具组的使用可以帮助学生探索他们在写作或编码过程中的各个方面，并从自我、同伴或教育工作者那里获得反馈。这些工具使学生能够查看他们在写作或编码过程中所花费的时间，以及在不同阶段所做的修改和调整。通过利用这些可视化工具，教育工作者能够更好地评估学生的创造性过程，并提供有意义的反馈。过程可视化工具组的应用不仅可以帮助学生理解和分析自己的写作与编码过程，还能够为教育工作者提供有针对性的指导和建议。研究发现，LLM 的应用将推进教育评价的变

①　ZHU M, LIU O L, LEE H S. The effect of automated feedback on revision behavior and learning gains in formative assessment of scientific argument writing [J]. Computers & Education, 2020, 143:103668.

②　FERNANDEZ N, GHOSH A, LIU NAIMING, et al. Automated Scoring for Reading Comprehension via In-context BERT Tuning [J]. arXiv, 2023, abs/2205.09864.

化,特别是在提供作业或学习任务的反馈方面。过程可视化工具作为一种利用 LLM 的工具,能够帮助学生和教育工作者更好地理解与分析学习过程,并提供个性化的指导和建议,从而促进学生的学习和成长。① 可以看出,通过在评估场景中嵌入这些工具,教育工作者能够更全面地了解学生在任务执行过程中的优势和挑战,并根据学生的个体差异提供个性化的支持。这种个性化的反馈和指导能够帮助学生取得更好的进步。

尽管 LLM 具有强大的语言处理能力和学习能力,但它们在进行写作水平的评估时,仍然无法达到与人类评分者相同的水平。可能的原因在于,这些模型在处理复杂性、理解语境和捕捉细微的语言细节方面存在局限性。有研究表明,与人类评级的标准相比,OpenAI 的 ChatGPT 和 Google 的 Bard 的评级可靠性都不尽如人意。研究者通过与经验丰富且训练有素的人在感知和评估写作提示的复杂性与 ChatGPT 和 Bard 进行比较,发现目前典型的 LLM 聊天机器人可能不够可靠,无法生成与人类表现一致的评估项目,强调需要进一步研究,以提高人工智能聊天机器人在评估和教学中的可靠性。②

2.6.2　评估题目的设计

LLM 的测试优化为教育评价带来了新的可能性。LLM 可以根据给定的主题和难度级别自动生成各种类型的题目,包括选择题、填空题、解答题等。这样可以方便教师和教育工作者快速生成大量的测验题目,节省时间和劳动力。同时,LLM 可以根据学生的学习水平和能力自动生成适应性测验。通过分析学生之前的答题情况和表现,模型可以调整题目的难度和类型,以确保每个学生都能够面对适合自己水平的测试,提供个性化的学习体验。

迪杰斯特拉等探讨了使用语言模型来生成与阅读理解文本相关的测验。研究中提出了一种名为 EduQuiz 的端到端测验生成器,该生成器基于利用文本测验集进行微调的 GPT-3 模型。EduQuiz 能够生成完整的多选题,包括正确选项和干扰选项。研究者观察到,大多数生成的测验是合理的,而且生成高质量的干扰选项比生成问题和答案更具挑战性。尽管用自动生成的测验取代手动生成的总结性反馈和评分测试可能还为时过早,但 EduQuiz 已经显示出形成性反馈的潜在价值,并通过增强教科书的评估来提高学习阶段的参与度。这意味着 LLM 可以用于生成测验,帮助评估学生的理解能力,并为他们提供及时的反馈。虽然自动生成测验尚需进一步研

①　ADHIKARI B. Thinking beyond chatbots' threat to education: Visualizations to elucidate the writing and coding process [J]. arXiv, 2023, abs/2304.14342.

②　KHADEMI A. Can ChatGPT and bard generate aligned assessment items? A reliability analysis against human performance [J]. arXiv, 2023, abs/2304.05372.

究和改进,但它已经展现出提供形成性反馈和增强评估的潜力,从而提高学习过程中的参与度,这为教育评价领域带来了新的可能性。①

LLM拥有广泛的语言知识和生成能力,它可以根据需要生成简单、中等和困难等不同难度的测试题。同时,LLM可以根据所选择的语言结构、词汇和知识点的复杂性,调整生成的测试题的难度。通过使用更复杂的句子结构、高级词汇或深入的知识点,模型可以生成更具挑战性的题目。

拉曼(Rahman)等使用LLM检查作业是否存在抄袭,并生成不同难度级别的问题/测验。通过与ChatGPT交互,研究人员要求模型创建关于"排序和搜索算法"的高难度测验,并询问其他级别的测验,如中等和简单难度。研究发现,利用ChatGPT模型可以根据不同难度级别生成相应的问题/测验,以适应学生的学习水平。此外,研究还发现不同级别的测验之间存在显著差异,表明模型能够根据要求生成适应不同学习水平的评估内容。②

将LLM提供的自动评估与人工审查相结合,兼顾了评估效率和准确性,促进了教育领域的创新和改进。布哈特(Bhat)等通过使用训练有素的GPT-3模型进行自动标记和由人类专家进行人工审查,对生成的问题进行了评价。这种评价方法使得对学习结果的有用性能够得到进一步的评估。通过使用一个T5问题生成模型和一个文本内容的概念层次抽取模型,对生成的问题与抽取的关键概念的相关性进行评分,来产生和评估基于文本的学习材料。生成的问题经过自动标记和人工审查后得到了人类专家的好评,这表明LLM在测试优化方面的应用具有潜力。研究表明:(1)LLM的应用能够让教育评价过程更加高效和准确。自动标记能够快速对生成的问题进行评估,而人工审查则可以提供更深入、全面的评价。这种组合评估方法不仅节省了时间和人力资源,还提高了评价的准确性和客观性。(2)LLM的测试优化还促进了教育领域的创新和改进。通过对生成问题的评价,教育工作者和研究者可以发现问题的优势和弱点,并据此进行教学方法和学习资源的改进。这种迭代式的反馈和改进过程有助于提高教育质量和学习成效。(3)LLM的测试优化还可以促进自然语言处理(NLP)研究的发展。通过对生成问题的评价,可以获得大量的语言数据,用于改进和训练语言模型。这将推动语言模型的进一步发展,并有助于解决教育领域中的语言理解和生成问题。③

---

①　DIJKSTRA R, GENÇ Z, KAYAL S, et al. Reading Comprehension Quiz Generation using Generative Pretrained Transformers [EB/OL][2023-07-31]. https://ceur-ws.org/Vol-3192/itb22-Pl_full5439. pdf.

②　RAHMAN M M, WATANOBE Y. ChatGPT for education and research: Opportunities, threats, and strategies [J]. Applied Sciences, 2023,13(9):5783.

③　BHAT S, NGUYEN H A, MOORE S, et al. Towards automated generation and evaluation of questions in educational domains [C]//Proceedings of the 15th International Conference on Educational Data Mining. 2022,701.

2.6.3 学生测评的过程变化

LLM 可以改变和优化学生评价过程,提高评估的效率和准确性,为教育工作者和决策者提供不同的评估视角。

贾勤进使用 BERT 模型来评估同行评审论文的评阅意见的效果。研究人员对评阅意见的内容进行了分析,并利用机器学习和深度学习模型来检测不同的特征。此外,研究人员还提出了两种基于 BERT 和 DistilBERT 模型的多任务学习模型,通过比较不同模型的性能和效果,评估了 LLM 对评估过程的优化作用。研究结果显示,基于 BERT 的模型在检测单个特征的任务上相较于以往的方法有显著提升,并且多任务学习进一步提高了性能,同时减小了模型尺寸。这些研究发现可以为教育工作者和决策者提供借鉴与参考,以优化测评过程并提高学生学习成果的评估准确性。[①]

LLM 的激增同时引发了人们对其对学术诚信的潜在影响的担忧,促使人们需要应对 LLM 滥用风险的考试设计。如何设计能应对 LLM 的考试并保持评估的完整性是一项重要的议题。这将确保学生发展基本技能,并根据其真正的理解和解决问题的能力接受评估。

例如,在高等教育领域的软件工程专业考试中,主要使用口头考试和开卷课后作业两种学生考评方式。然而,许多 LLM 向广大公众免费提供网络接口,大部分学生可以接触到这些模型,这对评估的可靠性和公平性提出了挑战。这些通用模型在语言和专业理解方面的表现,引发了人们对学术诚信的担忧,即学生是否可以复制 LLM 的答案并以自己的名义提交。多伯斯洛(Dobslaw)等以瑞典大学软件工程理学学士学位第三年教授的两门为期五周的全日制同等学历课程为例,通过比较口试和开卷考试之间的吞吐量(即指成功完成课程或考试的学生所占的百分比),分析 8 年来吞吐量和成绩分布的差异来探讨 GPT - 4 模式下开卷考试的可靠性。研究发现,考试形式(开卷家庭考试与口试)似乎对成绩分布没有统计学上的显著影响。根据他们收集的 2015—2022 年的数据,开卷考试的课程吞吐量更高(73%超过 64%),而不及格率也更高(12%对 7%),即成绩分布基本上没有受到考试形式的影响。该研究证明了开卷家庭考试在GPT - 4 模式下仍具有可靠性和可行性。[②]

为评估 ChatGPT 在执行高级认知任务和生成文本方面的能力,特奥·苏尼亚克(Teo

① JIA Q, CUI J, XIAO Y, et al. All-in-one: Multi-task learning bert models for evaluating peer assessments [J]. arXiv, 2023,abs/2110.03895.

② DOBSLAW F, BERGH P. Experiences with Remote Examination Formats in Light of GPT - 4[J]. arXiv, 2023,abs/2305.02198.

Susnjak)使用一些难度较高的批判性思维问题示例,让 ChatGPT 生成回答,这些问题涉及不同学科本科生的学习场景并分析了 ChatGPT 对这些示例提示的回应。研究结果表明,ChatGPT 表现出一定的批判性思维能力,并且能够在仅有少量输入的情况下生成高度逼真的文本。这使得 ChatGPT 对在线考试的完整性构成潜在威胁,尤其是在高等教育环境中这类考试变得越来越普遍的情况下。研究者指出,虽然回归到传统的现场监考和口试可能是解决方案的一部分,但仅依靠先进的监考技术和人工智能文本输出探测器可能无法完全解决这个问题。因此,有必要进一步研究 LLM(如 ChatGPT)的潜在影响,并制定相应策略来应对使用这些工具作弊的风险。[①]

为讨论 OpenAI 如何评估 ChatGPT 模型在考试中的表现,拉尔森(Larsen)等使用了一系列基准来评估 ChatGPT - 4 回答考试问题的能力。研究人员使用公开的最新官方考试或已发布的第三方学习材料中的模拟考试,然后将这些考试与模型的训练数据进行交叉核对,以确定考试问题的污染程度(即模型在多大程度上能够正确回答考试内容)。对于每个多项选择部分,都使用了少量提示,其中包含类似考试形式的黄金标准解释和答案。每个问题都涉及对解释进行抽样以提取多项选择答案。研究发现,尽管某些测试中存在大量的训练数据污染,但问题从测试中删除后,这似乎并没有改变最终的测试分数。这表明,即使在训练过程中遇到过类似的问题,该模型也能够在考试中表现出色。但是,面对不熟悉或复杂的示例,模型的性能可能不那么可靠。基于以上研究结果,拉尔森等创建了应对 LLM 考试的指导方针,其中包括以下内容:(1)内容审核,确保考试问题不容易在线或在模型的训练数据中找到;(2)故意的不准确之处,包括考试题目中的故意错误,以测试模型识别和纠正错误的能力;(3)模型知识库之外的现实世界场景,包括需要模型训练数据以外知识的问题,例如现实世界场景;(4)有效的分散注意力选项,包括看似合理但不正确的答案选项,以测试模型识别正确答案的能力;(5)评估软技能,包括测试批判性思维和解决问题等软技能的问题;(6)纳入非文本信息,在考试试题中加入图像和视频,以测试模型解释和分析非文本信息的能力。[②]

2.6.4　教师技能的评估

LLM 在教师评估和技能提升方面具有广泛应用的潜力,为教师评价提供了新的可能性和机遇。通过自动化评估教师表现,LLM 能够分析教师的教学材料、课堂互动和学生作业,从而

①　SUSNJAK T. ChatGPT: The end of online exam integrity?[J]. arXiv, 2023,abs/2212.09292.

②　LARSEN S K. Creating Large Language Model Resistant Exams: Guidelines and Strategies [J]. arXiv,2023, abs/2304.12203.

提供客观而准确的评估结果。此外,LLM 还能够分析学生的反馈和意见,进一步了解教师的教学效果和学生满意度,从而为教师提供全面的评估指标。

LLM 的运用可以帮助教育工作者更全面地了解学生的情感和话题,以便针对性地改进课程和提高学生满意度。同时,LLM 可以根据学生的反馈自动生成对于教师的综合评价和改进建议,从而促进教师专业技能的提升。有研究利用深度学习技术对学生关于课程的意见和反馈进行分析。研究人员收集并预处理了大量已在网络上发布的课程评论,随后采用当前自然语言处理(NLP)技术,例如词嵌入和深度神经网络,以及 BERT、RobertA 和 XLNet 等模型。这些模型被用于情感极性提取和基于主题的课程反馈分类,以实现对学生意见和反馈的自动化分析。研究发现:利用深度学习技术分析学生对课程的意见和反馈,可以洞察不同课程类型的学生情感倾向,为教育工作者和管理者提供改进课程的建议。①

LLM 能够为教师的专业发展提供个性化的支持。基于对教师的教学数据和评估结果进行分析,LLM 能够制定个性化的专业发展计划。这些计划不仅能推荐适合教师需求的培训和学习资源,还能提供教学方法和策略的定制化建议。值得注意的是,LLM 还能够通过实时分析,提供教学过程中的反馈和改进建议。教师可以及时了解自己的教学效果,发现潜在的问题,并根据 LLM 提供的建议进行调整。赛勒(Sailer)等选取 178 名职前教师作为被试对象,进行了模拟学习困难学生的实验研究。研究人员利用基于人工神经网络的自适应反馈系统提供反馈,并与静态反馈以及专家解决方案进行比较。研究结果表明,在职前教师的书面作业中,自适应反馈有助于他们在判断质量方面的表现,但对于诊断准确性并不有利。相比之下,静态反馈甚至对二人组的学习过程产生了不利影响。因此,基于 NLP 的自适应反馈模拟提供了一个可扩展、精心制作、面向过程的反馈方式,适用于高等教育中具有大量学生的实时环境。②

在现有的教师教学技能评价中往往缺乏对单项教学技能的具体评价,综合评价过于笼统,无法满足个性化以及特殊学科的要求。同时,现有的评价结果仅以分数形式呈现,缺乏有效反馈和指导,教师无法深入了解问题和改进方向。而 LLM 可以提供更具体和细化的评价,通过深入分析和评估教师的单项教学技能,为教师提供更有针对性的反馈。同时,LLM 可以定制化地提供个性化的指导和建议,帮助教师识别问题,并给出具体的改进措施。

---

① KOUFAKOU A. Deep learning for opinion mining and topic classification of course reviews [J]. Education and Information Technologies, 2023:1 - 25.

② SAILER M, BAUER E, HOFMANN R, et al. Adaptive feedback from artificial neural networks facilitates pre-service teachers' diagnostic reasoning in simulation-based learning [J]. Learning and Instruction, 2023, 83:101620.

2.7　教育治理

LLM 在教育治理中的应用价值在于数据分析和决策支持、促进资源分享与共创,以及拓展教育资源覆盖范围和提高包容性。通过与 ChatGPT 的交互,教育治理可以更加智能化、个性化和高效化,推动教育的发展和改革。

LLM 可以提供广泛的教育领域知识和信息,帮助决策者作出更明智的决策。教育决策者可以向 LLM 提出问题或寻求建议,以获取对教育政策、改革措施或教学方法的深入见解。模型可以从海量的教育文献、案例和经验中提取信息,并提供多样化的观点和建议,为决策者制定策略和政策提供参考。

例如,LLM 可以为教育政策提供证据基础和决策支持。在数字化转型的背景下,有研究者设计了基于 AIGC 的教育数字化转型技术预见行动框架[①](如图 2-7),开发了基于 GPT-3.5-

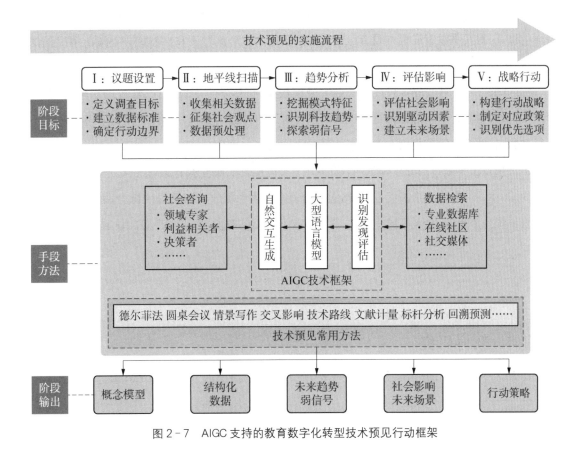

图 2-7　AIGC 支持的教育数字化转型技术预见行动框架

① 陈向东,褚乐阳,王浩,等.教育数字化转型的技术预见:基于 AIGC 的行动框架[J].远程教育杂志,2023(2):13-24.

turbo 的辅助工具雏形 GPT – EDU4SIGHT。该工具可以帮助决策者将转型的重要议题(例如，关键技术的选择、目标领域的数字化创新、专业与课程变迁、未来学校的新形态等)放置在社会整体数字化转型背景下进行多方论证，镶嵌于社会发展语境中进行综合审视，并且支持不同领域公众的深度参与。通过广泛的证据收集(白色与灰色文献、专家观点、公众意见等)以及面向技术预见的新型方法与工具的应用，建构与社会(或者某个具体机构)发展水平相适应的数字化转型的推进路径，为相关的战略规划与实践推进提供证据基础和决策支持。

LLM 也显示出对于制定不同层面教育规划的作用。有研究尝试借助 ChatGPT 定制撒哈拉以南非洲国家职业教育计划，以实现教育体系的非殖民化，并促进社会经济流动。[①] 研究者认为，撒哈拉以南非洲国家应该将职业和技术培训(TVET)置于学术教育之上，并融入 LLM，以实现教育体系的现代化。在这样的背景下，使用 LLM 具有重要意义，因为它可以帮助创造与当地文化相关且适用于当地居民的教育材料。此外，LLM 可用于创建个性化的学习体验，根据学习者的需求进行量身定制。这有助于提高学习效果和学习者的参与度，例如生成模型可用于社区层面的培训，对几乎没有或根本没有医学背景的当地人应对流行病和自然灾害等紧急情况提供支持，从而补充现有培训系统。

LLM 也可以处理和分析教育系统的大规模数据，包括学生人口统计、学校资源配置、教师素质等，从而为教育政策的评估提供支持。通过对这些数据的分析，LLM 可以揭示不同政策的效果和影响，并为决策者提供有关教育政策的深入洞察。

一位来自世界银行的分析师认为，ChatGPT 有可能彻底改变教育系统[②]，对于教育而言，可以使用 ChatGPT 作为工具来促进教育，它的价值在于为中低收入国家提供机会，教育部门需要让教育系统为不断变化的环境做好准备，确保所有用户都能使用关键基础设施和高级数字技能。

2.8 教育研究

LLM 对教育研究的内容、方法和工具也存在着多方面的影响。首先，LLM 通过自然语言处

---

① TOURNI I, GRIGORAKIS G, MAROUGKAS I, et al. ChatGPT is all you need to decolonize sub-Saharan Vocational Education [J]. arXiv, 2023, abs/2304.13728.

② WILICHOWSKI T, COBO C. How to use ChatGPT to support teachers: The good, the bad, and the ugly [EB/OL]. (2023 – 05 – 02) [2023 – 07 – 31]. https://blogs.worldbank.org/education/how-use-chatgpt-support-teachers-good-bad-and-ugly.

理,帮助母语非英语研究者用更加流利和准确的方式表达自己的研究成果。其次,LLM通过分析语言模式和数据,深入理解研究者的需求和偏好,从而为研究人员提供新的研究思路。再次,LLM在数据处理和分析方面表现出色,能够进行深度的数据分析和挖掘。最后,LLM拓展了教育研究的方法论,与 NVivo 等软件相结合,为非结构化数据的分析提供高效手段,同时也支持跨学科研究的发展。

2.8.1　为母语非英语研究者提供支持

LLM 工具有助于优化研究行文的表达,为母语非英语者提供公平的竞争环境。ChatGPT等 LLM 应用工具在语言文字生产方面的能力,使不少研究者运用该类工具辅助论文写作,或利用其帮助改写文本、改善写作风格。

焦文祥等对 ChatGPT 的翻译功能进行了初步评估,包括翻译提示、多语言翻译和翻译稳健性。研究发现,在资源丰富的欧洲语言上,ChatGPT 的表现与商业翻译产品(如谷歌翻译)相比具有竞争力。[①] 高媛等的研究探讨如何使用 ChatGPT 辅助机器翻译。通过对比多种语言和翻译方式,并对特定领域(如医学)的翻译进行实证,结果表明 ChatGPT 能够理解所提供的关键字并进行相应调整以输出正确的翻译,展现出 ChatGPT 在学术翻译领域的巨大潜力。[②]

然而,在学术研究中将 LLM 作为合作者进行投稿发表,引起了出版商的担忧。国际大型出版商纷纷表示应禁止或限制投稿人使用人工智能生成内容。例如,早在 2023 年 1 月,《科学》的主编霍顿·索普(Holden Thorp)宣布了更新的编辑政策,禁止使用 ChatGPT 的文本,并宣称ChatGPT 不能被列为作者。同月,Springer-Nature 更新了其指南,声明 ChatGPT 不能被列为作者。[③]

不可否认的是,ChatGPT 和类似的人工智能工具对于科学研究是有益的,尤其是对于母语非英语的人士,他们可以使论文中的语言更加流畅,从而达到平等竞争的效果。但它也可能生成一些有缺陷甚至捏造的研究。为此,在研究中使用类似的 AI 工具必须要设定适当的导向规则。使用人工智能工具将改善研究文章的可读性和语言,但不能替代作者应该完成的关键任务,如解释数据或得出科学结论。

---

① JIAO W, WANG W, HUANG J, et al. Is ChatGPT a good translator? A preliminary study [J]. arXiv, 2023, abs/2301.08745, 2023.

② GAO Y, WANG R, HOU F. How to Design Translation Prompts for ChatGPT: An Empirical Stud [J]. arXiv, 2023, abs/2304.02182.

③ SAMPLE I. Science journals ban listing of ChatGPT as co-author on papers [J]. The Guardian, 2023, 26.

2.8.2　提供参考信息和研究思路

LLM 以其卓越的自然语言处理能力，为教育研究领域带来了宝贵的潜在机遇。通过对语言模式的深入分析，LLM 能够对输入信息进行全面理解，从而为研究人员提供深刻的洞见和启示。在教育研究中，LLM 可以应用于多个方面，例如研究思路生成、文献综述和学术文章编辑等，以拓展研究思路并简化研究过程。

1. 辅助研究思路的生成

LLM 如 ChatGPT 在接收输入信息后能够自动生成相关文本，这一特性使得研究人员能够运用 ChatGPT 作为一个有用的工具，来产生新的研究思路。[①] 由于 ChatGPT 是在来自多个学科的大量数据上进行训练的，因此它作为研究思路的输出可以超越个别研究人员的狭隘视角，并激发新的研究。如图 2-8 所示，研究者可以利用 ChatGPT 的功能，在输入研究团队的学术背景信息后，请求其提供相应研究主题的建议。从这个角度来看，ChatGPT 可以被看作是研究者的头脑风暴伙伴，协助研究人员激发创造性思维。基于此，LLM 拓展了研究思路的多样性，并为研究人员提供了一种高效且富有启发性的方法，帮助他们突破传统的学术界限，探索新的研究领域和问题。

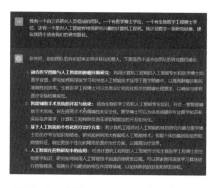

图 2-8　借助 ChatGPT 思考研究主题

2. 支持文献搜索与阅读

LLM 与其他 AI 研究助手相配合，将具备强大的文献分析功能，可以帮助研究人员高效地查找学术论文、总结其结论，并挖掘不确定性领域，从而进行全面的文献回顾。Elicit、Scite 和 Consensus 等初创公司早就有了借助 LLM 辅助科学搜索的 AI 系统，即依靠免费的科学数据库，或通过与出版商合作来访问付费的研究论文，帮助总结一个领域的发现或识别顶尖研究。最近，拥有大型科学数据库的公司也推出了基于 LLM 的科学搜索工作，荷兰出版业巨头爱思唯尔推出基于 ChatGPT 的 AI 界面，英国数字科学公司对其 Dimensions 数据库进行封闭试验，美国科睿唯安计划将 LLM 纳入 Web of Science 数据库。

Scopus AI 是爱思唯尔基于 GPT-3.5 推出的科学搜索与阅读工具，能够帮助研究人员快速

①　IVANOV S, SOLIMAN M. Game of algorithms: ChatGPT implications for the future of tourism education and research [J]. Journal of Tourism Futures, 2023, 9(2): 214-221.

获得他们不熟悉的研究主题的摘要。在回答一个自然语言问题时,Scopus AI 借助 GPT - 3.5 获得一段关于研究主题的流畅总结、引用的参考文献以及需要进一步探索的问题。然而,在用于搜索,特别是科学搜索的 LLM 方面,出现了一些担忧,这些担忧源于 LLM 的不可靠性。尽管 LLM 可以输出表面上合理的词语,但实际上它并不真正理解其生成的文本。因此,其输出可能存在事实错误和偏见,LLM 甚至可能虚构不存在的参考文献,进一步加大了其不可靠性的问题。

3. 协助学术文章写作和编辑

LLM 如 ChatGPT 等的应用,为研究人员提供了有效的工具来准确概括给定主题的要点并生成摘要,同时还能辅助撰写学术文章。

其一,LLM 可以根据输入的文本或信息,自动生成简明扼要的摘要,确保在保持信息准确性的同时,满足学术论文摘要的规范和要求。这为研究人员提供了便捷的工具,帮助他们高效地完成论文的摘要部分。

一项研究调查了 ChatGPT 的免费版本是否可以根据所提供的某些数据集的标准指令集,生成语法和结构正确且质量合理的摘要。[①] 研究者向 GPT 提出指令:"使用以下数据写一篇250字的关于儿童足底筋膜炎的摘要,包括标题、介绍、方法、结果和讨论部分。"研究发现 GPT 产生的摘要能够满足研究者的需求,摘要的标题和字长都符合要求,标题恰当,介绍性句子与足底筋膜炎的知识状态相一致,包括统计检验在内的结果从数据表中正确提取,结论是对结果的合理解释,没有明显的错误。

其二,LLM 还具备一定的辅助撰写学术文章的能力。LLM 不仅能够作为智能写作伙伴,为研究人员提供文本的建议和优化,还能够智能分析数据,根据研究人员的提示自动完成论文各个篇章的撰写,生成一篇规范的学术性论文。

麦克唐纳(Macdonald)等运用 ChatGPT 撰写了一篇拟进行医学期刊投稿的学术文章草稿。研究过程中,研究团队创建了一个包含 10 万名医护人员的虚拟数据集,其中包括不同年龄、体重指数(BMI)和风险状况的人员,一部分人接种了一种虚构的疫苗,并观察了其降低感染后住院可能性的情况。然后,研究人员利用 ChatGPT 帮助决定如何处理模拟数据,以确定虚构疫苗的有效性,并撰写相关的研究论文。研究结果显示,ChatGPT 在被提供数据集描述后,能够根据数据的属性和性质,生成编程语言 R 的代码来执行生存分析并计算风险比。此外,ChatGPT 能够

---

① BABL F E, BABL M P. Generative artificial intelligence: Can ChatGPT write a quality abstract? [J]. Emergency Medicine Australasia, 2023.

根据要求撰写论文的主要内容,包括摘要、研究方法、研究结果和讨论等。[①]

2.8.3　数据处理和分析

在数据处理和分析方面,LLM 可以处理复杂的非结构化数据,并从中提取有用的信息和模式。对于大规模文本数据集,LLM 可以充当数据编码助手,帮助研究人员处理大规模、非结构化的数据。此外,LLM 能够通过深入分析数据中的模式和趋势,挖掘数据中的隐藏规律和关联性,进行探索性数据分析。

1. 数据分析编码助手

LLM 在研究中最明显的用例是作为数据分析各阶段的编码助手。文本内容的定性分析通过为数据分配标签来解压缩丰富且有价值的信息。然而,这个过程通常包含大量的人力劳动,特别是在处理大型数据集时。虽然最近基于人工智能的工具展示了实用性,但研究人员可能没有现成的人工智能资源和专业知识,更不用说受到这些特定任务模型的有限通用性的挑战。

为应对上述挑战,研究者探索了 LLM 在支持演绎编码中的使用。演绎编码是定性分析的一个重要类别,研究人员使用预先确定的代码本将数据标记为一组固定的代码。预训练的 LLM 可以直接用于各种任务,而不是训练特定于任务的模型,无需通过即时学习进行微调。有研究者使用好奇心驱动的问题编码任务作为案例,研究结果表明,通过将 GPT-3 与专家起草的代码本相结合,借助 GPT-3 的编码方法与专家编码的结果达成了实质性的一致。[②]

协作定性分析(CQA)过程可能非常耗时且占用资源,需要团队成员之间进行多次讨论以完善代码和想法,然后才能达成共识。新加坡科技与设计大学的高洁等人将 LLM 用于协作定性分析中,有效解决了协作定性分析过程耗时和资源密集的问题。他们开发了协作编码器 CollabCoder,它是一个用 LLM 来支持 CQA 不同阶段的编码系统。研究者依据 CQA 的特点将其分为独立的开放编码、迭代讨论和最终编码组形成三个阶段。在独立的开放编码阶段,根据研究需要,协作编码器为协作小组提供人工智能生成的编码建议,并记录协作成员的编码决策信息(如关键字和说明性文字信息等)。这种支持有助于提高编码效率和准确率,并减轻用户的认知负担。在迭代讨论阶段,协作编码器通过与团队共享编码决策信息,帮助建立相互理解和

---

① MACDONALD C, ADELOYE D, SHEIKH A, et al. Can ChatGPT draft a research article? An example of population-level vaccine effectiveness analysis [J]. Journal of global health, 2023, 13:1003.

② XIAO Z, YUAN X, LIAO Q V, et al. Supporting Qualitative Analysis with Large Language Models: Combining Codebook with GPT-3 for Deductive Coding [C]//Companion Proceedings of the 28th International Conference on Intelligent User Interfaces. 2023:75-78.

富有成效的讨论。它还通过一定的定量指标快速识别协议和分歧,以促成建立最终的共识。在编码组形成阶段,协作编码器采用自上而下的方法来提出主要编码组建议,减少了在编码期间的认知负荷。在研究的最后,研究者对 8 对协作参与者开展了问卷调查以比较协作编码器 CollabCoder 与已有的编码平台 Atlas. ti Web 的差异,最终结果如图 2-9 所示。

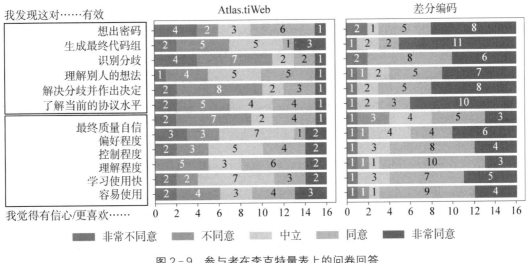

图 2-9　参与者在李克特量表上的问卷回答

这项研究探讨了在协作定性分析中应用 LLM 的效果,并提出了一种名为协作编码器 CollabCoder 的系统来支持 CQA 的三个阶段。通过这种方式,协作编码器有效地支持了 CQA 的各个阶段,并加速了编码的进度。总的来说,这项研究在协作定性分析中应用 LLM 取得了较好的结果。协作编码器为用户提供了有力的支持,提高了协作效率、准确性和讨论质量。它不仅减少用户的认知负担,还帮助团队快速达成共识,并生成具有良好组织和可读性的最终编码结果。此项研究为 CQA 研究带来了重要的创新,提供了一种可行的方法来改善协作定性分析的效率和质量。然而,需要注意的是,这项研究还处在初级阶段,还有进一步改进的空间。未来的研究可以优化协作编码器的性能,并考虑如何更好地收集用户反馈和评价,以确保其在实际应用中的可行性和有效性。此外,研究人员还可以探索如何扩展协作编码器的功能,以适应不同领域和应用场景的需要。总之,这项研究为 LLM 辅助提升学生的学习和研究效率方面提供了重要的参考。①

---

① GAO J, GUO Y, LIM G, et al. CollabCoder: A GPT-Powered Workflow for Collaborative Qualitative Analysis [J]. arXiv, 2023, abs/2304.07366.

2. 进行探索性数据分析

探索数据在数据分析中至关重要,因为它可以帮助用户更有效地理解和解释数据。然而,执行有效的数据探索需要有对数据集的深入了解和数据分析技术的专业知识。不熟悉其中任何一个都会造成障碍,使该过程变得耗时且让数据分析师难以承受。

为了简化数据探索过程,马平川等引入了一个基于 LLM 的自动化数据探索系统 InsightPilot。InsightPilot 自动选择适当的分析意图,例如理解、总结和解释。然后,通过发出相应的有意查询来具体化这些分析意图,以创建有意义且连贯的探索序列。简单来说,有意查询是数据分析操作的抽象和自动化,它模仿数据分析师的方法并简化用户的探索过程。通过采用 LLM 进行有意查询与最先进的洞察引擎进行迭代协作,InsightPilot 可以有效地分析现实世界的数据集,使用户能够通过自然语言查询获得有价值的见解。研究结果验证了 InsightPilot 的有效性,展示了它如何帮助用户从数据集中获得有价值的见解,用户能够通过自然语言查询获得有价值的见解。①

程立英等通过比较研究来探究 LLM 在探索性数据分析中的作用。研究过程中,将 GPT-4 视为数据分析师,对来自广泛领域的数据库进行端到端数据分析。研究者通过精心设计 GPT-4 进行实验的提示,提出了一个解决问题的框架,并设计了几个特定于任务的评估指标来系统地比较几位专业人类数据分析师和 GPT-4 之间的表现。实验结果表明,GPT-4 可以达到与人类相当的性能。②

2023 年 7 月,OpenAI 向 ChatGPT Plus 的用户推出了名为 Code Interpreter 的测试版插件。有了这个新插件,用户现在可以将 ChatGPT 变成自己的个人数据分析师,辅助自己进行数据分析、创建数据可视化、清理数据等工作。首先,用户可以向聊天机器人提供大量数据集,并要求它进行详细分析以确定趋势。在一次演示中,美国宾夕法尼亚大学沃顿商学院教授伊桑·莫利克(Ethan Mollick)展示了对 2019 年和 2020 年烟花爆竹伤害的非结构化数据集进行数据处理的情况。他将数据复制并粘贴到 Code Interpreter 聊天机器人中,该机器人能够将数据格式化为一个有组织的数据库。通过分析处理后的数据,Code Interpreter 得出结论:在这段时间内,烟花爆竹造成的伤害"显著增加"。这一结果表明 Code Interpreter 在数据处理和分析方面具有较高的准确性和实用性,对于数据挖掘和结论推导有着重要的学术和应用价值。

---

① MA P, DING R, WANG S, et al. Demonstration of InsightPilot: An LLM-Empowered Automated Data Exploration System [J]. arXiv, 2023, abs/2304.00477.

② CHENG L, LI X, BING L. Is GPT-4 a Good Data Analyst?[J]. arXiv, 2023, abs/2305.15038.

除此之外,Code Interpreter 可以在几秒钟内完成数据清理工作,而无需手动查看数百行的数据。德雷克·苏拉奇(Drake Surach)在 YouTube 上分享了他如何利用 ChatGPT 插件进行数据清理的演示视频。他上传了一个包含空行和空列的 FBI 犯罪率数据的 Excel 表格,并向聊天机器人提出"清理这些数据"的请求。令人惊讶的是,仅用 2 分钟,Code Interpreter 就创建了一个新的电子表格,修正了列名,删除了不必要的行,并清除了脚注。苏拉奇表示:"如果没有 ChatGPT 的帮助,我们可能要花费很长的时间,也许要花费几个小时来完成这项任务。"

3. 实现数据可视化

LLM 通过自然语言交互、数据描述解释、复杂数据处理等功能,能够实现数据的可视化。LLM 使得数据可视化更易用和亲民,用户可以通过自然语言查询数据,获得实时的图表和解释。同时,LLM 的推理能力和智能推荐功能有助于用户深入挖掘数据,并提供更有意义的数据可视化结果。

仍以 ChatGPT 的 Code Interpreter 插件为例,该插件可以根据用户提供的数据集生成图表。亚历克斯·科尔(Alex Ker)是一家人工智能项目孵化器的创始人,他在推特上透露,他向 Code Interpreter 提供了一个特斯拉股票数据集,并探求其能否用人工智能进行价格图表的绘制。令人惊讶的是,在短短 5 分钟内,聊天机器人就成功绘制出了多条线图,展示了特斯拉 5 年来的收盘价。Code Interpreter 的功能甚至不止于此,还能生成线图和柱状图,揭示每日股票价格的波动情况。科尔在推特上评价称:"Code Interpreter 对于探索性数据分析和可视化来说简直太疯狂了。这就像是你的个人数据科学家和分析师。"另一位科技公司创始人格雷格·豪(Greg Howe)也表达了同样的看法。他在 LinkedIn 上发表帖子称其未来将计划更频繁地使用该插件进行"一次性数据分析"。伯克利学院人工智能委员会主席杰森·古利亚(Jason Gulya)也让 Code Interpreter 为他的 LinkedIn 印象数据创建了一张热图,显示出该插件多样化且广泛适用的数据分析和可视化功能。

除 Code Interpreter 插件外,GPT - 4 推出的 Wolfram 插件同样在数据可视化方面发挥着作用。Wolfram 作为一个强大的计算引擎,可以处理复杂的数学计算和统计分析。GPT 将用户的自然语言查询传递给 Wolfram 插件,使其能够在后台执行复杂的数据处理任务,然后将结果呈现给用户。用户可以通过自然语言与 GPT 交互,实现数据可视化,调整图表类型、数据参数等,Wolfram 插件能够根据用户的指令生成相应的交互式图表,使用户能够更深入地探索数据。Wolfram 插件使数据可视化变得更加普及,不需要用户具备专业的编程和统计知识,用户只需使用自然语言进行查询,就能获得高质量的数据可视化结果。

2.8.4　拓展研究方法

LLM 凭借其强大的自然语言生成功能,为教育研究者提供了广阔的研究可能性,从而拓展了教育研究的方法。

首先,LLM 在处理非结构化数据时表现出色,能够从大量文本数据中抽取信息和模式。通过将 LLM 与定性数据分析软件(如 NVivo)结合使用,研究者能够借助 LLM 的语言理解能力来处理数据,并在定性数据分析软件中进行进一步的数据管理和分析,有助于研究者发现数据中隐藏的深层次结构和潜在模式,拓展定性研究的可能性。

研究者将 ChatGPT 和 NVivo 软件进行了结合,利用自然语言处理模型对非结构化数据进行分析,并从中提取有价值的见解。该研究旨在革新定性数据分析方法,并通过以下步骤来实现。首先,研究者准备了一个预先设计的数据集,并将其发送给 ChatGPT。然后,通过输入特定的提示来驱动 ChatGPT 执行任务。ChatGPT 使用其强大的自然语言处理能力来理解提示并生成相关回答。最后,这些 ChatGPT 生成的回答被输入 NVivo 软件中,以便进行后续的数据分析。[①] 通过这种组合方法,研究者能够充分利用 ChatGPT 的语言处理优势和 NVivo 的数据管理与分析功能,更好地处理大量非结构化数据,并从中挖掘出有意义的信息,实现更深入的定性数据研究。

马迪亚(Madia)提出,ChatGPT 能够理解上下文并生成连贯且与上下文相关的文本,从而成为定性研究人员手中的强大工具,用于非结构化数据分析和定性研究的许多其他方面。基于此,马迪亚提出了以 ChatGPT 改进定性研究的六个途径:编码和主题分析、总结与综合、参与者参与度、讨论指南写作。马迪亚认为,通过将 ChatGPT 的优势与定性研究人员的技能相结合,定性数据分析、提案和讨论指南编写以及数据合成的未来看起来充满希望。ChatGPT 的使用提供了更有效、更有洞察力的方式来探索和理解人类经验,定性研究人员将因熟悉生成式 AI 功能和学习提示工程而受益匪浅。[②]

其次,日益强大的聊天机器人的兴起提供了一种通过对话式调查收集信息的新方法,其中聊天机器人提出开放式问题,解释来自用户的自由文本响应,并在需要时探究答案。通过与研究对象或参与者进行交互,聊天机器人可以收集来自多个来源的丰富数据,不仅能够在大规模

---

① LIMNA P, KRAIWANIT T, JANGJARAT K, et al. The use of ChatGPT in the digital era: Perspectives on chatbot implementation [J]. Journal of Applied Learning and Teaching, 2023,6(1).

② MADIA J. Application of Chat-GPT for Qualitative Research: 6 Ways to Improve Your Research [EB/OL]. (2023 - 04 - 19)[2023 - 07 - 31]. https://flowres.io/blog/chatgpt-enhance-qualitative-research-coding-summarization-engagement.

研究中提供高效的数据收集手段,将研究者从大规模的数据收集中解放出来,还能够为定性研究提供更深入的理解和参与者观点的展现,促进更富有价值的研究成果产出。

许多组织(例如教育机构、医疗保健组织和政府机构)都会进行调查或访谈,以便从目标受众那里收集信息。在调查中,克服调查疲劳并获取高质量的答复是一个主要挑战。然而,通过预训练的聊天机器人,可以有效地解决这一问题。Juji 是一款基于 LLM 的人工智能助手,可以帮助研究人员、科学家和商业专业人士等与受访者进行大规模的双向对话,提供引人入胜的调查体验并引发高质量的回复。Juji 遵循设计最佳实践,最大限度地提高对话式调查结果;能够向受访者提出开放式问题和选择问题,以引出定性和定量的输入;在调查期间回答受访者的问题,以进行澄清、提供指导或防止造假;读懂字里行间,推断受众的心理特征,并更好地理解所收集到的回应背后的"原因";自动总结对开放式问题的自由文本回答,以生成可用的见解。

Fine Research 是拉丁美洲的一家市场研究机构,正在发起一项大型定量研究,以了解医疗保健专业人员对拉丁美洲大流行病的看法。该项目将提供数据和证据来支持公众、医疗保健专业人员和决策者。他们希望对问卷设计进行定性输入,以确保能够从每个可能的角度检查问题。Fine Research 与支持人工智能的虚拟主持人 CRIS 合作,使用文本聊天。聊天形式的灵活性和便利性使 CRIS 在短短 5 天内与 80 多名医生进行了交谈。此外,采访还揭示了研究人员意想不到的重要情感维度。例如,巴西医生很难平息患者对这一流行病的焦虑。这种见解很难从纯粹的定量调查中得出。此外,医生所经历的具体恐惧类型变得显而易见,这些见解对于支持医疗保健专业人员非常有价值。

为探究使用人工智能驱动的聊天机器人进行带有开放式问题的对话式调查的有效性和局限性,研究者对大约 600 名参与者进行实地研究,其中一半的参与者在 Qualtrics 上进行典型的在线调查,另一半与人工智能驱动的聊天机器人互动以完成对话式调查。研究人员分析了对开放式问题的 5 200 多个自由文本回答,并根据格莱斯会话合作原则手动评估了每个答案的质量。简单来说,格莱斯会话合作原则是人类用语言有效地进行交际时不自觉遵循的原则,即数量准则、质量准则、关系准则和方式准则。研究人员发现,聊天机器人大大提高了参与者的参与度,并在其信息性、相关性、特异性和清晰度方面引起的响应质量要好得多。研究结果验证了将聊天机器人纳入数据收集过程的可行性和科学性,为创建人工智能驱动的聊天机器人以进行有效的调查等提供了设计意义。①

---

① XIAO Z, ZHOU M X, LIAO Q V, et al. Tell me about yourself: Using an AI-powered chatbot to conduct conversational surveys with open-ended questions [J]. ACM Transactions on Computer-Human Interaction(TOCHI), 2020,27(3):1-37.

最后,LLM 的出现为跨学科研究提供了新的动力和可能性。这些 LLM 具备深度的语义理解和知识融合能力,能够从多个学科领域的数据和文献中汲取信息,并建立学科之间的联系。通过综合不同学科的知识,LLM 有助于形成全面的研究视角,推动学科之间的融合和交叉创新。

例如,为会计和金融学者提供新的跨学科研究机会。与需要大量标记数据的标准监督机器学习方法不同,LLM 可以从少量标记数据中学习并推广到新的、未见过的示例。为了探索在会计和金融领域采用小样本学习的可行性,研究者进行了一系列实证分析,使用 GPT‐3 模型和基于字典的方法评估管理层讨论披露的情绪。研究结果表明,GPT‐3 模型在情感分类任务中优于基于字典的方法。此外,研究者将 GPT‐3 的性能与 FinBERT 的性能进行了比较,FinBERT 是一种使用金融语料库进行预训练的 BERT 模型,并使用更大的标记数据进行了进一步微调。结果表明,尽管与 GPT‐3 的 1 750 亿个参数相比,FinBERT 只有 1.1 亿个参数,但它在情感分类方面取得了优异的性能。最后,通过研究市场对 GPT‐3、FinBERT 和 L&M 词典分类的情绪有何反应,研究者发现 GPT‐3 和 FinBERT 在预测股票收益方面比 L&M 词典提供了更强的解释力。该研究体现了 LLM 在进行跨学科研究时具有显著的优势,能够辅助研究者开展跨学科研究。[①]

① HU N, LIANG P, YANG X. Whetting All Your Appetites for Financial Tasks with One Meal from GPT? A Breakthrough Comparison of GPT‐3, Finbert, and Dictionaries in Sentiment Analysis [J/OL]. https://papers. ssrn. com/sol3/papers. cfm?abstract_id=4426455.

典型的教育应用场景

本章旨在探讨大型语言模型(LLM)在教育领域中的应用场景。这些场景利用诸如GPT-4等LLM的强大自然语言处理能力、上下文理解能力和生成能力,以实现个性化教学、智能辅导、自动评估、课堂互动以及教学资源生成等功能。

3.1 应用场景分析

正如前一章所述,LLM开始逐渐进入教育的不同领域。但是与其他领域一样,目前LLM在教育领域并没有找到"杀手级"的应用。对于LLM等人工智能技术,明确应用场景可以推动技术的落地应用,评估技术效果,确定技术的发展方向,优化产品的设计,扩大具体技术的领域影响力。因此,应用场景作为连接技术和实践领域的桥梁,对于LLM的应用和推广具有重要的作用。

与其他领域一样,教育领域同样有自己明确的需求,主要包括提升教学效率、实现个性化教学和丰富学生体验等。满足教育领域需求是LLM在教育应用场景中发挥作用的根本所在。只有充分理解教育需求,LLM才能发挥其技术优势,提供可靠的解决方案。

通过梳理一些已有的典型案例,目前 LLM 的教育应用场景主要体现在以下几个方面。首先,对于学生学习而言,LLM 提高了学习效果,特别是在计算机类和语言类课程中,展现出了卓越的能力。其次,对于教师教学来说,LLM 的技术赋能可以减轻日常工作中重复、繁琐的任务负担,如撰写教案、批改作业和进行学业评价等。通过 LLM 的辅助,教师能够有更多的时间和精力专注于教学研究,从而不断提高自身的教学技能和水平。对于学校管理而言,利用 LLM 的自动内容生成功能可以提高行政管理水平,通过与学校的办公和教务系统连接,精确地将各种通知和行政命令发送给特定的人群,大大降低了因信息传递偏差而导致的管理失误。最后,对于教育企业而言,在一些重要学习任务(如语言、数学)上发力,一定程度上满足了不同学习者的学习需求。目前 LLM 的教育应用场景如图 3-1 所示。与前一章不同的是,本章的场景涉及的

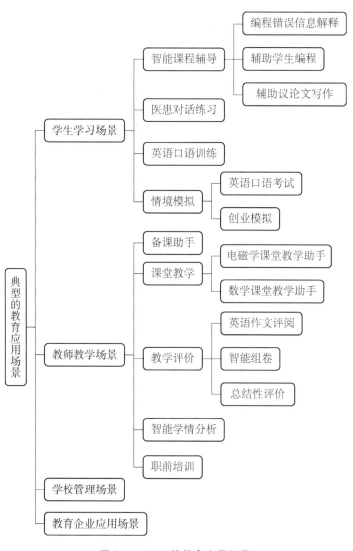

图 3-1 LLM 的教育应用场景

案例有些属于严格的实证研究,有些是实践经验的介绍,有些则完全属于探索性的应用,无论哪种类型的案例,本报告中尽量给出更多的背景信息,主要目的是让读者能够了解场景应用的更多细节信息,以便为类似的实践和探索提供借鉴和支持。

3.2　学生学习场景

当前,LLM 在学生学习场景的典型应用主要体现在智能课程辅导、医患对话练习、英语口语训练和情境模拟等方面。

3.2.1　智能课程辅导

目前,大型语言模型在编程和写作领域能够根据学生的理解程度,以适当的语言表达来解释问题的本质。可以把这些模型类比为具备丰富知识的私人教师,它们能够对学生进行持续评估,并根据学生的学习状况进行调整,从而实现真正的个性化辅导。

1. 编程错误信息解释

众所周知,学习编程时,学习者能够理解编程错误信息(Programming Error Messages,简称为 PEMs)是编程学习的重要内容。[1] 一般情况下,PEMs 由语法错误信息、编译器错误信息或其他诊断信息组成,表示编写程序时违反了相关的规则。如何理解 PEMs 以提高编程效率是编程初学者亟待解决的首要问题。芬兰阿尔托大学的莱诺宁等人使用 LLM Codex 来增强学生对编程错误消息的理解。Codex 是一种基于 Transformer 的大规模语言模型,可用于从非结构化文本构建预测模型。Codex 模型系列隶属于 GPT - 3 系列,该系列模型精通十几种高级程序语言,包括 C♯、JavaScript、Go、Perl、PHP、Ruby、Swift、TypeScript、SQL,甚至 Shell,但最擅长 Python。该研究中莱诺宁等人通过使用 Codex 系列中的 code-davinci-002 模型来进行 Python 编程错误信息的解释。研究者为了实现将 Python 语言学习中的编程错误消息通俗化,首先收集了对 Python 语言学习者而言最难理解的编程错误消息,其次利用 Codex 生成能够对 PEMs 进行解释的代码文本。如图 3 - 2[2] 所示,其中深色文字是 Codex 生成的 PEMs 解释内容。经研究测

① LEINONEN J, HELLAS A, SARSA S, et al. Using large language models to enhance programming error messages [C]. Proceedings of the 54th ACM Technical Symposium on Computer Science Education V. 1, 2023:563 - 569.

② LEINONEN J, HELLAS A, SARSA S, et al. Using large language models to enhance programming error messages [C]. Proceedings of the 54th ACM Technical Symposium on Computer Science Education V. 1, 2023:563 - 569.

试发现,Codex 创建的易于理解的代码解释达 88%,但从 Codex 输出 84% 的 PEMs 解释大约只有一半(57%)的信息被认为是正确的(占所有输出的 48%)。其中从生成的 PEMs 解释中有 70% 提出了代码修改意见,但只有不到一半(47%)的修改意见是正确的(占所有输出修正的 33%)。

```
Codex Example 4 (input in black, output in red)

""" Code
def check_password(password, input):
  If (input == "s3cr37"): print("You are in!")
  Else: print("Wrong password!")
input = "hunter2"
check_password("s3cr37", input)
""" Output
  File "main.py", line 2
    If (input == "s3cr37"): print("You are in!")
    ^
SyntaxError: illegal target for annotation
""" Plain English explanation of why does running
↪  the above code cause an error and how to fix the
↪  problem
The error is caused by the fact that the code is not
↪  indented properly. The code should be indented
↪  by 4 spaces.
```

图 3-2　LLM 的编程错误提示解释

虽然该研究结果并不十分理想(解释文本的正确率较低),但它证明 Codex 是一种可以对 PEMs 进行解释的有用工具。对于学生而言,理解编程错误消息可以帮助他们调试程序,因为传统的编程错误消息通常是生涩且难懂的。通过上述实例可知,LLM 在编程领域的应用可为编程学习者提供辅助工具或资源,以提高他们的学习效率和代码质量。尽管 LLM 在解释编程错误信息和错误程序修复方面具有潜力,但仍然需要不断改进以提升生成信息的质量。未来研究应致力于逐步提高 LLM 的准确性,确保生成内容的解释和修正信息的可靠性与正确性。另外,LLM 如 Codex 是高度复杂的神经网络,仅通过其生成的代码解释和修改建议,很难让学生明白 LLM 其自身的算法规则,更难让学生纠正 LLM 的算法缺陷。因此,未来的实践可以探索如何提高 LLM 的可解释性,使学生能够更好地理解 LLM 的工作方式,并能充分利用 LLM 辅助课程学习。

总之,编程错误信息解释的应用场景显示 LLM 在编程教学领域为学生掌握编程知识提供了便利,但在准确、偏见和安全以及可解释性方面仍需改进。未来的研究应致力解决这些问题,以一步步提高 LLM 在编程教育领域的应用价值和效果,为学生提供更可靠和高效的支持。

2. 辅助学生编程

人工智能与高等教育教学的融合为学习和评估提供了机会与挑战。与上述案例将 Codex 单纯应用于 PEMs 解释不同,也有研究者曾尝试将 ChatGPT 应用于编程教学的完整过程。

ChatGPT 作为一种人工智能工具,为学生学习提供了各种优势,如提高学生的参与度、合作性、可访问性和可用性等。沙特阿拉伯苏丹王子大学计算机科学系的库雷希(Qureshi)探讨了利用 ChatGPT 作为本科生计算机科学课程的学习和评估工具的前景与障碍,特别是对基础编程课程的教学和学习。[①]

该研究的对象为该校 24 名大二学生(已完成数据结构和算法课程)。研究者将学生分为对照组(A 组 12 名学生)和实验组(B 组 12 名学生),并要求两组学生在规定时间内完成编程挑战。为了保证实验的公平并营造竞赛氛围,研究者让参与学生在 ACM 国际大学生编程竞赛的控制环境下完成挑战。在实验过程中,对照组仅可以查阅教科书和编程课程的笔记,但不能上网查资料。实验组的学生可以使用 ChatGPT 来帮助解决编程中遇到的问题。

研究过程中两组学生在规定时间内依据挑战要求采取协作的方式共同完成编程任务,在此基础上研究者探讨了将 ChatGPT 作为本科生计算机科学课程学习辅助工具的意义。研究者通过实验来评价学生使用 ChatGPT 解决编程问题的有效性。研究结果表明,使用 ChatGPT 的学生在完成任务的效率方面表现突出,可见 ChatGPT 在帮助学生解决问题方面具有潜力。但该实例显示实验组学生过度依赖外部资源(如类 ChatGPT 的工具),这可能不利于学生的自主学习和学习能力的培养。其次,尽管 ChatGPT 在某些方面对学生有帮助,但研究也指出它存在的一些常见问题,如代码不一致和不准确。因此在使用 ChatGPT 等工具时,需要对其结果进行仔细评估和验证。未来的研究可以探索如何更好地整合和利用类 ChatGPT 工具以提高学生的编程能力。这就需要不断改进 LLM 工具输出的准确性和一致性,同时鼓励学生发展独立解决问题的能力,而不只是仅靠外部智能工具。此外,还需要对这些工具在教育环境中的使用进行更深入的研究,以了解它们如何与传统的教学方法相结合,从而建立更有效的人机协同机制。

3. 辅助议论文写作

议论文是一种常见的文章类型,它要求作者通过文字表达自己的观点与意见,并通过强有力的证明进行佐证。因此,议论文写作对学生而言一直是一种比较难驾驭的文章写作类型。美国圣母大学的张铮和新加坡技术与设计大学的高洁[②]等人设计并开发了一个议论文写作助手 VISAR,它采用 LLM 来帮助作者使用"思维链"的提示策略,采取人机交互的方式逐步探索论

① QURESHI B. Exploring the use of chatgpt as a tool for learning and assessment in undergraduate computer science curriculum: Opportunities and challenges [J]. arXiv preprint arXiv:2304.11214,2023.

② ZHANG Z, GAO J, DHALIWAL R S, et al. VISAR: A Human-AI Argumentative Writing Assistant with Visual Programming and Rapid Draft Prototyping [J]. arXiv preprint arXiv:2304.07810,2023.

点,同时结合程序可视化和快速原型策略这两种方法,以实现作者和 LLM 之间的有效协作,并通过 12 名参与者的用户体验研究,验证了 VISAR 的可用性与有效性。

VISAR 通过提示语与底层 LLM 交互,结合 LLM 自身的运行机制将议论文写作分成三个步骤和四个阶段。三个步骤是提出问题、阐释主张和提供证据,四个阶段分别是预写、计划、草稿和修改。VISAR 借鉴了 Toulmin 模型,旨在为作者提供申明、提供支持性证据(数据与支持)和检查逻辑谬误来帮助作者强化论点,并专注于促进演绎型议论文写作,采用一种自上而下的写作策略让作者形成连贯并且具有说服力的想法。此外,该写作助手主要针对预写与计划两个阶段,以此为作者提供相应的帮助。

VISAR 的功能包括四个方面:(1)分层写作目标推荐。VISAR 为用户提供分布式、循序渐进的写作目标,并指导用户逐步实现不同级别的目标。(2)同步文本和可视化写作计划。该助手将"所见即所得"体现在文本编辑中,用户能够清晰观察自己的写作过程。此过程是通过节点与编辑器共同完成的,主要支持五类节点:主论点、关键因素、讨论点、反驳和支持证据,编辑器可以通过单击修改按钮实现节点的编辑,从而改变节点之间的连接。(3)辩论的支持。VISAR 为用户提供脚手架支持,同时提供正反两种论据材料以便作者更好地厘清思路,确定自己的观点。(4)快速生成初稿原型。该写作助手可以依据用户的不同写作习惯为其提供初稿方案。如有的人喜欢边写边构思逐渐形成初稿,而有的人喜欢先创建文章大纲然后根据大纲去填充文字内容,对于以上两种写作偏好 VISAR 均能满足。

研究者从美国某私立大学招募了 12 名志愿者,包括 1 名大二学生、3 名大三学生、4 名大四学生和 4 名研究生,以上参与者中有 4 人认为自己是中级写作者,7 名认为自己是高级写作者,剩下 1 人自认是写作者。参与者共计完成 3 次写作会话任务(任务内容是 GRE 考试中的议论文写作),总计时长为 90 分钟,任务完成环境均是实验室。在每次写作开始前,研究者会让参与者填写知情同意书和人口统计信息,每一次写作任务持续 30 分钟,包括 5~7 分钟的写前系统操作辅导和 20 分钟的写作计划。与此同时,在实验期间研究者还邀请 2 位专家对系统提供的材料予以评价,专家们表示写作助手能够提供强有力和看似可信的证据,但证据的科学性与合理性还有待完善。在参与者完成 3 次写作任务后,研究者对他们进行了问卷调查和每人 10 分钟的半结构化访谈。

实验结束后,研究者让每位参与者从连贯性、逻辑性、全面性、说服力、一致性和清晰性六个维度为 VISAR 在整个议论文写作中所提供的帮助进行打分,大多数维度得分在 6 分左右(满分10 分),这表明写作助手仅能达到及格水平,远未达到优秀。

从上述场景应用的案例中可以看出,目前 LLM 应用于议论文写作能够为用户提供相关的材料,并通过可视化方式让作者明晰自己的思路,为作者论点的形成提供清楚的证据链。但因其研究的技术因素,将 LLM 应用于写作仍存在一定缺陷,例如仅针对议论文,案例实施时间较短,VISAR 仅是从议论文写作的前两个阶段为作者提供帮助,而并未参与写作的后两个阶段,不能全方位满足用户的全部需要等。从拓展应用场景的角度来说,未来需要拓展 LLM 在写作中的教育应用情境,尤其在课堂教学中以检验 LLM 的适配度。

3.2.2 医患对话练习

医患对话能力与水平是医学专业学生必须具备的重要技能。[①] 良好的医患关系是建立在医患沟通基础上的,如果在实习阶段实习医生缺乏医患对话的能力,轻则降低诊疗效率,重则有可能因此而造成误诊。一般情况下,医学生是通过定期讲座培训和医患互动模拟来提升自己这方面能力的。传统的讲座培训效果较差,较难达到既定的教学目的,而以往的医患互动模拟是学生在临床前阶段通过客观结构化临床测验与"假"患者之间展开的,这种对话方式往往比较固定,很难还原真实情景。因此,在实习前如何加强医科学生良好的医患交流能力培训是目前医学教育面临的难题之一。

目前,有研究者开始通过使用 ChatGPT 来模拟病患与医学生的交流,以提升医学生的医患沟通能力,如图 3-3[②] 所示,ChatGPT 展现了较强的语言表达能力。首先,研究者要求 ChatGPT 扮演一名虚拟的有特定症状(如发烧、食欲不振、原因不明的突然体重下降等)的患者。然后,让这名虚拟患者与医学生开展有效对话,通过几轮对话后医学生能对虚拟患者开具相应的处方。

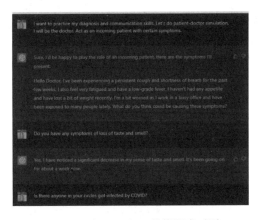

图 3-3 与 ChatGPT 模拟医患对话

① AMRI M M, HISAN U K. Incorporating AI Tools into Medical Education: Harnessing the Benefits of ChatGPT and Dall-E [J]. Journal of Novel Engineering Science and Technology, 2023,2(2):34-39.

② AMRI M M, HISAN U K. Incorporating AI Tools into Medical Education: Harnessing the Benefits of ChatGPT and Dall-E [J]. Journal of Novel Engineering Science and Technology, 2023,2(2):34-39.

当医学生诊断完一名"患者"后,ChatGPT 又可以变换为下一名"患者"继续与学生开展对话。在训练中,ChatGPT 能够不断变换虚拟患者的年龄、性别、身份和症状等信息,以此来训练医学生的应急与沟通能力。

这项研究探讨了使用 ChatGPT 培训医学生开展医患对话的能力,并通过这种对话来帮助学生判断患者的病情并给出医嘱。这种应用可以为医学生提供实践和诊断支持的机会,以增强他们在临床实践中的表现。使用 ChatGPT 作为模拟工具,可以为医学生提供与不同病情患者对话的可能。ChatGPT 可以扮演不同的角色,如病人、病患家属或其他医疗专业人士与医学生进行交流。学生可以向 ChatGPT 提出问题以获取病史信息,并依据对话内容作出病情评估和医疗决策。这种模拟对话训练有助于提高学生的临床推论和沟通能力,使他们能够在真实世界中更好地应对复杂的医疗情况。此外,这种训练还可以帮助学生熟悉医学语言和临床指导,提高他们的知识水平和决策能力。

然而,这种教学方法仍存在一些局限与不足。首先,虽然 ChatGPT 可以生成自然流畅的对话,但它可能无法完全模拟真实患者的言谈举止。医学生在面对真实患者时可能会面临更多的复杂性和情感因素。因此,对话模型的准确性和真实性需要更进一步的改进和试验。其次,评价学生在这种模拟对话中的表现也是一种挑战。如何准确评价他们的疾病判断和治疗决策是否符合临床诊断标准是一个复杂的问题,需要正确的评价方法,才能足够客观、全面地评价学生的临床能力。最后,这项研究还涉及一些伦理和隐私的思考。在模拟医患对话的过程中,需要对患者隐私和敏感信息进行保护。医学生在训练中收集到的患者数据必须遵守医学伦理和隐私方面的法规,确保数据的安全性和保密性。研究者需要采取适当的措施,对数据进行二次命名处理,以减少潜在的风险。

除此之外,虽然使用 ChatGPT 可以提供即时反馈和指导,但它并不能替代真正的临床实践和医生的经验。医学生还需要在真实的医疗环境中进行实践,接触真实病患,以完善他们的临床技能和人际沟通能力。因此,这种模拟训练应作为医学教育的补充,并与实践相结合。下一步的研究可以探索如何结合 ChatGPT 模型和其他教育方法,创造更全面和综合的医学教育体验。例如,可以结合案例分析、团队讨论和模拟临床实践,以提供更丰富和真实的学习环境。此外,还可以探索如何利用 ChatGPT 模型的生成能力开发在不同情景中的个性化虚拟病患,以方便医学生在不同的医疗情况下进行训练和决策。

综上所述,使用 ChatGPT 培训医学生模拟医患对话方面具备潜力,可以提供实践和决策支持的机会。然而,研究者需要在符合伦理和隐私安全的前提下,将模拟训练与真实临床实践结合起来,以便提供更全面和有效的医学教育。未来的研究可以探索更多不同教育方法和技术的可能性,以促进医学生的专业发展和优质医疗服务的提供。未来的研究还可以继续改进和优化LLM,以更好地模拟真实患者的言论和情感反应。此外,可以探索如何结合虚拟现实和增强现实等技术,以提供更逼真的实践体验。

3.2.3 英语口语训练

英语口语训练是非英语国家学生面对的一项挑战。传统的口语训练通常受限于时间、地点和成本等因素而导致无法为学生提供全面、个性化的反馈和指导。为了克服传统口语训练的不足,科大讯飞研发了一款兼具写作、翻译、对话等多功能的 LLM——星火认知 LLM SparkDesk (以下简称 SD)。根据科大讯飞公司的描述①,SD 支持多风格、多任务、长文本生成,也可将生成的文字内容自动进行语音合成,并进行智能播报。除此之外,该 LLM 还具备多层次跨语种的理解能力,在多语言理解和纠错能力上已取得不错的成绩。该模型在训练过程中使用了大量的英语口语数据集,包括对话、演讲和口语考试等,以获取广泛的语言环境和语言变化的数据。SD通过输入的文本性语言理解和生成,能够模拟真实对话的交流场景,结合了实时语音识别技术,实时转录学习者的口语输入,并在必要时提供改进建议。

通过分析学习者的口语输入和学习进度,SD 能够为每个学习者提供个性化的学习路径和教材推荐。根据学习者的水平和需求,可以为他们指定合适的学习内容,提供针对性的练习和教学,从而最大程度地满足他们的学习需求。与上述医患对话中利用 ChatGPT 进行角色模拟类似,SD 也可以模拟不同的情境和角色,通过加入自然语言识别功能,可以在诸如面试、旅行、商务会议等典型场景下,为学习者提供多种口语练习。学习者可以扮演不同的身份,与 SD 进行对话,提高在现实世界中的各种口语表达能力。

根据对已公开信息的分析,与传统的口语训练相比,SD 具有独特的优势。首先,SD 的语言生成能力使对话更加自然和流畅,学习者能够获得更真实的口语交流体验。其次,SD 的个性化反应和指导帮助学习者针对性地纠正口语错误,提高口语表达的准确性。最后,SD 提供的实时语音识别和口语表达指导,使学习者能够及时发现和改正口语错误以加快学习进步的速度。未来的应用可以探索如何优化 SD 的技术,并进一步扩展到其他语言和学科领域的教育中。

3.2.4 情境模拟

LLM 可以通过生成虚拟情境来辅助教学中的情境模拟。它可以根据教学需求,自动构建

---

① 杨清清.对话科大讯飞刘庆峰:以技术抹平时间差:星火认知大模型将带来惊喜[EB/OL]. (2023 - 05 - 09) [2023 - 07 - 24]. http://www.21jingji.com/article/20230509/0e7851c4/cd45312b4aa9b8a6b128429.html.

逼真的对话场景,使学生身临其境地体验不同的情境。与传统的预设情境不同,LLM 生成的情境具备一定的随机性和连贯性,并能根据学生的反馈进行调整,从而实现更加逼真和个性化的情境模拟,有助于提高学生的实际操作能力。

1. 英语口语考试

与上述科大讯飞的日常口语训练不同,多邻国(Duolingo)英语测试(简称 DET)是一种高仿真、一对一的英语能力测试,主要用来衡量学生进入大学前的英语水平。[①] 多邻国英语测试目前采用 12 种不同类型的项目来评估不同教育背景下学生的英语水平。测试分数主要包括四大子类分数(读写能力、对话能力、理解能力和写作能力),外加一个总体分数。该测试旨在支持从开发到管理再到大规模标准化能力测试的评分中的所有阶段。近期多邻国增加了一项新的项目类型——交互式听力以补充 DET 中的听写项目类型。新增项目是对听力和语言表达的综合测试,要求考生在某一情境中(如餐厅预订、旅行计划等)与虚拟考官开展多轮对话并最终将对话内容采用书面形式进行总结。

在测试中,虚拟口语考官会向学习者提出问题,学习者需要用英语进行回答以展示自己的口语能力。在对话过程中,多邻国的系统会利用语言识别技术实时分析学习者的发音、语法和流利度等方面的表现,并给予相关的反馈和评分。同时系统会标出语音错误、语言错误或不流利的表达,并提供完善的建议和改进方法。学习者可以通过这些反馈和评论来解决自己的口语问题,并在后续的学习中有针对性地改变。

通过多邻国的口语考试模式,学习者能够在一个安全、无压力的环境中练习口语表达,增强自信心(如图 3-4 所示[②])。与传统的口语考试相比较,这种方式具有以下几个优势:

(1)高度仿真的考试环境。多邻国的系统能够模拟真实的英语口语考试场景,使学习者能够充分理解考试的形式和要求,提前做好准备。

(2)实时反馈技术。多邻国的系统可以提供实时的反馈和正确指导。学习者可以立即了解自己在发音、语言和流利程度方面的问题,并获得相应的改进建议。这种即时反馈有利于学习者及时调整口语表达,并提高口语水平。

(3)个人化学习经验。多邻国的系统能够根据学习者的表现和需求,提供个性化的学习经

① LAFLAIR G T, RUNGE A, ATTALI Y, et al. Interactive Listening — The Duolingo English Test [R]. Duolingo Research Report (DRR-23-01). https://go.duolingo.com/interactive-listening-whitepaper, 2023.

② LAFLAIR G T, RUNGE A, ATTALI Y, et al. Interactive Listening — The Duolingo English Test [R]. Duolingo Research Report (DRR-23-01). https://go.duolingo.com/interactive-listening-whitepaper, 2023.

图3-4　多邻国英语考试模拟

验。学习者可以根据自己的学习进度和目标选择不同的口语情境进行练习,并根据自己的表现得到个性化的评价和建议。

(4)增强学习的动力。口语考试模式可以增强学习者的学习动力。学习者知道他们将在真实的考试环境中被评价,因此会更加勤奋和努力地进行口语练习。这种高参与激励的学习环境有助于提高学习者的学习效果和成果。

总的来说,多邻国在模拟英语口语情境对话考试中的应用为学习者提供了一个接近真实的口语环境。通过与虚拟考官的对话,学习者可以在模拟的仿真环境中练习口语表达,得到实时的反应和纠正,提高发声、语言和流畅性等方面的能力。然而,需要注意的是,多邻国的口语考试模式仍然需要与传统的口语教学相结合,确保学习者在面对面的交流和实际口语练习中获得全面的口语能力发展。

2. 创业模拟

美国宾夕法尼亚大学沃顿商学院一直致力于培养学生的创新和创业精神。为此,学院将LLM引入学校教育中,以期提高学生的创业教育体验。

沃顿商学院的创业模拟课程主要是为了帮助学生学习和应用创业理论及实践。为了提升学生的体验感,学院利用LLM为学生提供了一个完整、全面的创业模拟环境。在这个环境中,学生分成若干个小组,每个小组均扮演创业团队的角色并面对趋近真实的创业挑战。

首先,学生通过学习创业理论和案例研究获得必要的知识和背景。然后,他们利用LLM提供虚拟的创业环境,与虚拟创业顾问、行业专家和投资人进行对话与合作。通过上述对话,学生可以获得反馈和指导,了解如何完善他们的商业计划、发展策略和解决运营问题。此外,LLM还提供与行业专家和投资者进行行业沟通的机会,学生可以借用LLM海量的知识和资源,更好地理解市场需求和金融机会。在模拟的创业过程中,学生需要采取团队合作的方式开展决策制定和问题解决等活动。在这个过程中,LLM为学生提供一个全面和真实的学习平台。通过与虚拟的创业顾问、行业专业人士和投资人的对话和合作,学生可以获得专业指导和实践经验,更好地理解创业过程和创业者所面临的挑战。另外,LLM 还促进了学生之间的团队合作和合作能力的培养,帮助他们在现实环境中更好地合作和解决问题。

然而,需要注意的是,虽然 LLM 提供了一个虚拟的创业环境,但它仍然是一个模拟和理论性的学习工具。真正的创业过程中存在许多现实的挑战和不确定性,在虚拟环境中无法完全被模拟。因此,将 LLM 与现实的创业实践相结合,例如实地考察、实践或与实践者进行合作,将有助于更全面地培养学生的创业能力。总之,LLM 在大学生创业模拟中的应用能够有效地促进学生的创业能力培养,未来的实践应该注意如何更好地整合虚拟创业模拟和现实创业实践,以提供更全面和真实的创业教育体验。

3.3 教师教学场景

LLM 的深度学习和上下文理解能力使得它可以适应各种复杂的教学环境,提供实时、互动的教学体验。已有的许多实践表明,ChatGPT 等 LLM 不仅能够帮助教师开展教学规划指导,提供教学主题参考,分析学生特征,同时还可以及时反馈与评估学生的作业并予以指导。

3.3.1 备课助手

LLM 可以在课程主题的确定、课程内容的创建、课堂教学设计规划等课前准备环节均扮演重要的角色。乔治卢卡斯教育基金会的克里斯汀·摩尔(Kristen Moore)将 ChatGPT 应用于数学主题选择中。[①] 她通过使用特定的提示和问题排序,让 ChatGPT 提供与教学内容和学情相关的数学主题,并要求 ChatGPT 将这些主题与学生的兴趣联系起来,为教师创建各类教学材料以便在课堂上使用。摩尔老师总结了与 ChatGPT 交流的经验,向 ChatGPT 提问可以先从一个宽泛的问题开始,如问:"多项式的实际应用是什么?"然后让 ChatGPT 筛选哪些内容与学生最相关。教师从这些建议中选择最符合学生兴趣的建议。当课程主题确定后,摩尔老师让 ChatGPT 创建与主题一致的课程教学内容,此时要求 ChatGPT 充分考虑学生、教学条件等实际情况。最后,摩尔老师希望 ChatGPT 结合前面生成的教学主题和教学内容为自己的课堂教学进行设计。在整个过程中,摩尔老师对 ChatGPT 赞赏有加,她认为 ChatGPT 能有效地减轻教师的备课负

---

① MOORE K. Using ChatGPT in Math Lesson Planning [EB/OL]. (2023 - 05 - 25) [2023.08.05]. http://www.edutopia.org/article/using-chatgpt-plan-high-school-math-lessons.

担,成为教师的智能备课助手。

这个案例说明,利用 ChatGPT 为教师教学提供恰当的教学建议能够帮助教师制定更好的教学策略。首先,ChatGPT 可以为教师提供广泛的教学主题建议。在本案例中 ChatGPT 可以根据教师提供的关键词或描述,生成多个数学主题的列表,涵盖不同的难度和内容。教师可以从中选择符合课程目标和学生需要的主题,从而节省了时间和精力,同时确保了教学的全面性和多样性。其次,教师可以向 ChatGPT 提供学生的信息和数据,如学习成果、兴趣调查结果等,然后与之进行对话,帮助教师选择与学生最相关和有意义的数学主题。然而,这种方法也存在一定的局限。一方面,ChatGPT 作为一个语言模型,其生成的建议可能不是完全准确和全面的。教师需要审慎评估和筛选 ChatGPT 提供的建议,结合自己的专业知识和经验作出最终决定。另一方面,ChatGPT 的建议受限于其训练数据的范围和质量,可能存在一定的局限性。为了进一步改进和优化这种方法,需要拓展 LLM 的训练数据(包括更多的课程教学相关内容以及课程标准的内容)以提高生成建议的准确性和质量。

3.3.2 课堂教学

LLM 在课堂教学中的应用主要体现在提供更加人性化和交互式的学习体验。它可以通过语音、文本等交互来回答学生的问题,根据学生的理解水平提供合适的学习资料,并以适当的语言表达来解释复杂的概念。LLM 还可以辅助老师设计课程,提供个性化的学习建议,并帮助评估学生的学习效果。总体来说,LLM 的应用为课堂教学提供了更好的师生互动和个性化学习的支持。

1. 电磁学课堂教学实例

阿联酋艾因大学的两名教师赛义夫·阿尔尼亚迪(Saif Alneyadi)和优素福·沃达特(Yousef Wardat)[①]将 ChatGPT 用于阿联酋某校 11 级的电磁学课程教学中,通过随机分组的方式将学生分成实验组(共 58 人,男 28 人,女 30 人)和对照组(共 64 人,男 36 人,女 28 人),开展了为期四周的准实验研究。在实验过程中,实验组学生可以使用 ChatGPT 作为自己的学习工具,而对照组则采用传统学习方式(不能使用 ChatGPT)。

研究者在同一地区选择两所学校,其中一所学校随机分配到实验组,另一所学校作为对照组。在课程学习结束时两组学生均参加电磁学课程考试,同时还让学生回答了 10 道开放式问

---

① ALNEYADI S, WARDAT Y. ChatGPT: Revolutionizing student achievement in the electronic magnetism unit for eleventh-grade students in Emirates schools [J]. Contemporary Educational Technology, 2023, 15(4): ep448.

卷。研究者将问卷答案进行质性分析并按照主题与类别编码,以此确定使用 ChatGPT 对电磁学教学的影响并了解学生对该方法的整体看法。此后,研究者还从参与者中选择部分学生进行访谈,以期通过三角互证的方式验证学生观点的一致性。对应的研究问题有两个:(1)ChatGPT 技术的整合在多大程度上提高了该校 11 级学生在电磁学单元中的成绩;(2)学生们如何看待使用 ChatGPT 来提高他们对于电磁学的理解和表现。

这项研究为期 12 周,实验组和对照组均具有相同的教学时间。研究者通过前后测来评估学生对电磁学知识的掌握情况,测试问卷是依据 Kolman 开发的认知成就测试问卷改编而成,包括 25 道多项选择题。依据布鲁姆的认知分类理论将问卷题目分成记忆、理解、应用和分析等不同认知水平。问卷问题均来自电磁学课程。问卷在正式使用前,研究者邀请了相关课程专家对其进行评估,在达到问卷使用的信效度与区分度后方投入使用。

对于第一个问题,经测试发现实验组的后测平均得分高于对照组。其中在认知方面显示,实验组优于对照组且实验组的平均得分显著提升,说明 ChatGPT 在提高学生学习效果方面的有效性。实验同时还验证了 ChatGPT 有利于促进学生高阶思维技能的发展,如应用和推理,因为实验组在这些分量表中的平均得分较高。此外,ChatGPT 有助于克服语言障碍(为学生提供额外的解释和例子),增强他们对复杂概念的理解。

对于第二个问题,研究结果表明,实验组的男女学生均认为 ChatGPT 是学习电磁学的有价值的工具。参与访谈的学生反映使用 ChatGPT 有利于他们寻求额外的解释或例子并澄清对模糊概念的理解。大多数学生表示,ChatGPT 提高了他们的学习兴趣,激发了他们的学习动机,理由是 ChatGPT 能够辅助概念解释,并帮助他们解决家庭作业问题。此外,研究还发现性别差异会影响对 ChatGPT 的使用频率,造成这一结果的原因可能是性别差异所导致的不同学习风格。最后,在调查中实验组学生都表示愿意向其同学推荐 ChatGPT。

总之,该场景的研究与实践表明,ChatGPT 有望作为改善教学和学习实践的有效工具。未来的研究需要面向更多不同的背景和人群进行更大规模的实践,并且进一步分析与总结 ChatGPT 使用的长期性和潜在的负面影响。

2. 数学课堂教学实例

桑切斯-鲁伊兹(Sánchez-Ruiz)等人的研究则针对数学课堂的混合教学场景。该案例探讨了 ChatGPT 对工程教育(尤其是数学)中的混合式学习方法的潜在影响[①],研究的重点是分析人

---

① SÁNCHEZ-RUIZ L M, MOLL-LÓPEZ S, NUÑEZ-PÉREZ A, et al. ChatGPT Challenges Blended Learning Methodologies in Engineering Education: A Case Study in Mathematics [J]. Applied Sciences, 2023, 13(10): 6039.

工智能工具如何影响学生的批判性思维、问题解决能力和团队合作。研究针对的课程是数学Ⅰ,这是西班牙瓦伦西亚技术大学(UPV)设计工程高等技术学院开设的一门课程。

课程招募了128名工科学生,年龄介于18～19岁之间。研究时间为2022—2023学年第一学期。研究者将该课程的教学大致分为三个阶段:第一个阶段主要是学生利用学习平台进行翻转课堂的学习;第二阶段为课堂测试阶段,该阶段使用测试软件Wolfram Mathematica对学生进行测试,以了解学生在第一阶段中自主学习的不足与问题;第三阶段为问题澄清与巩固阶段,也称为实践阶段。该阶段采取小组协作(3～5人为一组)完成教学游戏与密室逃脱中的问题及任务。课程采用混合教学法(翻转课堂＋课堂游戏)。在课前学生通过自学完成教师规定的学习任务,在课中通过课堂测试来检验学生自学的成效。为了进一步强化知识的应用效果,研究者采取游戏的方式让学生实现知识建构。

在整个教学过程中,学生均可以使用ChatGPT-3.5以辅助学习。研究数据来自问卷与访谈,收集于2023年3月。调查问卷设计了15个问题,答案使用5级李克特量表,旨在了解学生对ChatGPT的使用和看法。问卷在使用前已经过学科领域专家的检查。调查问卷确保完全匿名,调查采取自愿方式,在调查中学生可以随时中止。问卷调查结束后,研究者对10名学生进行了结构化访谈,访谈包括10个问题,每名学生的访谈时间不到5分钟,访谈内容主要围绕ChatGPT的使用情况。

结果表明,学生使用ChatGPT的频率普遍较高(女生高于男生)。大多数学生认为ChatGPT的数学能力比较强,可信度高(女生略低于男生)。学生对ChatGPT在批判性思维(CT)、问题解决能力(PS)和团队合作(GW)方面作用的看法结果为:ChatGPT对上述能力的获得具有小到中等的影响,其中ChatGPT对团队合作的影响是最大的。同时学生认为ChatGPT提供的答案准确率较高。ChatGPT不仅提供所提出的数学问题的解决方案,还提供解决问题所需过程的分步指南,从而增强学生对解决问题过程的理解。在实验阶段学生的课程成绩高于前一年,表明ChatGPT在辅助学生学习方面具有一定的积极作用。

当然,ChatGPT在混合式学习环境中虽然提供了信息获取和即时帮助的便捷途径,但也引起了人们对正确评估学生学习的能力、使用道德和学习过程过度简化的担忧。ChatGPT的教育应用需要一种平衡的方法以补充人际互动和指导。教师和教育机构必须仔细监控它的使用,以确保对学习的支持而不是阻碍。此项研究虽然表明ChatGPT应用在混合教学模式中的潜力,然而学生对ChatGPT在批判性思维和问题解决能力方面的评价相对较低,这可能是因为ChatGPT在这些领域还有待改进。

3.3.3 教学评价

LLM 可以通过作文批改、自动出题等方式辅助教育评价。它可以根据教学大纲和学生程度,自动生成合适的试题,并通过语义理解对学生的作答进行打分和批改,给出修改建议。LLM评价更注重对学生知识点掌握程度的详细分析,而不仅仅是给出一个分数。它还可以跟踪每个学生的长期学习进展,实现个性化和全面的教育评价,帮助教师更有针对性地改进教学。

1. 英语作文评阅

ChatGPT 的广泛采用对外语的教学和学习带来重大变化。日本关西大学的水本(Mizumoto)和美国俄勒冈大学的江口(Eguchi)提出利用 ChatGPT 进行自动作文评分[①](AES),并评估其可靠性和准确性。具体来说,他们使用 GPT - 3 中的 text-davinci-003 模型来自动对 ETS 母语非英语语料库(也称为 TOEFL11)中包含的所有 12 100 篇作文进行评分,并将这些分数与基准水平进行比较。结果表明,采用 GPT - 3 的 AES 具有一定的准确性和可靠性,可为人工评价提供有价值的支持。

在这项研究中,研究者首先选取了 2006 年和 2007 年两年的 TOEFL11 数据,获取了 11 种不同的母语学习者(包括阿拉伯语、汉语、法语、德语、印地语、意大利语、日语、韩语、西班牙语、泰卢固语和土耳其语)的作文。作文是依据 8 个给定的标准从 TOEFL11 中平均筛选而成,最终选择了共计 12 100 篇(即 1 100×11)。然后依据 4 个评价标准(任务完成度,连贯性和一致性,词汇丰富程度,语法的准确性),研究者让 GPT - 3.5 为每篇文章分级(级别分别为低、中、高)。研究者将 TOEFL11 中作文评分的五分制改为十分制。为了验证文章分级的准确性与一致性,在对所有文章评分后,研究者采用两次分层抽样的方式,第一次抽样先从原始的 12 100 篇中分层抽样,随机选择了 1 210 篇文章,然后进行第二次分层抽样,从抽取的 1 210 篇中随机抽取了 110 篇再次进行评分,以核对与初始评分的一致性。通过抽样,发现随机抽样论文的等级平均得分与原始的 12 100 篇论文的等级平均得分没有统计学上的显著差异。

该案例表明,使用类 ChatGPT 等语言模型的 AES 可以用于研究和实践。研究发现,语言特征的添加显著提高了基准水平的预测,这表明基于 GPT 与语言特征的结合是可行的。研究中要求 ChatGPT 对其中一篇文章进行评分并写出评分的依据及修改意见[②],并且尝试向 ChatGPT

① MIZUMOTO A, EGUCHI M. Exploring the potential of using an AI language model for automated essay scoring [J]. Research Methods in Applied Linguistics, 2023,2(2):100050.

② MIZUMOTO A, EGUCHI M. Exploring the potential of using an AI language model for automated essay scoring [J]. Research Methods in Applied Linguistics, 2023,2(2):100050.

提出，使修改后文章的分数能达到 9 分。ChatGPT 提供了一个修改版本，该版本在保持原始内容的同时提高了其质量。这种反馈方法可以有效地减少教师在纠正学生写作方面的工作量，减少评价偏差并使教师能够专注于写作教学的其他关键方面，如整体结构、一致性、内容和写作策略等。

该研究旨在探讨使用大型语言模型 GPT－3.5 进行 AES 的可行性。研究结果表明，GPT－3.5 具有作为 AES 工具的潜力，但在该领域尚未得到广泛的实践。此外，语言特征的提示可以提高类 GPT－3.5 评分的准确性。将类 ChatGPT 用于评阅英语作文是一项可行的应用，它的及时反馈和评价为学生的写作能力提升提供了指导和改进，同时可以辅助老师在评阅作文时提供更加快速、准确和个性化的反馈。

从该案例可以看出，对于作文评阅的应用场景，LLM 的快速反应能力可以大大节省教师的时间和精力，提供个性化的评价和建议，根据学生的写作水平和目标设定，鼓励学生不断提高自己的写作能力。当然，使用 ChatGPT 评阅英语作文同样也存在局限：作为一个语言模型，其生成的反馈可能不是完全准确和全面的。它可能会忽略某些特定的语言环境和语言细节，导致一些错误的建议或遗漏。教师需要认真检查 ChatGPT 提供的反馈，并结合自己的专业知识和经验作出最终评价。

2. 智能组卷

阿姆斯特丹大学的迪杰斯特拉等人探索了将 LLM 应用于阅读理解文本测验的生成[①]，并提出了一个基于 GPT－3 模型的端到端测试生成器 EduQuiz，它能够在对文本测试进行微调后生成一个完整的多项选择题，其中在答案选项里还能生成正确和干扰的内容。该研究对阶梯式测验生成（SWQG）、端到端测验生成（EEQG）和 EduQuiz 进行了比较研究。EduQuiz 的整体与单项得分均表现出众。

虽然 EduQuiz 产生了许多有用的测验问题，但研究发现，并不是每个测验都是高质量的，甚至有时生成的题目质量远低于人工。该研究为教育机构和教师提供更高效率和便捷的出卷工具。使用 GPT－3 模型生成多选题的优势之一是模型的生成能力和题目的多样性。模型可以生成多选题的题目，并根据题目目标的内容和语言环境生成相应的干扰选项。这样可以模拟真实的考试情境，提供更全面和准确的测试题。另外一个优势是该方法可以节省教师的出卷时间和精力。使用 GPT－3 模型后，教师可以通过输入相应的文本，快速生成一系列题目，从而减轻工

---

① DIJKSTRA R, GENÇ Z, KAYAL S, et al. Reading Comprehension Quiz Generation using Generative Pretrained Transformers [J]. 2022.

作负担,更加专注于其他教学任务。

然而,LLM 出题也有不足。首先,LLM 生成的多项选择题可能存在一定的错误和表述模糊不清。LLM 在生成答案选项时可能受训练数据的限制,导致生成的选项不能完全符合题目要求或存在内容上的瑕疵。因此,教师在使用 LLM 生成的题目时需要进行人工审核和修改。另外,这种自动生成的多项选择题可能缺少与学习目标和教学内容的有效对应。虽然 LLM 可以生成多个选项,但是否可以足够准确地反映学生对知识的理解和应用仍有待研究。教师需要对生成的题目进行制定和调整,以确保测试的有效性和可靠性。

对于该应用场景而言,未来需要对模型进行更全面的训练和微调,以提高生成题目的准确性和质量。此外,教师需要对生成的题目进行质量控制和评价,确保测试的有效性和公用性,以提高生成题目与学习目标的匹配程度,从而更好地支持教育和学习评价。

3. 总结性评价

莫纳什大学莫纳什学习分析中心的戴伟等人尝试将 ChatGPT 用于总结性评价。[①] 他们从教授"数据科学技能"课程中收集学生的作业信息,以此作为 ChatGPT 评价的数据来源。在该课程中,学生被要求提出一个与商业场景相关的数据科学项目,并提交一个可供学术绩效评估的项目提案。提案应包括两个部分,即项目描述和业务模式。教师和 ChatGPT 分别对学生提交的提案进行了评估,并依据评分标准从五个方面为每个学生提供文本反馈。评分标准主要包括:(1)明确描述项目目标;(2)主题与数据科学(主题)的适宜性;(3)明确描述商业利益;(4)新颖性/创造力;(5)报告的总体清晰度。在删除没有反馈的学生记录后,最终获得了 103 名学生的提案报告和相关的总结性评价。

研究结果表明,ChatGPT 能够产生更详细的反馈,并使用流畅且连贯的语言总结学生的项目提案。从评价内容分析,ChatGPT 与教师的评价一致性较高。此外,研究还显示 ChatGPT 生成的反馈比教师的更具可读性(通过配对 t 检验,$p<0.001$)。通过比较教师与 ChatGPT 反馈的内容,发现 ChatGPT 的反馈通常包含一个简短的总结和评价说明,而教师的评价则比较简洁。以下选取部分反馈内容。

- 教师:"很好的主题选择。这不是一个新奇的想法。清晰和结构良好的报告。"
- ChatGPT:"总的来说,文本提供了对项目目标的清晰描述,这是一个实现数据驱动的方

---

① DAI W, et al. Can Large Language Models Provide Feedback to Students? A Case Study on ChatGPT [C]// 2023 IEEE International Conference on Advanced Learning Technologies (ICALT). Orem, UT, USA, 2023:323 – 325, doi:10.1109/ICALT58122.2023.00100.

法。利用数据科学进行人才发掘的话题是合适的和相关的,因为游戏的受欢迎程度和商业成功……"

对于该类应用场景而言,虽然目前的研究测量了教师的反馈和ChatGPT的反馈在总结性评价的一致性,但是还要进一步了解ChatGPT在多大程度上可以提供与它所评估的任务相关的有效反馈,学生会如何对待这样的反馈,以及该场景是否可能存在过分依赖总结性评价反馈的风险。因此,利用LLM开展总结性评价需要进一步发展与优化,以促进全面、客观且准确地评估学生的学业表现。

3.3.4　智能学情分析

美国爱荷华大学将GPT-3用于历史课程教学中[①]并提出了VirtualTA框架。该框架是一个人工智能增强型智能教育辅助框架,无论学科或学术水平如何,都会自动生成特定课程的智能助手。同时它有支持语音的助手,以回答与课程、后勤和课程政策有关的课程特定问题。VirtualTA框架有四个组件,每个组件具有专门的功能,其中包括整理和索引合适的课堂资源,创建、提供和管理智能助手,满足深度学习驱动的自然语言工具和多重沟通渠道,其目的是改善学生获得课程相关信息的机会,减少教师和助教的课后工作量。

在此框架基础上,研究者设计出VirtualTA系统。该系统旨在与第三方应用程序集成,如基于网络的系统、基于代理的机器人(如微软Skype和Facebook Messenger)、智能手机应用程序(如智能助手)和自动化网络工作流程(如IFTTT、MS Flow)。该系统能够帮助开发虚拟助教,通过虚拟助教提供高质量的课程内容并在学情分析的基础上实现个性化学习。该系统与谷歌助手集成,自动生成特定课程的智能助手来回答与课程相关的问题。在系统中,学生可以采用不同方式与渠道进行访问,系统为学生提供有关在线课程的所有相关信息(如在线答疑、课表信息等),从而减少学生在获取知识方面的不平等性,进一步降低学生的辍学率。同时教师可将耗时且费力的重复性工作委托给虚拟助手,比如面向学生的上课提醒等。通过分析学生在历史课程学习中的情绪,帮助教师更好地了解学生的情绪状态,以辅助学生克服负面情绪。

此应用是以GPT-3模型为基础,因受模型自身的局限,对学生进行数据分析仅以文本内容为主,缺少多模态数据分析功能。此外从系统性能来看,其对课程信息、教师信息、课程目标、课程日历、出勤率、评分、教学材料和政策相关问题的回答准确率仅为76.5%,后续仍需改进以提升回答的正确率。

---

① SAJJA R, SERMET Y, CWIERTNY D, et al. Platform-Independent and Curriculum-Oriented Intelligent Assistant for Higher Education [J]. arXiv preprint arXiv:2302.09294, 2023.

整体而言,使用 GPT-3 模型来分析学生的情绪状态具有如下优势。首先,LLM 可以通过学生的语言表达和文字反馈来识别情绪,从而了解学生在学习过程中的心理状态。这种自动化的情绪分析可以提供实时的反馈和指导,使教师更好地了解学生的需求和困惑,以便及时采取必要的措施。其次,通过了解不同的情绪状态,GPT-3 模型可以为学生提供个性化的支持和建议。LLM 可以根据学生的情绪状态,为他们提供语言激励、学习策略或情绪调节等服务。这种个性化的支持有利于学生克服学习中的挑战,增强他们学习的积极性和动力,实现更好的学习效果。最后,该应用在历史课程教学中成效显著。历史课中学生需要接触大量的信息和复杂的概念,这可能会增加学生的认知负荷。通过使用 GPT-3 模型来分析情绪状态,教师可以更好地了解学生对历史内容的接受程度和情绪反应,有针对性地提供辅助指导和支持,帮助学生更好地理解和应用历史知识。

然而,对于综合的学情分析场景,情绪认识和分析本身是一项复杂的任务,LLM 可能会面对情绪理解而产生错误判断。因此,教师在使用 LLM 分析结果时需要保持审慎,并结合其他信息和观察来作出全面的判断。另外,注意学生的情绪状态并提供个性化支持是一项复杂的工作,需要教师自身具备情绪管理和心理辅导的能力。因此教师需要接受相关培训和支持,才能有效地应用 GPT-3 模型的分析结果,为学生提供恰当的情绪帮助和指导。

3.3.5 职前培训

美国佛罗里达州立大学的鲍米克(Bhowmik)[1]等人将 GPT-2 应用于聊天机器人,对职前教师开展模拟师生对话,提升职前教师与学生的互动效果。目前,大多数 3D 虚拟教师培训环境严重依赖于木偶化的学生角色,从而削弱了对话的真实性。因此,该研究发展一种新型聊天机器人,它是基于 GPT-2 模型生成的虚拟学生代理,用来模拟真实的科学、技术、工程和数学(统称 STEM)教室环境,并用于职前教师培训。

首先,研究者利用真实的课堂教学视频对预训练好的 GPT-2 进行微调,并依此开发了一个聊天机器人。该聊天机器人的预训练是在来自 Reddit 的网络数据上进行的,使其能够生成高质量的文本信息。为了达到研究的目的,研究者选择了 GPT-2 的"中等"355M 参数模型(最大版本为 1.5B),以确保具有大量数据微调的可伸缩性与文本生成过程中创造性之间的良好平衡。然后,使用聊天机器人与职前 STEM 课程教师进行对话训练,以提升职前教师的语言表达能力

---

① BHOWMIK S, BARRETT A, KE F, et al. Simulating students: An AI chatbot for teacher training [C]. Proceedings of the 16th International Conference of the Learning Sciences-ICLS 2022, pp. 1972 – 1973. International Society of the Learning Sciences, 2022.

与沟通技巧。

　　该模型以一组标记序列作为输入,并根据内部神经网络确定的概率选择一组输出标记序列。为了让聊天机器人产生模拟 STEM 教室中师生互动的多样性和丰富性的对话,研究者从真实课程的录像中收集数据,并手动转录。这些视频来自在线开放获取的来源,研究者转录了大约 13.5 小时的课堂对话,并为聊天机器人提供了 9.5 小时的对话进行培训。剩余 4 个小时的数据被保留下来以测试聊天机器人的性能。在对话数据转录完成后,两名研究人员对其进行了标签注释,指导聊天机器人在响应生成过程中获得更合乎逻辑和一致的输出。标签的格式化顺序为"<Person>_<Domain>",以保持差异性和可伸缩性,以便将来与新的数据集集成。一旦数据格式准备好后,聊天机器人的参数将被设置成对话模型并进行微调。

　　该聊天机器人的反应评估是建立在语言学指标的基础上的。尽管聊天机器人在语言表达的准确性和语法上存在错误,但是这些错误大多来自真实的课堂视频,在视频中能够从学生身上观察到这些语言表述的错误。由此可见,LLM 训练时数据质量是尤为重要的,它决定了 LLM 的输出质量。此外,在该研究中聊天机器人能准确地描绘虚拟学生的语言行为是一个迭代过程,打破了传统职前教师训练中的单一学生形象。该研究通过使用 GPT-2 作为聊天机器人,模拟真实的师生对话场景,为职前教师提供了一个逼真的实训环境。这种低压力的环境更有利于职前教师练习与学生的对话技巧。同时,教师可以在与 GPT-2 进行模拟对话时,尝试不同的教学策略、提问题的方式和引导学生思考的技巧。这种练习方式可以帮助教师更好地理解学生的需求和反应,并提供实践机会来提升他们与学生的互动水平。另外,GPT-2 还可以根据学生的回答和问题,提供及时的反馈和建议,帮助职前教师更好地理解和解决学生的问题。它可以根据学生的回答,提供相关的补充信息、引用案例或者进一步的解释,从而为职前教师提供参考,以便丰富对话内容促进学生的学习。

　　然而,需要注意的是,GPT-2 作为一个语言模型,它的回答和建议是基于其训练数据的准确率,可能存在一定的局限性。它可能无法提供个性化和精准的教学反馈,而且在面对复杂的问题或有着诸多不确定性的情况时,可能会出现错误回答。为了改良和优化这种应用,下一步的研究可以对 GPT 应用领域进行特定的微调,以使其更适合职前教师培训的需要。此外,引入人员监督以及与真正的教师进行合作和反馈,可以帮助提高 GPT 在模拟师生对话中的准确性和适用性。总的来说,将 GPT 用于职前教师的模拟师生对话是一个有前景的应用,可以为教师提供实践和培训的机会,并促进教师与学生之间的互动。

3.4　学校管理场景

LLM 在学校行政管理和教学评估领域的应用引发了广泛的关注。LLM 的强语言理解和生成能力使其成为处理学校相关管理任务的有效工具。

在学校行政管理方面，LLM 可以利用自动化来优化行政流程。例如，学校可以利用 LLM 处理大量的行政文件和邮件，自动提交关键信息、生成摘要和建议，从而提高行政工作的效率和准确率。另外，LLM 还可以针对常见的行政问题（如学校政策和规定的解释）实现自动回复，减轻行政人员的工作负担。有研究者将 ChatGPT 用于学校的日常办公工作中，让 ChatGPT 发通知、发通告、辅助办公、制定决策，将 ChatGPT 与行政工作紧密结合，这将大大提高学校行政部门的日常办公效率[①]，具体应用如下：

（1）发通知。ChatGPT 可以自主化生成通知，无需人工处理，统一进行文本生成并发送。这极大地提高了工作效率，节省了学校管理人员的时间和精力。行政工作人员只需要提供必要的信息，例如通知主题、目标群体和关键字等信息，ChatGPT 就能生成具有合适格式和语言风格的通知。

（2）生成行政命令。在过去，行政命令的人为实现需要多个步骤，而现在使用 ChatGPT 可以大大减少生成步骤。ChatGPT 可以替代人类完成如下内容。第一，行政命令撰写。用户向 ChatGPT 提供生成行政命令的指令，包含指令的主题、目标对象和具体要求。例如，"行政审计将于 2023 年 4 月 30 日进行"。第二，文本生成。ChatGPT 基于输入指令开始生成执行命令的文本。LLM 会根据其在训练中学习到的知识和语言规则，结合用户提供的指令，生成一段相关的行政命令文本。第三，发布和传播。一份行政命令文本经过最终审查和格式化，可以通过适当的方式发布和传播给相关的人群。这可能包括电子邮件、学校网站、社交软件等，以确保行政命令能够及时准确地传达给相关人员。这样就将原本行政命令生成的步骤需要人工完成的部分缩减至三步，极大地减轻了人员负担。尽管 ChatGPT 可以生成执行命令的文本，但执行命令的内容仍然需要根据学校或机构的实际情况进行评价和决策。教育工作者和行政人员在使用 ChatGPT 生成行政命令时，应结合专业知识进行综合考量，并确保行政命令的准确性、合法性和适用性。

（3）提供决策建议：通过使用 ChatGPT，人事部门可以获得及时、个性化的招聘建议，帮助他

① SAJJA R, SERMET Y, CWIERTNY D, et al. Platform-Independent and Curriculum-Oriented Intelligent Assistant for Higher Education [J]. arXiv preprint arXiv:2302.09294,2023.

们更有效地组织和管理招聘过程。ChatGPT 可以成为自动化招聘流程的一部分。它可以帮助人事部门生成标准化的招聘流程,从发布职位到筛选简历和安排面试等,这既节省时间和精力,又提高招聘效率。

ChatGPT 可以为学校人事部门提供多种方案和建议,帮助他们在招聘过程中进行选择和决策。这有助于人事部门在面对复杂情况时作出更明智的决策。此外,ChatGPT 可以整合大量的招聘知识和最佳方案并将其应用于生成的建议中。然而,ChatGPT 作为一个大型语言模型,其生成的建议仍需要由人事部门进行评估和决策。虽然 ChatGPT 可以提供建设性的意见,但还应该结合相应人员的专业判断和经验才能作出最终的决策。

正如上述案例所示,LLM 在学校行政管理与教学评估方面的应用仍有改良的空间。首先,LLM 的训练数据需要具备代表性和多样性,以确保 LLM 在不同场景下均能"应对自如"。此外,隐私和数据保护也是一个重要的考量因素,学校需要确保学生和教师的数据安全。其次,LLM 的应用需要教育工作者和行政管理人员配备相关的技术和数据分析能力,以充分发挥 LLM 的潜力。最后,LLM 的透明性和解释性也是一个重要的问题,学校需要能够理解和解释 LLM 的决策和使用过程,以方便教师、学生和家长能够充分信任和接受 LLM 的生成信息。

3.5　教育企业应用场景

ChatGPT 的成功无论是对学术界还是对商业界无疑都是一场大震荡。各大教育企业相继加入了 LLM 的"军备竞赛"中。目前将 LLM 应用于教育领域的企业及产品有很多:学而思的 MathGPT、百度的文心一言、科大讯飞的星火认知大模型、可汗学院(Khan Academy)的 Khanmigo、多邻国的 Duolingo Max、Coursera 的 Coursera Coach 和 Coursera Author、新加坡的拍照答疑应用 Higgz Academia、韩国备考服务商 Riiid 等。国内外企业纷纷加入"LLM＋教育"的研究行列,加速了 LLM 在教育中的应用,将人工智能技术惠及教育的各个领域。

其中可汗学院是众多教育企业中的佼佼者,它将 LLM 与其自身的在线课程相结合,开辟了"LLM＋教育"的新型网络教学模式。可汗学院是由孟加拉裔美国人、麻省理工学院及哈佛大学商学院毕业生萨尔·可汗(Sal Khan)在 2006 年创立的一家非营利性教育机构。该机构通过网络提供一系列免费教材,目前 Youtube 上已有超过 8 400 段教学影片,内容涵盖数学、历史等。可汗学院在 2023 年上半年推出 Khanmigo,这是一个 GPT-4 模型支持的学习工具,主要服务对象为教育工作者和学生。与 ChatGPT 不同,Khanmigo 不会为学生做功课,而是充当导师来帮助他们学习。在 ChatGPT-4 发布的当天,可汗学院推出了由 GPT-4 驱动的 Khanmigo 学习指南。Khanmigo 是一个人工智能助手,主要面向学生、教师、家长三个层面。学生层面能够提供一对一的家教服务,在写作、数学、阅读理解等内容的学习方面提供私教服务。比如在做数学练习时,智能助手不会直接提供答案,它会模拟教师的教学过程,一步步引导学生完成相应的数学学习任务。在写作方面,智能助手会扮演不同的角色(如教师和同伴),采用对话的方式指导学生进行写作训练,并及时反馈写作信息,逐步提升学生的写作能力。在阅读理解时,智能助手可以为学生提供相应的阅读辅助材料,还能够通过 Khanmigo 角色扮演与学生进行阅读内容对话,激发学生的学习兴趣,提高学生的阅读效果。教师层面,Khanmigo 能够帮助教师备课,减少教师的重复性工作,为教师提供教学材料,帮助教师制定教学方案,制作教学进度报告,提供教学建议,批改学生的作业等。家长层面,Khanmigo 可以为家长提供学生的学习日志,让家长及时了解和掌握学生的学习进度与学习状态。

可汗学院通过 GPT-4 为所有学生带来个性化的学习体验,这样能够让学生的知识学习更加深刻,让学生更有自信。通过 GPT-4 指导的课程计划和富有洞察力的学生反馈,将教师的教学提升到一个新的水平。Khanmigo 解放了教育工作者有限的时间资源,让教师可以有更多的精力加强与学生交流沟通,从而重构师生关系。

本章聚焦 LLM 的应用场景,通过对应用案例、实证研究的深入分析,我们将对 LLM 的运作原理和技术特点形成更加深入的理解,从而激发实践者的创新思维,同时也促使我们思考如何更好地将 LLM 与教育实践相结合,以探索更多应用场景的可能性。此外,具体的应用案例还可以为实践者提供评估 LLM 教育应用效果的参考,从而优化他们的应用策略。案例中展示的 LLM 在教育领域的应用成果,在一定程度上可以作为最佳实践,为未来的研究与实践提供借鉴。

大型语言模型与机器心理学

　　在科幻小说中经常会提到外星人,试想第一次接触外星人,我们可能会产生这样的好奇:他们是不是和我们一样地思考问题? 他们是否能了解人类想法? 他们是不是同样关注因果关系? 而近期通用人工智能的发展使得我们也面临着同样的场景,它们都代表着人类未知,并为此感到新奇、兴奋但又有着一点忧虑的领域。

　　目前人工智能在特定任务和领域有着非凡表现,大型语言模型(LLM)在文本生成、语言翻译、情感分析等众多任务上都表现优异,促使研究者对 LLM 呈现出的"智能"行为背后的原因进行探索——它们是否可能拥有人类的认知,它们呈现出的智力水平和多少岁的儿童相当。由于 LLM 对社会的影响越来越大,研究和评估它们的行为并进一步发掘新的能力也变得越来越重要。因此,有研究者提出了一个新的研究领域——机器心理学。

　　机器心理学是指采用行为主义的视角,侧重于比较心理实验时提示(输入)和提示完成(输出)之间的相关性,而不是通过检查 LLM 的内在属性(即神经结构)来推断 LLM 的性质。① 机器心理

---

　　① HAGENDORFF T. Machine Psychology: Investigating Emergent Capabilities and Behavior in Large Language Models Using Psychological Methods [A]. arXiv, 2023. 10.48550/arXiv.2303.13988.

学通过将 LLM 视为心理学实验的参与者来识别 LLM 的行为模式、涌现能力以及决策和推理机制。

发展心理学家花了几十年的时间设计实验来确定婴儿和儿童的智力与知识,这些是人类智力的基础。发展心理学的成就使研究者能够绘制人类儿童的认知轨迹,并深入了解关键概念的发展时间和方式。发展心理学的实验技术经过精心设计,可以区分特定行为背后的认知能力,为同样的行为寻找可能完全不同的原因来源,如行为可能是深层次的概念结构或表面的联想的结果,也可能来自与外部世界的互动,或者来自通过语言媒介传递的文化信息。这种从心理学实验的角度对于 LLM 的研究具有以下两个方面的作用。

一方面,使用儿童发展的经典实验可以帮助探索一般人工智能模型(特别是 LLM)的智能特征。心理学的方法论技术对于评估 LLM 非常有帮助[①],例如改变 LLM 语言编码的方式,观察其语言理解能力的变化。研究者无法仅通过与孩子的对话来准确判断他们的认知能力,但是面对 LLM 却可以做到。许多 LLM 心理学的研究者最初将人类的心理学概念和实验方法直接应用于 LLM,假设所谓的人类认知和 LLM 认知是具有相似性的,从心理上对 LLM 进行分类,甚至模拟人类行为的方式来评估 LLM 的表现。这样的研究有助于推导人工智能模型可能的内在结构或基础。

另一方面,机器心理学为 LLM 的可解释性提供了一种新方法。研究者采用行为主义的视角分析 LLM 输入和输出的相关性,而非解释神经网络的内部机制。[②] 研究者通过在 LLM 上应用多次相同的任务来研究模型如何随着时间的推移而发展的状况,生成纵向数据进行对比,因此该数据可以作为推断 LLM 推理能力发展趋势的基线。这些数据对于人工智能安全和人工智能一致性研究来说可能越来越重要,它可以预测单个 LLM 或 LLM 相互交互的多个实例的未来行为潜力。通过更深入地了解这些潜力,机器心理学为人工智能的可解释性提供了一种新方法,也是对自然语言处理中传统基准测试方法的重要补充。

4.1 人类与 AI 的差异

目前很多研究探讨了机器(本章主要指包含 AI 的技术系统)行为和人类行为的异同,研究

---

① KOSOY E, REAGAN E R, LAI L, et al. Comparing Machines and Children: Using Developmental Psychology Experiments to Assess the Strengths and Weaknesses of LaMDA Responses [A]. arXiv, 2023. 10.48550/arXiv.2305. 11243.

② HAGENDORFF T. Machine Psychology: Investigating Emergent Capabilities and Behavior in Large Language Models Using Psychological Methods [A]. arXiv, 2023. 10.48550/arXiv.2303.13988.

者主要对(人类)行为学、动物行为研究和机器行为研究进行了类比。机器表现出来的行为与动物和人类有着根本的不同,因此研究者必须避免将机器过度的拟人化。[①] 即使现有的行为科学方法可以证明该方法对机器的研究是有用的,研究者也需要更彻底地剖析机器的内部系统。过去的研究者围绕解释机器行为的分析维度,从产生行为的机制、行为的发展和行为的进化等多个层面对机器行为展开探索,积累了丰富的成果。

在产生行为的机制方面,有研究者研究无人驾驶汽车表现的特定驾驶行为如变换车道、超车或向行人发出信号,探讨这些行为是根据构建驾驶策略的算法生成,还是从根本上取决于汽车的感知和驱动系统的特征,如物体检测和分类系统的分辨率与准确性,以及转向的响应性和准确性等因素。[②]

在行为的发展方面,研究者通过将机器暴露于特定的训练刺激环境中来塑造机器的行为。例如,许多图像和文本分类算法经过训练,可以优化人类手动标记的一组特定数据集的准确性,数据集的选择及其代表的特征可以极大地影响算法表现出的行为。[③④]

在行为的进化方面,借鉴动物行为方面的研究,行为还受到过去自然选择和先前进化机制的影响。例如,人手是从硬骨鱼的鳍进化而来的。而对于机器的行为而言,有关微处理器设计的早期选择继续影响着现代计算,而算法设计的传统(例如神经网络和贝叶斯状态空间模型)从早期的假设中继承。因此,某些算法可能会特别关注某些功能而忽略其他功能,因为这些功能在早期成功的应用程序中很重要。[⑤] 过去的人工智能与行为的研究更偏宏观,而如今已有研究从微观角度入手,通过探讨人类与 LLM 在智力测试、人格测试,以及探讨机器心理和人类心理的差异来理解机器行为。

随着能力越来越强的人工智能的出现,研究者迫切需要提高对它们如何学习和作出决策的理解。[⑥] 从许多角度来看,LLM 的作用令人印象深刻,它们生成与人类创作无异几可乱真的文

①　RAHWAN I, CEBRIAN M, OBRADOVICH N, et al. Machine behaviour [J]. Nature, 2019, 568(7753): 477-486.

②　GALCERAN E, CUNNINGHAM A G, EUSTICE R M, et al. Multipolicy decision-making for autonomous driving via changepoint-based behavior prediction: Theory and experiment [J]. Autonomous Robots, 2017, 41(6): 1367-1382.

③　BUOLAMWINI J, GEBRU T. Gender Shades: Intersectional Accuracy Disparities in Commercial Gender Classification [C]//Proceedings of the 1st Conference on Fairness, Accountability and Transparency. PMLR, 2018: 77-91.

④　BOLUKBASI T, CHANG K W, ZOU J Y, et al. Man is to Computer Programmer as Woman is to Homemaker? Debiasing Word Embeddings [C]//Advances in Neural Information Processing Systems: col 29. Curran Associates, Inc., 2016.

⑤　WAGNER A. Robustness and Evolvability in Living Systems [M]. Princeton University Press, 2013.

⑥　GUNNING D, STEFIK M, CHOI J, et al. XAI—Explainable artificial intelligence [J]. Science Robotics, 2019, 4(37): eaay7120.

本、情感分析以及机器翻译。而且这些模型的能力不仅仅是语言生成,它们还可以编写计算机代码并进行金融决策分析。这些结果促使一些人认为,这类基础模型在海量的数据上进行大规模训练并适应广泛的下游任务,显示出某种形式的通用智能。然而,更多人则持怀疑的态度,指出这些模型距离人类对语言和语义的理解仍然相去甚远。① 但是,研究者如何才能真正评估这些模型(至少在某些情况下)是否做了一些智能的事情?研究者希望通过心理学的手段去回答一些问题,判断 LLM 是否在思维上和人类具有相似性,毕竟心理学家在理解人类的思维上有着丰富的经验。

4.1.1 智力差异

智力测试的目标是测量个人的认知能力和智力潜力,这些测试通常包括人类的语言、空间和逻辑推理能力。多元智能理论认为,智能不是一种单一的能力,而是一组各具特点的能力和技能,可以分为不同的类别,包括语言智能、逻辑数学智能、空间智能等。在 LLM 中,只能评估智力的特定维度,如语言推理、逻辑和抽象思维或空间智力。在这里,人类智力测试的测试框架可以作为测试 LLM 的基础。韦布(Webb)等人将基于文本的矩阵推理任务应用于 GPT-3,该任务的问题结构和复杂性与衡量人类流体智力的 Raven 渐进矩阵相当,发现 GPT-3 有类比推理的能力,在各种基于文本的问题类型中展现出超越人类的表现。② 研究者③将 GPT-3 和 GPT-4 应用于人类归纳推理中的一个经典问题(属性归纳)。通过两次实验,每个实验都侧重于将人类归纳判断与 GPT-3、GPT-4 得出的判断进行比较。结果表明尽管 GPT-3 很难捕捉到人类行为的许多方面,但 GPT-4 却十分成功,在大多数情况下,它的表现在质量上与人类的表现相当。史蒂文森(Stevenson)等人④在吉尔福德替代用途测试(AUT)中评估了 GPT-3 的创造力,并将其性能与之前收集的人类回答进行了比较,包括原创性、有用性、惊喜性、每组想法的灵活性。然后由专家对此进行评分,结果表明在创造力的得分上人类得分更高。而希哈德(Shihadeh)等人⑤用语言提示测试 GPT-3 中是否在性别上存在智力偏见,结果表明 LLM 会低

① MARCUS G, DAVIS E. GPT-3, Bloviator: OpenAI's language generator has no idea what it's talking about [EB/OL]. (2020-08-23)[2023-07-31]. https://lifeboat.com/blog/2020/08/gpt-3-bloviator-openais-language-generator-has-no-idea-what-its-talking-about.

② WEBB T, HOLYOAK K J, LU H. Emergent Analogical Reasoning in Large Language Models [A]. arXiv, 2023.

③ HAN S J, RANSOM K, PERFORS A, et al. Inductive reasoning in humans and large language models [A]. arXiv, 2023.

④ STEVENSON C, SMAL I, BAAS M, et al. Putting GPT-3's Creativity to the(Alternative Uses)Test [A]. arXiv, 2022.

⑤ SHIHADEH J, ACKERMAN M, TROSKE A, et al. Brilliance Bias in GPT-3 [C]//2022 IEEE Global Humanitarian Technology Conference(GHTC), 2022:62-69.

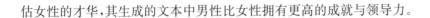

估女性的才华,其生成的文本中男性比女性拥有更高的成就与领导力。

4.1.2　人格差异

人格心理学侧重于测量个体差异和人格特征。人格是一种广泛使用的表征人类行为的心理测量因素,它反映了一个人在不同情境下的一贯性和稳定性,但也允许一定程度的变化和适应。人格是一个相对稳定的心理结构,影响着个体对世界的看法、情感、思维方式和行为反应,这些独特的个人特质塑造了人们思考、感受和行为的模式[①],使个人独一无二[②]。

评估人格的框架也可以应用于 LLM。根据用于微调 LLM 的文本数据和人类反馈,它们表现出不同的语言风格,反映了不同的个性特征,例如外向性、宜人性或神经质。一些研究应用大五人格(big five)[③]等心理测试来评估它们的虚拟人格(如行为倾向),以便检测其模型中的社会和道德风险(如种族偏见)[④]。卡拉(Karra)等人[⑤]使用大五人格分析了各种 LLM 的人格特质。研究者引入了让 LLM 评估人类性格的新想法,并提出了一个通用评估框架,通过迈尔斯-布里格斯类型指标(MBTI)从 LLM 获得定量的人类性格评估(如性格类型和倾向)。米奥托(Miotto)等人[⑥]研究了 GPT-3 的人格特征、价值观和自我报告的人口特征。研究者[⑦]还使用自恋、精神病和马基雅维利主义的量表(SD-3)研究了 GPT-3 的人格,发现其所有特征均高于人类平均水平,表明其人格模式相对消极。西西里亚(Sicilia)等人[⑧]使用心理语言学方法分析了GPT 的人口特征。越来越多的研究认为 LLM 具有虚拟人格和心理,这在指导它们的反应和互动模式方面发挥着至关重要的作用。

①　CORSINI RJ, OZAKI BD. Encyclopedia of psychology [M]. New York: Wiley, 1994.

②　WEINBERG R, GOULD D. Foundations of sport and exercise psychology [M]. Human Kinetics Publishers (UK)Ltd, 1999.

③　DIGMAN J M. Personality Structure: Emergence of the Five-Factor Model [J]. Annual Review of Psychology, 1990,41(1):417-440.

④　RAO H, LEUNG C, MIAO C. Can ChatGPT Assess Human Personalities? A General Evaluation Framework [A]. arXiv, 2023.

⑤　KARRA S R, NGUYEN S T, TULABANDHULA T. Estimating the Personality of White-Box Language Models [A]. arXiv, 2023.

⑥　MIOTTO M, ROSSBERG N, KLEINBERG B. Who is GPT-3? An Exploration of Personality, Values and Demographics [A]. arXiv, 2022.

⑦　LI X, LI Y, JOTY S, et al. Does GPT-3 Demonstrate Psychopathy? Evaluating Large Language Models from a Psychological Perspective [A]. arXiv, 2023.

⑧　SICILIA A, GATES J C, ALIKHANI M. How Old is GPT?: The HumBEL Framework for Evaluating Language Models using Human Demographic Data [A]. arXiv, 2023.

4.1.3 行为差异

还有一些研究探讨了人类心理和机器心理的差异。霍顿(Horton)[①]在 GPT‑3 上使用行为经济学实验,并得出结论认为其行为在质量上与人类参与者的行为相似。宾兹(Binz)和舒尔茨(Schulz)[②]对 GPT‑3 进行了基于小插图的调查实验,并从它们的数据中得出结论,LLM 显示出基于模型的强化学习和与人类行为相似的迹象。LLM 可能具有类似人类的自我完善和推理特征。研究者[③]对 LLM 中推理能力作为一种新兴能力的含义进行了概念分析并推断原因。阿赫(Aher)等人[④]使用 GPT‑3 来模拟经典心理学实验(最后通牒博弈、米尔格拉姆实验、群体智慧实验等)中的人类,将 LLM 构建为人类的隐式计算模型,并提出该模型可用于间接收集各种参与者行为方面的数据。基于此,帕克(Park)等人[⑤]将人类对心理学实验的反应与 GPT‑3 的输出进行了比较,并分析哪些心理学实验在 LLM 上取得成功。结果表明 GPT‑3.5 与人类被试相比,更易于进行控制实验,这些实验既具高功效,又在统计上有效,使用 LLM 可以快速且廉价地收集大量样本,且不会出现抽样偏差。

4.2 人类心理评估方法的应用

用人类心理评估方法评价 LLM 的核心是将 LLM 视为心理实验的参与者。与现有的评价方法相比,使用此类实验来探索 LLM 的能力具有相当大的优势,因为这些实验经过精心设计,旨在检测各种认知偏差或理清解决任务的不同方式。与以往的研究相比,近来的研究不再只是关注输出的准确性,最新一代的语言模型已经能够在标准基准数据集的绝大多数任务中高于人类水平[⑥],随着时间的推移,纯粹基于性能的评估变得不再那么有意义。更重要的是,要理解它

① HORTON J J. Large Language Models as Simulated Economic Agents: What Can We Learn from Homo Silicus?[J]. arXiv:2301.07543.

② BINZ M, SCHULZ E. Using cognitive psychology to understand GPT‑3[J]. Proceedings of the National Academy of Sciences, 2023,120(6): e2218523120.

③ QIAO S, OU Y, ZHANG N, et al. Reasoning with Language Model Prompting: A Survey [A]. arXiv, 2023.

④ AHER G, ARRIAGA R I, KALAI A T. Using Large Language Models to Simulate Multiple Humans and Replicate Human Subject Studies [A]. arXiv, 2023.

⑤ PARK P S, SCHOENEGGER P, ZHU C. "Correct answers" from the psychology of artificial intelligence [A]. arXiv, 2023.

⑥ SUZGUN M, SCALES N, SCHÄRLI N, et al. Challenging BIG‑Bench Tasks and Whether Chain-of-Thought Can Solve Them [A]. arXiv, 2022.

们行为的全部复杂性,揭开 LLM 如何解决具有挑战性的推理问题的神秘面纱至关重要。这正是引入心理实验需要达到的目标,而不仅仅是衡量它们能做什么和不能做什么。研究者从心理学文献中获取了标准任务,并将其实验结构模拟为 LLM 可识别的文本,LLM 在每次实验后都会对其作出响应,研究者通过 LLM 的输出来分析其行为,就像心理学家在相同任务中分析人类行为一样。

4.2.1 基于心理理论的心理学实验

许多动物擅长利用发声、身体姿势、凝视或面部表情等线索来预测其他动物的行为和精神状态。例如,狗可以轻松区分人类和其他狗的积极情绪与消极情绪。然而,人类不仅会对观察到的线索作出反应,还可以觉察到其他人背后的心理状态,如对方的知识、意图、信仰和感受等。这种能力通常被称为"心理理论"(Theory of Mind,ToM)。心理理论是社会认知的基础,在社会互动、预测他人能力和培养共情能力方面十分重要。研究者认为,ToM 是一种基本的认知和社会特征,使研究者能够通过可观察或潜在的行为和言语线索来推测彼此的想法。[①]

多篇论文研究了 LLM 中 ToM 的存在和程度。普林斯塔斯基(Prystawski)等人[②]研究了 GPT-3 中的隐喻理解能力,并根据隐喻理解的心理模型开发了两种类型的提示,得出 LLM 擅长将隐喻和恰当的释义进行匹配。最新的 ChatGPT 则可以通过 93% 的 ToM 任务,具有强大的分析和决策能力。[③] 研究者将经典的发展心理学实验转换成文本形式对 LaMDA 模型的心理理论进行测试,发现 LaMDA 会产生与涉及社会理解的实验中的儿童相似的反应,这或许提供了证据表明这些领域的知识是通过语言发现的。另一方面,LaMDA 在因果推理任务中的反应与儿童有很大不同,这也表明这些领域需要更多对真实世界的实际探索才能完成,不能简单地从语言输入的模式中学习。[④] 研究者提出了用错误信念测试、意图测试等来评估 GPT-4 的心理理论[⑤],结果表明 GPT-4 可以通过 Sally-Anne 和 ZURFIN 测试,其具有非常高的心理理论水平,能够推理他人在真实场景下的心理状态。

---

① BARON-COHEN S. Evolution of a theory of mind? [J]. The Descent of Mind: Psychological Perspectives on Hominid Evolution, 2012.

② PRYSTAWSKI B, THIBODEAU P, POTTS C, et al. Psychologically-informed chain-of-thought prompts for metaphor understanding in large language models [A]. arXiv, 2023.

③ KOSINSKI M. Theory of Mind May Have Spontaneously Emerged in Large Language Models [A]. arXiv, 2023.

④ KOSOY E, REAGAN E R, LAI L, et al. Comparing Machines and Children: Using Developmental Psychology Experiments to Assess the Strengths and Weaknesses of LaMDA Responses [A]. arXiv, 2023. 10.48550/arXiv.2305.11243.

⑤ BUBECK S, CHANDRASEKARAN V, ELDAN R, et al. Sparks of Artificial General Intelligence: Early experiments with GPT-4[A]. arXiv, 2023.

然而，目前 LLM 的心理理论存在诸多局限性。首先，研究者的测试并不全面，无法涵盖心理理论的所有维度，如研究者没有测试理解讽刺、幽默或欺骗的能力，这些也与心理理论本身的特点有关。其次，测量仅基于文本输入和输出，研究者的测试无法捕捉自然交流和社交互动的全部复杂性与丰富性，没有测试 LLM 理解非语言线索的能力，如面部表情、手势或语气，这些对于心理理论也很重要。因此，研究者应该采用更多元化的测试方法对 LLM 进行测试，涵盖心理理论的各个维度，并且扩展测试场景，使其能够模拟真实的社交互动和交流情境以提高测量 LLM 心理理论的准确性。

4.2.2　心理学经典实验在模型上的再现

还有一些研究在 LLM 上重复了心理学的经典实验。其中最大的是 BIG-bench（Beyond the Imitation Game benchmark）测试①，该测试包括 204 项任务，问题涉及语言学、儿童发展、数学、常识推理、生物学、物理学、社会偏见、软件开发等领域的问题，其中一些研究和机器心理学的研究对象一致。宾兹和舒尔茨②使用基于小插图的认知心理学工具研究 LLM 的决策推理、信息搜索、思考能力和因果推理能力。达斯古普塔（Dasgupta）等人③、奈（Nye）等人④、塔尔博伊（Talboy）等人⑤⑥应用一组来自判断和决策心理学的规范实验（Linda 问题、Wason 选择任务、Cab 问题等）来测试模型中的认知偏差和其他类人系统的故障。琼斯（Jones）和斯坦哈特（Steinhardt）⑦研究了 LLM 的锚定和框架效应。哈根多夫（Hagendorff）等人⑧通过认知反思测试和语义错觉来探究 LLM 的认

①　SRIVASTAVA A, RASTOGI A, RAO A, et al. Beyond the Imitation Game: Quantifying and extrapolating the capabilities of language models [A]. arXiv, 2023.

②　BINZ M, SCHULZ E. Using cognitive psychology to understand GPT – 3 [J]. Proceedings of the National Academy of Sciences, 2023, 120(6): e2218523120.

③　DASGUPTA I, LAMPINEN A K, CHAN S C Y, et al. Language models show human-like content effects on reasoning [A]. arXiv, 2022.

④　NYE M, TESSLER M, TENENBAUM J, et al. Improving Coherence and Consistency in Neural Sequence Models with Dual-System, Neuro-Symbolic Reasoning [C]//Advances in Neural Information Processing Systems: col 34. Curran Associates, Inc., 2021: 25192 – 25204.

⑤　TALBOY A N, FULLER E. Challenging the appearance of machine intelligence: Cognitive bias in LLMs [A]. arXiv, 2023.

⑥　CHEN Y, ANDIAPPAN M, JENKIN T, et al. A Manager and an AI Walk into a Bar: Does ChatGPT Make Biased Decisions Like We Do? [A]. 2023.

⑦　JONES E, STEINHARDT J. Capturing Failures of Large Language Models via Human Cognitive Biases [J]. Advances in Neural Information Processing Systems, 2022, 35: 11785 – 11799.

⑧　HAGENDORFF T, FABI S. Human-Like Intuitive Behavior and Reasoning Biases Emerged in Language Models — and Disappeared in GPT – 4 [A]. arXiv, 2023.

知轻松度。

这些研究不仅有助于了解 LLM 的认知过程,还为我们理解人类决策和思考提供了新的视角,并且这些心理学实验为我们揭示了 LLM 可能存在的局限性和弱点,进一步促进了我们对其优化和改进的思考。

4.3　机器心理学的争议

LLM 通过使用心理学或其他以人类为中心的术语来解释机器行为模式,通过使用心理学术语来增加对行为的可解释性,这也面临着很多争议。虽然它们可以表现出令人惊讶的"智能",但它们的理解能力受到输入数据的限制,无法真正理解背后的意义。虽然使用心理学术语可以在一定程度上增加对机器行为的理解,但也依赖模型在训练时所接触到的数据和模式。由于这些模型是基于概率算法构建的,它们的输出可能在不同情况下发生变化。这种不稳定性可能导致对模型行为的解释存在多样性,而不同解释之间的差异可能会引发争议。

4.3.1　语言输入的局限性

机器心理学常用两种心理学方法与 LLM 交互,这两种心理学方法都基于语言文本提示 LLM。一种是自我报告法,如访谈和问卷调查,可以通过测量某些态度或行为的普遍程度来获取有关 LLM 的系统信息。例如,用封闭式问题或等级量表对 LLM 进行测试时,可以自动化对问卷进行解释,这使得研究者可以更广泛地收集数据,且研究结果更可靠。另一种是观察法,观察法可以帮助研究者获得行为记录并从中获得记录模式。需要说明的是,在发展心理学、道德心理学或判断和决策心理学的许多测试框架中,自我报告法并不适用,只有观察法适用。

仅依靠语言输入与 LLM 交互会产生很多局限性。首先是许多心理学研究使用的实验设计不能转移到 LLM,例如,一些实验设计要求使用语言以外的刺激、感官数据、短长期记忆等来产生严格的实验设计。其次,虽然机器心理学的研究具备及时反应性,一定的输入可以立即得到输出结果,但是相比于人类被试,该输出结果很难解释。发展心理学家很早就意识到,表面上相似的行为可能具有截然不同的心理根源,并且可能是截然不同的学习技术和数据的结果。人类被试的测试结果可以从神经科学、反应时、文化背景上得到解释,而 LLM 缺乏感官刺激和个体经验,其输出完全来源于语言,因此较难从多方面对 LLM 的输出结果进行解释。

考虑到 GPT－4 等多模态或增强型 LLM 的出现,机器心理学将变得更加重要,这意味着外部信息源、工具、感官数据、图像、物理对象等可以与 LLM 进行交互。[①]

4.3.2　依赖先前训练材料

如果儿童以前看过特定的刺激项目,他们可能会产生先前经验的习得反应,而不是基于已有的线索进行推理。因此,许多发展研究会使用孩子们在生活环境中不可能遇到的单词或物体,避免他们依赖先前学习的刺激反应映射来完成任务。然而,由于 LLM 接受过数百或数千篇包含机器学习和心理学评估示例的科学论文的训练,因此标准实验提示在评估此类模型时可能毫无用处。模型的输出可以反映训练库中的刺激内容,例如,模型的输出依赖知识库中研究论文的既定答案,而不是推理概括。一项研究表明,GPT‐3 可以像人类受试者一样或更好地解决一些基于小插图的实验,然而解释这些结果很困难,因为其中许多小插图可能是其训练集的一部分。[②] 也有研究认为,幼儿仅从少数观察中可以学习到新的因果假设,包括在新的情境下应用已接触过的假设。相比之下,LLM 难以从数据中建模、理解和推断因果假设。[③] 目前机器心理学领域已经进行的许多研究都有一个共同缺点:它们使用包含心理学实验材料的提示并将其应用到 LLM,而没有针对性地改进这些实验材料的措辞、任务顺序等。局限之处在于,LLM 很可能在训练过程中已经经历过相同或非常相似的任务,从而导致 LLM 只是重现已知的模式。[④]

当采用心理学测试框架即插图、问卷或其他测试设置时,必须确保 LLM 以前从未见过这些测试。因此,虽然提示在结构上确实可能类似于已经存在的任务,但它们应该包含新的措辞、命令、行动等。在为儿童进行新的研究设计时,研究人员会创造新的刺激环境,研究者在设计 LLM 评估的新任务时同样需要具有创造力。

4.3.3　结果的不稳定性

心理学实验通常需要经过严格筛选和控制的数据集,以确保实验的可靠性和有效性。然而,LLM 的输出是基于其训练数据,并且随着 LLM 训练规模的上升,回答问题的准确性也会提高。研究者使用 40 个广泛用于测试人类 ToM 的经典错误信念任务测试了多种语言模型。

①　MIALON G, DESSÌ R, LOMELI M, et al. Augmented Language Models: a Survey [A]. arXiv, 2023.

②　BINZ M, SCHULZ E. Using cognitive psychology to understand GPT‐3 [J]. Proceedings of the National Academy of Sciences, 2023, 120(6): e2218523120.

③　YIU E, KOSOY E, GOPNIK A. Imitation versus Innovation: What children can do that large language and language-and-vision models cannot(yet)? [A]. arXiv, 2023.

④　EMAMI A, TRISCHLER A, SULEMAN K, et al. An Analysis of Dataset Overlap on Winograd-Style Tasks [A]. arXiv, 2020.

2020 年之前发布的模型几乎没有表现出解决 ToM 任务的能力。然而，2020 年 5 月发布的 GPT-3 的第一个版本（"davinci-001"）解决了约 40% 的错误信念任务，表现与 3~5 岁儿童相当。它的第二个版本（"davinci-002"；2022 年 1 月）解决了 70% 的错误信念任务，表现与 6 岁儿童相当。而 GPT-3.5（"davinci-003"；2022 年 11 月）解决了 90% 的错误信念任务，达到了 7 岁儿童的水平。2023 年 3 月发布的 GPT-4 解决了几乎所有任务（95%）。这些发现表明，类似 ToM 的能力（迄今为止被认为是人类独有的）可能是作为语言模型提高语言技能而自发出现的。[1] GPT 的最新版本 GPT-3.5 和 GPT-4 通过人类反馈的强化学习进行了微调。有研究者将 GPT-3 和 GPT-4 应用于人类归纳推理中的一个经典问题（称为属性归纳）。通过两次实验，研究者引出了人类对一系列跨越多个领域的属性归纳任务的判断。虽然 GPT-3 很难捕捉到人类行为的许多方面，但 GPT-4 却要成功得多，在大多数情况下，它的表现在质量上与人类的表现相匹配。[2] 这也引发了问题，人类的强化可能是不透明且可变的，并且可能只是简单地修改了比较明显的错误。

这些结果促使研究人员探究 LLM 智能行为的背后是什么，它们是否拥有类似人类的认知抽象，或者这些行为是否来自简单的单词预测。例如，LLM 可以正确回答有关故事中角色信念的问题，但是结果不具有稳定性，很容易受到干扰的影响，有研究仅对 ToM 的原始小插图实验进行了微小的更改，GPT-3 的表现就受到了很大影响[3]，而这些干扰本应对于拥有 ToM 的人来说是无关紧要的[4]。因此心理学实验的任务设置对于获得稳定的结果非常重要，将这些任务转化为 LLM 可接受的格式可能需要进行适当的转换和简化，研究人员必须确保所使用的提示是他们想要测量结构的合理可操作化。

为 LLM 的认知提供证据通常需要多个实验任务证据融合。例如，儿童通常在 3 岁时就学会数数，但是他们可能并不理解"5 比 7 小"，因此一些数字相关的任务可以探索儿童在理解数字概念的不同方面。类似于儿童理解数学概念的测量方式，LLM 需要在同一概念抽象的多个任务和测量上进行测试。理想情况下，这些测试应该在模型训练过程中多次进行，以确定随着模型获得更多经验，表现会如何变化。

①　KOSINSKI M. Theory of Mind May Have Spontaneously Emerged in Large Language Models [A]. arXiv, 2023.

②　HAN S J, RANSOM K, PERFORS A, et al. Inductive reasoning in humans and large language models [A]. arXiv, 2023.

③　BINZ M, SCHULZ E. Using cognitive psychology to understand GPT-3[J]. Proceedings of the National Academy of Sciences, 2023, 120(6): e2218523120.

④　ULLMAN T. Large Language Models Fail on Trivial Alterations to Theory-of-Mind Tasks [A]. arXiv, 2023.

需要说明的是,尽管 LLM 的机器心理学研究代表了高度受控的实验设置,没有影响研究的混杂因素,然而,现有的一些机器心理学研究的一个共同缺点是它们依赖于小样本量或便利样本,抽样偏差在小样本中尤其普遍,提示中的微小变化已经可以显著改变模型输出,可能会降低机器心理学研究的质量。由于对提示措辞的高度敏感性,测试一项任务的多个版本并创建代表性样本非常重要。只有这样才能可靠地衡量某种行为是否系统性地重复发生并具有普遍性。

LLM 的机器心理学研究引发了许多有关其认知能力和行为特征的争议。当前的研究涉及多个任务和测量,类似于儿童的学习方式,通过在不同任务中评估模型的表现来了解其认知能力。考虑到现有研究普遍存在一些局限性,这可能会影响研究结果的可靠性和适用性,但是目前机器心理学的这种争议可以促进研究者对机器心理学领域研究设计和数据质量的不断改进,弥补研究中的不足,提高研究的可信度。

4.4　机器心理学的实践应用

LLM 为心理学的研究和工作提供了前所未有的资源,拓展了心理学的研究领域和研究视角,目前已有一些实践应用产生。这种复杂的人工智能模型使心理学家能够更多地了解人类思维,推进心理学的发展,提出新颖的治疗理论和方法,或者帮助人类进行合理的决策规划,达到预期目标。

4.4.1　推进心理学的发展

由于与心理学科的研究范式高度近似,机器心理学的研究成果对推动心理学的发展具有一定的积极意义,主要体现在以下几个方面。

第一,LLM 可以改善心理科学的理论发展。阿格拉瓦尔(Agrawal)等人[①]提供了一种将机器学习和心理学思想相结合的探索性方法,并在道德推理领域进行了案例研究。通过将心理模型与在大量道德决策数据集上训练的复杂机器学习模型进行比较来完善心理模型,产生了基于理论、预测性和可解释的道德决策模型。奇希(Cichy)和凯撒(Kaiser)[②]的研究讨论了深度神经

---

①　AGRAWAL M, PETERSON J C, GRIFFITHS T L. Scaling up psychology via Scientific Regret Minimization [J]. Proceedings of the National Academy of Sciences, 2020, 117(16):8825 – 8835.

②　CICHY R M, KAISER D. Deep Neural Networks as Scientific Models [J]. Trends in Cognitive Sciences, 2019, 23(4):305 – 317.

网络(DNN)在认知科学中的应用,且在视觉和听觉处理中,DNN 比其他模型能够更好地预测人脑反应和行为。劳拉-达默(Lara-Dammer)等人①证明,基于科学发现和感知理论模拟人类感知的模拟系统(NINSUN)能够在简单的人类世界中作出科学假设。

第二,人类可以通过 LLM 了解哪些信息需要与真实世界交互。研究者通过评估 LLM 设计新工具和发现新颖因果结构的能力,并将其反应与人类儿童的反应进行对比。研究者的工作是确定哪些特定的表征和能力以及哪些类型的知识或技能可以从特别的学习技术和数据中得出。研究者认为,LLM 为研究者提供了一个机会来发现哪些表征和认知能力可以纯粹通过文化传播本身获得,哪些需要与外部世界独立接触。通过这些机器心理学的研究可以回答认知科学的一个核心问题,从语言和符号中可以学到多少单词、物体或概念的含义②,以及有多少取决于与世界的基础感知和运动交互。如人类对于刻板印象的解释可以依赖于神经科学的解释,但是 LLM 完全以语言为基础,它们缺乏人类决策时得到的具体化信息、感官刺激或个人经验。因此,当识别 LLM 偏见的时候,可以得到人类的类似能力也必须扎根语言因素而不是语言外部因素,这可能有助于纠正对人类心理过程的过度解释。目前在大型数据集上训练的 LLM 在模仿方面表现出色,远远超过了早期技术,因此代表了文化技术历史上的一个新阶段。Anthropic 的 Claude2 和 OpenAI 的 GPT 等 LLM 能够使用训练集中的文本统计模式生成各种新的文本、计算机程序和歌曲,甚至能够几乎完美地模仿自然的人类语言模式和特定的写作风格,且句法结构十分正确。③ 有一些证据表明 LLM 可以更抽象的方式掌握语言并模仿人类比喻。④ 这表明,在大量人类文本中寻找模式可能足以获取语言的许多特征,而与外部世界的任何知识无关。⑤ 因此人类儿童可能以类似方式学习语言或图像特征,也有一些实证研究表明婴儿在很小的时候就对语言字符串和视觉图像的统计结构很敏感。⑥

---

①　Full article: A computational model of scientific discovery in a very simple world, aiming at psychological realism [EB/OL]. [2023-08-03]. https://www.tandfonline.com/doi/full/10.1080/0952813X.2019.1592234.

②　Semantic projection recovers rich human knowledge of multiple object features from word embeddings | Nature Human Behaviour [EB/OL]. [2023-08-03]. https://www.nature.com/articles/s41562-022-01316-8.

③　ZHANG M, LI J. A commentary of GPT-3 in MIT Technology Review 2021[J]. Fundamental Research, 2021,1(6):831-833.

④　STOWE K, UTAMA P, GUREVYCH I. IMPLI: Investigating NLI Models' Performance on Figurative Language [C]//Proceedings of the 60th Annual Meeting of the Association for Computational Linguistics(Volume 1: Long Papers). Dublin, Ireland: Association for Computational Linguistics, 2022:5375-5388.

⑤　YIU E, KOSOY E, GOPNIK A. Imitation versus Innovation: What children can do that large language and language-and-vision models cannot(yet)? [A]. arXiv, 2023.

⑥　KIRKHAM N Z, SLEMMER J A, JOHNSON S P. Visual statistical learning in infancy: evidence for a domain general learning mechanism [J]. Cognition, 2002,83(2): B35-B42.

4.4.2 对心理治疗的作用

除了对心理模型和理论的发展作出贡献之外,LLM 对心理治疗实践也有如下积极作用。

首先,LLM 可以帮助对心理健康状况的临床理解,从而发现以前未知的行为模式,并更好地了解不同的分类方式。例如,数据挖掘技术已被用来确定哪些变量可以区分高自杀风险组和低自杀风险组[①],LLM 的技术发展会进一步提高其分类的准确性。此外,LLM 也有可能完善诊断标准,这会带来新的发现并提高对导致不同病症因素的了解。

其次,LLM 可以帮助心理咨询师学习新方法,并提供监督和反馈。传统上,观察或回顾录制的课程需要大量时间,但 LLM 可以通过分析整个治疗过程来确定需要改进的方面。此外,LLM 还可以提供治疗工作表的反馈,当咨询师向 LLM 提供治疗工作表的内容和答案时,模型可以实时提供反馈,有助于帮助咨询师更好地评估患者的进展、理解他们的问题,提供更精准的指导和支持。对于那些培训和经验较少的人,如非专业卫生工作者和心理咨询的实习生,可以利用 LLM 提供智能协作,帮助修改咨询的话语文本,以增加他们表达中的同理心。[②]

再次,LLM 可以根据关键词协助生成医疗报告。记录工作占医生工作时间的四分之一到一半,占护士工作时间的五分之一。LLM 的使用可以显著减轻医生和护士的负担,提高他们的效率和专注度,从而让他们有更多的时间用于直接与患者交流、制定治疗方案和提供个性化的医疗建议。LLM 还可以通过生成高质量的练习题或以适当的复杂概念解释来帮助医学生更有效地学习。临床医生与患者之间的沟通通常需要使用简单的语言来解释医学术语。LLM 有望成为有益的辅助工具,帮助医生更好地与患者交流。这表明 LLM 在医疗领域的多个方面都有潜在的积极影响,从提高医疗专业人员的工作效率到改善医学教育和患者沟通。

最后,临床 LLM 可以自动测量心理治疗师对循证治疗的遵循程度,其中通常包括对治疗方案的遵循程度和提供特定治疗技能水平的评估。测量有效性对于提高治疗结果的质量和患者的治疗体验非常重要。传统的机器学习模型已被用于评估对特定模式的遵循程度以及其他重要的能力,如咨询技能。由于 LLM 在考虑背景信息方面的能力不断提高,它们可能会提高对这些模式评估的准确性。未来临床 LLM 可以通过计算得出遵循程度和治疗技能评级,帮助研究工作。

---

① MORALES S, BARROS J, ECHÁVARRI O, et al. Acute Mental Discomfort Associated with Suicide Behavior in a Clinical Sample of Patients with Affective Disorders: Ascertaining Critical Variables Using Artificial Intelligence Tools [J]. Frontiers in Psychiatry, 2017,8.

② SHARMA A, LIN I W, MINER A S, et al. Human — AI collaboration enables more empathic conversations in text-based peer-to-peer mental health support [J]. Nature Machine Intelligence, 2023,5(1):46 - 57.

整体而言,尽管 LLM 目前无法完成许多人认为至关重要的心理治疗的某些关键方面,例如,解释非语言但与临床相关的行为(坐立不安、翻白眼、说话速度等),然而随着技术进步,包括即将出现的集成文本、图像、视频和音频的多模态 LLM,可能会在未来填补这些空白。

4.4.3 决策支持

LLM 已被用来开发和完善决策研究中的理论,明智的规划和决策对于实现预定目标至关重要。由于 LLM 接受了大量世界知识和人类例子的训练,这使得它们可以根据问题设置和环境状态提出合理的规划。如研究者[①]引入了一种新的语言模型推理框架"思想树"(Thought of Tree,ToT),它概括了流行的"思维链"方法来提示语言模型,并能够探索连贯的文本单元("想法")作为解决问题的中间步骤。通过在每个解决问题的步骤中同时考虑多个潜在可行的计划,模拟计划执行效果以确定最有希望的计划,从而可以扩展现有的计划制定的决策过程,将计划和决策机制有机地结合起来,实现了解决方案树内部的有效搜索。

目前,LLM 应用研究已经在医疗保健领域的辅助临床决策支持方面得到一定的探索。例如,在放射学中识别相关图像特征和总结非图像患者数据。有研究[②]证明 LLM 可以用作护理点放射决策的辅助手段,并论证了 ChatGPT 在为需要乳腺癌筛查和乳房疼痛评估的患者确定适当的成像步骤方面显示出中等的准确性。这些理论及其预测手段可能会推动医疗风险评估领域的未来研究,并为未来在医学和认知科学领域的类似应用打下基础。

在经济学领域,LLM 可以辅助市场预测以及投资决策,例如,LLM 可以预测股票市场回报方面有效性的实证证据来使资产管理者和机构投资者受益。有研究者[③]测试了 ChatGPT 和其他 LLM 在使用新闻标题的情绪分析来预测股市回报方面的潜力。通过使用 ChatGPT 来指示给定的标题是好消息、坏消息还是与公司股价无关的消息,再计算一个数值分数并记录这些"ChatGPT 分数"与随后的每日股市回报之间的相关性,结果发现,ChatGPT 的表现优于传统的情感分析方法,而 GPT-1、GPT-2 和 BERT 等更基本的模型无法准确预测收益。这表明收益可预测性是复杂模型的新兴能力,将高级语言模型纳入投资决策过程可以产生更准确的预测并提高量化交易策略的性能。LLM 可以帮助专业人员作出更明智的决策,从而提高绩效并减少

---

① YAO S, YU D, ZHAO J, et al. Tree of Thoughts: Deliberate Problem Solving with Large Language Models [A]. arXiv, 2023.

② RAO A, KIM J, KAMINENI M, et al. Evaluating ChatGPT as an Adjunct for Radiologic Decision-Making [R]. Radiology and Imaging, 2023.

③ LOPEZ-LIRA A, TANG Y. Can ChatGPT Forecast Stock Price Movements? Return Predictability and Large Language Models [A]. arXiv, 2023.

对传统、劳动密集型分析方法的依赖。

整体而言，LLM 就是像人脑一样的黑匣子或灰匣子，通过对它们应用心理学术语，即使并不存在与这些术语直接相关的人工神经关联，也可以在一定程度上增加 LLM 行为的可解释性。然而，在使用心理学来解释机器行为模式时，需要谨慎对待，并充分考虑语言输入的局限性、依赖先前训练材料以及结果的不稳定性。

解决这些争议需要进一步的研究和方法改进，以提高机器心理学在解释和理解人工智能系统行为方面的可靠性和准确性。未来，我们可以继续将心理学实验应用于 LLM 中，以更深入地理解其认知过程和决策机制。尽管 LLM 与人脑并不存在直接的神经关联，但通过将心理学概念应用于模型的行为，我们可以更好地解释其智能表现，从而提高对其工作原理的理解，通过对 LLM 进行更全面、多样化的测试，可以探索其在不同领域的应用，如教育、医疗、社会等，为人工智能技术的发展带来更多有益的成果。

第5章

面向大型语言模型的人工智能基础教育

　　面对大型语言模型的盛行,人工智能的基础教育,尤其是中小学人工智能课程的课程目标、学习内容和学习方式面临着新的变革,许多国家和地区都开始推进基于 LLM 的中小学人工智能课程的研究。例如,美国国家科学基金会(NSF)在 2023 年 5 月 8 日发布了一项急迫的研究倡议,邀请研究界抓紧时间对 AI 在正式和非正式 K-12 教育环境中的使用和教学进行研究,以响应 LLM 前所未有的进步速度,其中尤为强调重新厘清 K-12 阶段学生需掌握的必要知识结构以及进行 AI 相关的教学。新加坡的 AI Singapore Goes to School 计划已经开设相关课程,向学生介绍 AI 及其应用的基础知识,包括人工智能与机器学习简介、人工智能伦理基础以及应用程序(如何使用 ChatGPT)。

　　在基础教育阶段,对 LLM 的冲击尚未有系统反应。即使在大型语言模型的发源地美国,大部分公立教育系统对诸如 ChatGPT 这样的大型语言模型应用最初也是采取封禁的保守政策,因其尚不清楚这项技术对教育会带来何种冲击。目前,除了美国以及部分国家和地区开始的一些小规模尝试,LLM 还没有广泛进入中小学人工智能教育领域。

　　然而,与基础教育的谨慎不同,高等教育、社会教育机构、商业教育企业,甚至公众领域已经快速响应,为应对 LLM 的冲击设计并开发了相应的知识内容、教学模式与学习平台和工具等,这些围绕 AI 教育产生的新的变化需要引起基础教育领域的重视。

本章将系统梳理包括公众领域、高等教育领域等大型语言模型教育的举措,探讨 LLM 给基础教育阶段的人工智能教育带来的挑战。图 5-1 所示为本章内容总体框架图。

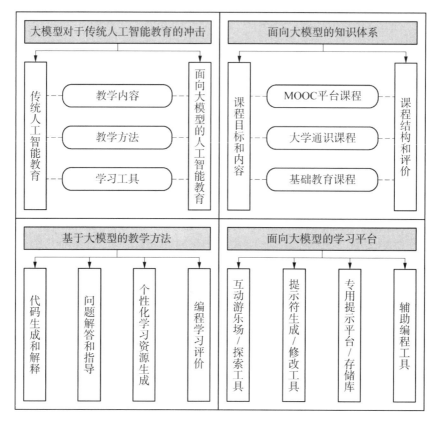

图 5-1　总体框架图

本章首先从教学内容、教学方法和学习工具三个方面分析 LLM 对传统人工智能教育的冲击;然后,结合已有的 LLM 课程系统梳理面向 LLM 的知识体系;接下来探讨基于 AI 教育的重要环节——编程教育,深入解读 LLM 支持下 AI 教学方法的变化;最后介绍面向 LLM 的学习平台,以辅助未来面向 LLM 的 AI 教育。

5.1　大型语言模型对于传统人工智能教育的冲击

传统的人工智能教育往往通过程序设计、逻辑推理和特定任务的模型训练等方式来培养学生的基本编程能力、逻辑思维和问题解决技巧。学生通常学习基础的编程语言如 Python 或

Java,掌握程序设计的基本概念和算法原理。课程内容涵盖人工智能的基本概念,如机器学习、数据挖掘和人工神经网络等,使学生了解人工智能的基本原理和应用领域。同时,传统人工智能教育也强调对现实问题的建模和解决。学生需要通过项目实践来应用所学知识,从而培养解决实际问题的能力。例如,他们可能会参与机器学习竞赛,处理真实数据集,尝试从数据中挖掘有价值的信息,或者开发智能系统来解决实际生活中的难题。

然而,人工智能教育也面临着新的挑战和机遇。传统的人工智能教育方式无法满足快速发展的技术变化。例如,研究人员指出人工智能教育中缺乏具体的应用实例和技术支持的学习方式,这将影响青少年的学习效果,有可能导致他们无法适应未来由 AI 驱动的数字化时代。[①] 他们提出,青少年的 AI 教育更需要创造性探究和高级思维能力。这种挑战实际上也是一种机遇,人工智能教育必须向更具探索性和创新性的方向发展,例如应用前沿技术辅助教学,结合 STEM 教育综合推进等。

2022 年 11 月底,全新对话式 AI 模型 ChatGPT 的面世使得 LLM 得到前所未有的关注。LLM 不仅以其出色的性能改变了人工智能的技术范式,同时也给 AI 教育带来了诸多影响。

GPT、PaLM、LLaMA 等 LLM 的不断涌现和广泛应用,引发了对传统人工智能教育方式的重新审视,现有的教学内容和方法或许不能充分发挥 LLM 的优势。这一趋势不仅改变了学习者获取知识的方式,还对教学方法、教育资源以及教师和学生的技能需求提出了更高的要求,需要教育工作者积极适应和迎接挑战,以确保学生在大型语言模型时代能够具备必要的知识和技能。

面对 LLM,学生需要了解掌握这些模型的原理和特点,有效地与它们交互,并利用它们来解决实际问题。传统的编程教育强调程序设计和算法原理,然而,LLM 的出现意味着学生还需要学会利用这些模型的自我学习和自我改进能力。学生需要掌握如何有效地向模型提出问题,并理解模型输出的含义,从而更好地利用它们的知识和能力。有效的交互方式可以使得学生能够更加灵活地应用 LLM,拓展学习者获取知识和解决问题的途径。

同时,教育工作者也面临着适应新趋势的挑战。传统的人工智能教育通常着重于教授特定的编程技巧和算法,然而,现在教育工作者需要更深入地了解 LLM 的运作机制和应用范围,以更好地借助 LLM 指导学生。教育工作者需要不断创新教学方法,结合大型模型的特点和优势,设计更富有挑战性和创造性的学习任务,帮助学生在实践中培养解决问题的能力。同时,为了满足学生对个性化学习和知识获取的需求,教育工作者还需要开发更多适应 LLM 的学习资源

① LIU M. The application and development research of artificial intelligence education in wisdom education era [C] //2nd International Conference on Social Sciences, Arts and Humanities(SSAH 2018),2018:95－100.

和评价方式。

对于人工智能基础教育而言,这种基于 LLM 的发展路径将推动人工智能基础教育在教学内容、教学方法和学习工具上的变革。

在学习内容方面,LLM 的基础原理将成为必要的学习内容,课程体系和教学内容需要进行相应的更新。以 GPT 的工作原理为例,OpenAI 的创始人之一安德烈·卡帕西(Andrej Karpthy)提出 GPT 从搭建到落地应用,需要经过预训练、监督式微调、奖励建模、强化学习四个阶段。通过了解人工智能技术的本质和基础原理,学生可以更好地理解模型的工作方式、数据处理方法以及算法的运行逻辑。这种深入的理解有助于学生在实际应用中能够更好地调整和优化模型,解决现实世界中的复杂问题,具体内容将在本章第二节详细介绍。

与此同时,LLM 的发展也拓展出了许多新的人工智能教学方法。像 Codex 这样的模型可以直接在人工智能编程学习中得到应用,它可以提供即时的代码建议,甚至帮助学生理解复杂的代码结构和算法,学生可以通过与模型的互动来提升他们的编程技能。教师也可以利用这些模型的反馈来了解学生的学习进度和难点,从而提供更有针对性的指导和帮助。因此,传统的教学方法可能需要进行调整,以适应基于 LLM 的教学方法的改变,具体内容将在本章第三节详细介绍。

此外,学习使用基于 LLM 的人工智能基础学习平台也变得至关重要。这些平台为学生提供了实践和探索的机会,使他们能够在实际场景中应用 LLM 进行学习和解决问题。通过使用这些平台,学生可以加深对 LLM 的理解,并掌握相关的技能和工具,为未来在人工智能领域的发展奠定坚实的基础,具体内容将在本章第四节详细介绍。

在这个过程中,还应关注 LLM 的应用限制和伦理问题。大型语言模型的训练和应用可能涉及大量数据和计算资源,同时也可能存在隐私和公平性等方面的问题。因此,教育工作者需要引导学生正确使用这些技术,并关注其潜在影响,帮助学生树立正确的价值观和伦理意识。

综上所述,LLM 的兴起对传统人工智能教育带来了全新的挑战和机遇。为了确保学生在大型语言模型时代能够具备必要的知识和技能,教育工作者需要积极适应新趋势,培养学生与大型语言模型有效交互和应用的能力,教学内容、方法和学习工具也需要相应调整,以适应基于 LLM 的教学方式的改变,为学生的学习和成长提供有益的引导和支持。

5.2 面向大型语言模型的知识体系

随着 LLM 不断发展和改进,未来人工智能基础教育将更加注重培养学生的创造力、批判性思维和解决问题的能力。为使教师和学生做好适应新技术的准备，诸多国际组织、政府以及教育社会机构开展了基于 LLM 的人工智能支持计划和培训课程。通过这些支持计划和培训课程，学生能够接受与人工智能相关的培训，掌握人工智能的基本概念和技能，为未来的职业发展做好准备。整体而言，这些支持计划和课程在课程目标与内容、课程结构和评价两个方面与传统的 AI 教育有较多的差异。

5.2.1　课程目标和内容

与传统的人工智能基础教育课程相比，面向 LLM 的人工智能基础教育内容也在发生变化。各种 MOOC 平台、高等学校以及基础教育部门都相应地推出了一些新的基于 LLM 的课程。这些新课程更加关注 LLM 的推理、总结、生成和问答等能力，也会包括模型训练过程以及提示学习、少样本学习等方法。

1. MOOC 平台课程

一些社会机构和 MOOC 平台反应迅速，纷纷推出面向公众的通识课程，这些课程可以分为知识理论和实践应用两种类型。如图 5-2 所示，edX 平台较早发布了有关 LLM 的相关课程，以这 3 门课程为例，我们从知识理论和实践应用两个角度可以解析这些课程在目标和内容方面的特点。

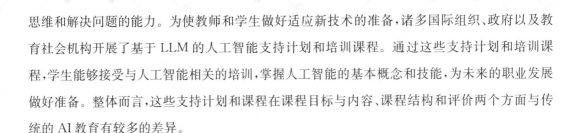

图 5-2　edX 平台上发布的 LLM 课程

在知识理论方面，"大语言模型：从头开始建立基础模型"（Large Language Models：Foundation Models from the Ground Up）课程深入探讨了自然语言处理（NLP）中基础模型的细节。学习者将学习基于 Transformer 的模型（包括 BERT、GPT 和 T5）的原理和应用，以及导致 ChatGPT 等应用程序关键突破的知识和技术。具体的课程目标和教学大纲如表 5-1 所示。

表 5-1 "大语言模型:从头开始建立基础模型"课程内容介绍

大语言模型:从头开始建立基础模型
课程目标: • 了解基础模型背后的理论,包括注意力机制、解码器和编码器,以及这些创新如何促成 GPT-4。 • 如何利用迁移学习技术(如单次学习和少次学习)以及知识蒸馏来减少大语言模型的规模,同时保持性能。 • 通过当前大语言模型研究和开发新的应用与主题,深入了解该领域的发展方向。
教学大纲: • 第 1 单元- Transformer 架构:Attention 和 Transformer 基础知识 • 第 2 单元- Transformer 内部 I:编码器模型 • 第 3 单元- Transformer 内部 II:解码器模型 • 第 4 单元-迁移学习和知识蒸馏 • 第 5 单元-大语言模型未来的方向

在实践应用方面,"大语言模型:从应用到生产"(Large Language Models:Application through Production)课程教授如何利用最新和最流行的框架构建以 LLM 为中心的应用程序。学习者将使用 Hugging Face(拥有大量数据集和训练模型等内容)来解决自然语言处理(NLP)问题,利用 LangChain(用于开发基于语言模型的应用程序开发框架)来执行复杂、多阶段的任务,并深入研究提示工程。学习者将使用数据嵌入和矢量数据库来增强 LLM 管道。此外,学习者将使用特定领域的数据对 LLM 进行微调,以提高性能和降低成本,并确定专有模型的优点和缺点。学习者也将评估使用 LLM 对社会、安全和道德方面的影响。最后,学习者将学习如何部署模型,利用 LLMOps 进行实践。在本课程结束时,学习者将建立一个端到端的 LLM 工作流程。具体的课程目标和教学大纲如表 5-2 所示。

表 5-2 "大语言模型:从应用到生产"课程内容介绍

大语言模型:从应用到生产
课程目标: • 学习使用流行的库将大语言模型应用于自然语言处理中的现实问题。学习在大语言模型的训练流程中,使用嵌入和向量数据库来添加领域知识和内存。 • 了解预训练、微调和提示工程的差别,并将这些知识应用于微调自定义聊天模型。 • 如何使用不同的方法评估大语言模型的效果和偏差。如何利用 LLMOps 实现大语言模型工作流和多步骤推理最佳实践。

续表

大语言模型:从应用到生产
教学大纲: • 第 1 单元-大语言模型的应用 • 第 2 单元-嵌入,矢量数据库和搜索 • 第 3 单元-多阶段推理 • 第 4 单元-微调和评估大语言模型 • 第 5 单元-社会与大语言模型:偏见与安全 • 第 6 单元- LLMOps

除了 LLM 的基础课程,有关 ChatGPT 的课程可以作为一个理论实践教学的重要补充和延伸。通过 ChatGPT 课程的设置,学生可以集中了解影响其性能的核心技术,同时通过案例学习直接体会 ChatGPT 在不同场景下的交互效果,并学会引导它完成各种任务。

edX 平台围绕 ChatGPT 也发布了有关系列专题课程,包括:ChatGPT 简介、提示工程和高级 ChatGPT,如何在业务中使用 ChatGPT,如何在教育中使用 ChatGPT,如何在技术/编码/数据中使用 ChatGPT 等,如图 5-3 所示。根据应用领域的不同,在此简要介绍两门代表性的课程。

图 5-3 edX 平台 ChatGPT 专题课程

"ChatGPT 简介"(Introduction to ChatGPT)课程让学习者探索 ChatGPT 的功能,并学习如何将其用于广泛的应用程序。学习者将全面了解 ChatGPT 的功能和局限性。通过对该课程的学习,学习者能够使用 ChatGPT 执行各种任务,例如总结和扩展某个主题、构建聊天机器人以及生成创意内容等。具体的课程目标和教学大纲如表 5-3 所示。

表 5-3 "ChatGPT 简介"课程内容介绍

ChatGPT 简介
课程目标：
• 了解什么是 ChatGPT 及其功能。
• 学习创建账户并开始使用 ChatGPT。
• 探索向 ChatGPT 提问的艺术以及处理不当查询。
• 通过自定义响应和调整语气来个性化您的 ChatGPT 体验。
• 发现 ChatGPT 的对话历史及其用法。
• 使用 ChatGPT 构建聊天机器人并将其与其他工具集成。
• 使用 ChatGPT 进行语言翻译，生成创意内容，发现新知识。
• 使用时了解 ChatGPT 的局限性和道德标准。
• 有效地设定提问的情境并充分发挥 ChatGPT 的潜力。
• 通过示例和练习与 ChatGPT 交互。
教学大纲：
• 第 1 单元- ChatGPT 入门
1.1　ChatGPT 介绍及其能力
1.2　在 OpenAI 中创建一个账户
1.3　ChatGPT 用途概览
1.4　ChatGPT 的局限性
1.5　向 ChatGPT 提问并从其回答中学习的艺术
1.6　如何使用 ChatGPT 对一个主题进行总结和扩展
1.7　处理滥用查询
• 第 2 单元-自定义 ChatGPT
2.1　通过自定义响应和调整语气来个性化与 ChatGPT 的对话
2.2　探索 ChatGPT 的对话历史并使用它来跟踪过去的对话
2.3　使用 ChatGPT 提高工作效率，如日程安排和任务管理
2.4　使用 ChatGPT 构建聊天机器人
2.5　将 ChatGPT 与其他工具集成，例如 Slack 和 Discord
• 第 3 单元-高级应用程序和最佳实践
3.1　使用 ChatGPT 进行语言翻译
3.2　使用 ChatGPT 生成创意内容
3.3　通过 ChatGPT 发现新知识
3.4　ChatGPT 的局限性以及使用时如何保持道德标准
3.5　最大限度地发挥 ChatGPT 潜力的最佳实践

　　"如何在教育中使用ChatGPT"（How to Use ChatGPT in Education）则是专门针对教育领域的课程，学习者将了解如何为学生创建个性化的学习体验以及自动评分和反馈。该课程还讨论在教育中使用 ChatGPT 的道德和法律考虑，并探索用于定制与其他教育工具集成的高级技术。具体的课程目标和教学大纲如表 5-4 所示。

表5-4 "如何在教育中使用 ChatGPT"课程内容介绍

如何在教育中使用 ChatGPT
课程目标： • 了解 ChatGPT 技术的基础知识以及如何将其应用于教育。 • 了解如何使用 ChatGPT 创建个性化的学习体验。 • 探索使用 ChatGPT 进行自动评分和反馈的高级技术。 • 了解在教育中使用 ChatGPT 的道德和法律考虑因素以及如何缓解任何潜在问题。
教学大纲： • 第 1 单元-介绍在教育场景中使用 ChatGPT 1.1 了解人工智能和大语言模型在教育中的影响 1.2 教育中 ChatGPT 的用例 1.3 在教育中使用 ChatGPT 的道德和法律考虑 • 第 2 单元-在教育场景下构建 ChatGPT 2.1 用于个性化学习的 ChatGPT 2.2 用于创建教育内容的 ChatGPT • 第 3 单元-教育场景中的高级 ChatGPT 技术 3.1 为教育应用程序定制 ChatGPT 3.2 实践：在教育中使用 ChatGPT

Coursera 平台也纳入了多个关于 ChatGPT 的课程，如范德堡大学提供了"ChatGPT 的提示工程"（Prompt Engineering for ChatGPT）。该课程主要介绍如何利用这些 LLM 工具的智能代理（如 ChatGPT），如何使用它们提高日常工作效率，并让学习者深入了解它们的工作原理。学生将从基本的提示开始，并朝着编写复杂的提示来解决任何领域的问题。经过课程的学习，学生将具有较强的提示工程技能，并能够在工作、商业、个人生活和教育中使用 LLM 来完成广泛的任务，如写作、总结、游戏、规划、模拟和编程。具体的课程目标和教学大纲如表5-5所示。

表5-5 "ChatGPT 的提示工程"课程内容介绍

ChatGPT 的提示工程
课程目标： • 如何应用提示工程来有效地处理大语言模型，比如 ChatGPT。 • 如何使用提示模式来挖掘大语言模型中的强大功能。 • 如何为你的生活、工作或教育创建复杂的基于提示的应用程序。
教学大纲： • 第 1 单元-课程介绍 • 第 2 单元-提示的介绍 • 第 3 单元-提示模式Ⅰ • 第 4 单元-Few-Shot 案例 • 第 5 单元-提示模式Ⅱ • 第 6 单元-提示模式Ⅲ

除了 LLM 和 ChatGPT 等课程，还有一些专注于特定技术或平台的课程，例如 Hugging Face 上的 Transformer 课程。如图 5-4 左侧的边栏所示，该课程致力于教授使用 Hugging Face 等工具和库进行自然语言处理（NLP）与机器学习任务。第 1 章至第 4 章介绍 Transformer 的主要概念，第 5 章至第 8 章教授 Tokenizers 和相关数据集的基础知识，第 9 章至第 12 章探讨如何使用 Transformer 模型来处理语音处理和计算机视觉中的任务。学生通过这些课程可以深入了解 Hugging Face 平台的功能和用法，学习如何使用预训练模型、构建和微调模型，以及如何处理自然语言数据等。这些课程旨在帮助学生在实践中应用 Hugging Face 等技术，提高他们在 NLP 和机器学习领域的技能和能力。

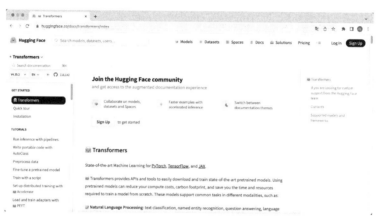

图 5-4　Hugging Face Transformer 课程

2. 大学通识课程

上述 MOOCs 平台的 LLM 课程提供方也包括高等教育机构，例如，美国密歇根大学在该平台上开设了免费公开课"ChatGPT 教学"，围绕"什么是 ChatGPT""ChatGPT 是如何工作的""使用 ChatGPT 的优点和缺点""使用 ChatGPT 的法律含义""社会、经济和教育对 ChatGPT 的反应"，以及"ChatGPT 如何融入未来社会"等展开教学。除提供在线教育资源外，这些高等教育机构也推出了面向大学生的 LLM 课程。

至 2023 年春季，美国普林斯顿大学、斯坦福大学和卡耐基-梅隆大学以及瑞士苏黎世联邦理工学院等著名大学，在其正式课程中已经开始设计和实施与 LLM 相关的通识课程。整体而言，这些课程同样面向 LLM 的知识理论与实践应用。

在知识理论角度，以普林斯顿大学的 COS-597G 课程为例。具体的课程目标和教学大纲如表 5-6 所示，该课程介绍了在过去的三四年里，LLM 如何彻底改变了自然语言处理（NLP）领域，强调它们是构成最先进的应用系统的基础，并在解决各种自然语言理解和生成任务中变得无处不在。由于 LLM 具有前所未有的潜力和能力,课程也额外关注这些模型带来新的道德和可扩展性等方面的挑战。整体而言,课程旨在涵盖围绕预训练语言模型的前沿研究主题,讨论它们的技术基础(BERT、GPT、T5、专家混合模型、基于检索的模型)、新兴功能(知识、推理、小样本学习、上下文学习)、微调和适应、系统设计,以及安全和道德。

表5-6 "普林斯顿大学 COS-597G 课程"内容介绍

普林斯顿大学 COS-597G 课程
课程目标: • 课程旨在帮助您为自然语言处理领域的前沿研究做好准备,特别是与预训练语言模型相关的主题。我们将讨论最先进的技术、它们的功能和局限性。 • 练习技能,包括阅读论文、进行文献调查、口头报告及提供建设性反馈。 • 通过项目获得实践经验,从集思广益到实施和实证评估以及撰写论文。
教学大纲: • 第1单元-什么是大语言模型 1.1　BERT(仅编码器模型) 1.2　T5(编码器-解码器模型) 1.3　GPT-3(仅解码器模型) • 第2单元-如何使用和训练大语言模型 2.1　利用提示进行少样本学习 2.2　利用提示进行参数高效的微调 2.3　情景学习 2.4　校准大语言模型的提示 2.5　推理 2.6　知识 • 第3单元-剖析大语言模型:数据、模型扩展和风险 3.1　数据 3.2　扩展 3.3　隐私 3.4　偏见Ⅰ:评估 3.5　偏见Ⅱ:缓解 • 第4单元-超越当前的大语言模型:模型和应用 4.1　稀疏模型 4.2　基于检索的语言模型 4.3　利用人类反馈训练语言模型 4.4　Code LM 4.5　多模态语言模型 4.6　零样本模型的多任务提示训练 4.7　AI 对齐＋公开讨论

从实践应用的角度，这些课程都涵盖了 LLM 的提示工程、LLM 的应用扩展和伦理。以斯坦福大学 CS324 课程为例，课程项目不仅要求学生通过设计提示来获得 GPT‐3 在自然语言推理方面的高准确性，还要求学生研究 GPT‐3 中社会群体关系的偏见、刻板印象和联想。除此之外，许多课程探讨使用 LLM 进行创新和解决实际问题，例如，卡耐基‐梅隆大学在设置专门的 LLM 课程之外，也发起了一项生成式人工智能创新孵化器的项目，旨在通过免费的教程、讲座、小组讨论和黑客马拉松等活动鼓励多领域学习者利用 LLM 进行社会创新。当然，有的课程更注重内容的系统性，例如，苏黎世联邦理工学院的 LLM‐s23 课程更是涵盖了从概率基础、建模基础到微调和推理等完整的知识体系。值得注意的是，几乎所有围绕 LLM 新增的课程中普遍重视 LLM 的应用伦理，说明 LLM 的快速应用所带来的社会问题已经引起高度重视。

3. 基础教育课程

随着基础教育领域对 LLM 的认识不断加深，也开始出现一些整合 LLM 的 AI 课程。例如，2023 年 6 月，香港教育局推出初中人工智能教材，将 ChatGPT 等前沿内容纳入课本。针对当下备受热议的生成式人工智能（包括 LLM），教材设计了一系列实践活动，包括安排学生扫描二维码进入 ChatGPT 镜像网站，向 ChatGPT 提问"什么是生成式人工智能""什么是大语言模型"，用 ChatGPT 生成诗歌、对联、求职信等文本，并讨论和评价输出结果等。

除公立教育系统的官方课程之外，高等教育机构也积极为中小学的 AI 教育提供开放的课程资源。这其中，美国麻省理工学院（MIT）是较为突出的课程提供方。例如，麻省理工学院媒体实验室的研究人员在 day of AI 系列课程中最新推出了"ChatGPT in School"课程内容，旨在向 K‐12 学生介绍人工智能及其如何改变他们的生活。本课程是 ChatGPT 的入门课程。首先，学生通过一起写故事来探索自己的创作过程。接着通过一系列教师主导活动，让学生了解 ChatGPT 是什么，它是如何工作的，以及它是如何生成故事和运用人类交流的方式进行对话的。最后，通过考虑 ChatGPT 的创作过程与学生自己的相似和不同之处，引导学生回答学校是否应该使用 ChatGPT 的原因和建议。

面向基础教育阶段的 LLM 相关课程仍处于萌芽期，还没有形成完善的课程体系，但初步的教学实践已经在多所中小学校园兴起。随着 LLM 的进一步成熟和应用，中小学教育工作者已经意识到相关知识的重要性，并主动探索将之融入校本教学体系。目前多采取讲座、主题展示等短时间段的启发性学习形式，通过案例解析、技术演示等方式推动学生对这一新兴技术的理解。

例如，2023 年 3 月在江苏省苏州市某小学举办了以 ChatGPT 为主题的科普讲座。讲座以聊天机器人为背景，介绍了人工智能历史上一些有名的聊天机器人，从而引出当前备受瞩目的

ChatGPT。在人工智能原理上，小学生们了解了与 ChatGPT 相关的图灵测试、中文屋、强人工智能、弱人工智能、机器学习、神经网络、深度学习以及强化学习等相关概念。另外，武汉市某中学也开展了面向高中生的 ChatGPT 相关的人工智能教学实践。在该校信息技术教师的指导下，课堂以"让机器读懂中文"为主题，通过真实的人机交互演练，使学生直观体会到 LLM 技术在文本理解方面的能力。

尽管当前面向基础教育阶段的 LLM 相关课程还没有普及，但这种前瞻性的教育实践预示着中小学教育正在积极拥抱新技术变革的趋势，LLM 相关知识很可能成为中小学人工智能教育的新兴内容。随着理论研究的深入，面向中小学阶段的 LLM 课程体系有望进一步丰富和完善。

根据对上述课程目标和内容的梳理，可以将教学内容划分为使用体验、知识学习、应用实践和应用伦理四个方面。

在使用体验方面，学生学习体验 LLM 的自然语言生成能力，以及当前这些模型的研究发展状况和应用方向，从而对 LLM 有直观的体验和理解。

在知识学习方面，课程重点介绍 LLM 的技术原理，包括 Transformer、注意力机制、编码器和解码器等基础知识。这些知识可以帮助学生全面系统地了解 LLM 的工作机制。

在应用实践方面，课程教授利用流行工具和库将模型应用于解决实际问题的技能。学生可以学习 LLM 及其使用方法、个性化调整以及在对话、翻译、创意等方面的具体应用。通过理论学习和编程实践，培养学生运用这些模型解决实际问题的能力。

在应用伦理方面，在享受科技便利的同时，课程引导学生关注模型的局限性和可能产生的负面影响。课程帮助学生在使用过程中形成良好的伦理意识，确保技术在服务和造福人类的前提下发展。

总体来说，面向 LLM 的全面系统教学需要从使用体验、知识学习到应用实践和伦理标准四个角度进行设计。课程既要重视理论知识也要注重实践应用，同时兼顾技能培养和伦理引导。

5.2.2　课程评价方式

课程结构和评价是人工智能教育中非常重要的一部分。随着 LLM 的发展，越来越多的研究者意识到，传统的笔试考核已经不能满足对学生综合能力的评价需求。因此，针对面向 LLM 的人工智能基础教育，评价方法也需要更加多样化和实践导向，如项目作业、实验报告、代码实现、团队项目等。这样的评价方法可以更好地反映学生的实际能力，并鼓励学生在实践中运用所学知识。

在面向 MOOC 平台和大学通识课程中，课程评价方式多以项目的形式来检验学生的学习情况。例如,edX、Coursera等MOOC平台的相关课程通常会要求学生每周提交代码作业,并在课程结束时完成一个综合项目,以评估学生的学习效果。许多大学通识课程也会让学生参与团队项目,通过开发实际应用来检验学生对技术和知识的运用能力。这种项目导向的评价方式有助于激发学生的学习兴趣,培养他们的创新思维和解决问题的能力。表5-7和表5-8列举了普林斯顿大学COS-597G课程和斯坦福大学CS324课程的具体结构和评价方式介绍。

表5-7 "普林斯顿大学COS-597G课程"结构介绍

普林斯顿大学COS-597G课程
课程评价方式: • 课堂参与(25%) • 演讲(30%) • 讲座反馈(5%) • 期末项目(40%)

表5-8 "斯坦福大学CS324课程"结构介绍

斯坦福大学CS324课程
课程评价方式: • 论文评审与讨论(20%) • 项目(2×40%=80%)

以上强调学生实践应用和解决实际问题的评价方式可以为中小学阶段的LLM相关课程提供借鉴。中小学课程也可以添加适龄的项目实践来评价学生,而不只是依赖传统的纸笔测试。

在课程结构和评价方面,面向LLM的人工智能教育更注重以下几个方面。首先,面向LLM的人工智能教育更加应用导向,注重项目实践和应用开发,帮助学生将知识应用到实际场景中。其次,课程评价更加注重学生的实际技能,如项目实现、代码编写能力等,而不仅仅是对理论知识的测试。再次,教学中会引入更多团队合作的内容,通过团队项目培养学生的协作能力。最后,这类课程也会加强对伦理和道德问题的教育,让学生对人工智能的影响有更多思考,培养负责任的应用态度。

总的来说,LLM的发展推动人工智能教育向更实际、技能化、协作化和负责任的方向发展。

5.3 基于大型语言模型的教学方法

在基础教育阶段,编程教学是人工智能教育的重要环节,传统的编程教学考虑到青少年的认知发展规律,对于人工智能算法以及相关的编程基础知识做了一定程度的简化,例如,运用"不插电"的实体教学资源或开发简易的编程教学平台以辅助青少年理解抽象的算法知识、数据结构等知识内容。这些以降低青少年认知负荷的教学方法取得了一定成效,但通常无法得到有效更新,针对的知识点也较为局限。近期,OpenAI 的 Codex、DeepMind 的 Alpha Code 以及亚马逊的 CodeWhisperer 等 LLM 已开始在各类编程教育中催生变革。LLM 正从代码生成和解释、问题解答和指导、个性化学习资源生成,以及编程学习评价等多个维度推进编程教学方法的变革。这些由 LLM 驱动的教学变革能够为青少年人工智能教育提供新的教学模式参考。

5.3.1　代码生成和解释

传统的算法教学通常会因学生难以掌握特定编程语言的语法和编程原理而被拖延,从而影响教学效果。学生可能在早期阶段就遇到语法和编程技巧的难题,导致对算法本身理解的深度和应用能力受限。

LLM 的出现改变了传统的算法教学和编程方式。LLM 可以在教学初期解决学生在编程语言方面遇到的困扰,帮助学生快速生成基本的代码框架,同时解释生成的代码,帮助学生理解代码的执行逻辑和优化策略。教师可以在教学初期更专注核心的教学目标,如教授算法和问题解决的技巧,而将语法和编程原理的教学留到后期。利用 LLM 的代码生成与解释能力,学生可以轻松获取基础代码,从而减轻学习的技术门槛,更早地进行实践和创造。

学生可以使用 LLM 请求生成特定的代码示例,来帮助自己理解和应用相关的编程概念和技术。简单来说,学生可以提供问题或具体的编程需求,LLM 将根据输入生成相应的代码片段。研究者评估了 ChatGPT 在本科 Java 编程课程中生成编码解决方案的能力。[①] 研究者使用课程编码练习指令作为输入,让 ChatGPT 生成评估的编码解决方案,例如要求学生学会在 Java 源文件的 main 方法中声明变量并应用条件和循环来实现逻辑,学习 Sum of Digits 方法,通过该方法返回该数字的所有数字之和。学生可以利用 ChatGPT 进行辅助学习,生成学习提示。ChatGPT 根据样本输入数据提供预期输出,以便学生理解。该研究展示了 ChatGPT 生成的两个解决方案,且两个方案都符合练习要求。

研究表明,LLM 是学生调试代码的宝贵资源,特别是当指令清晰直接时,所生成的解决方案是有效的。然而,值得注意的是,当指令较为复杂时,LLM 可能会生成部分不正确的解决方

---

① OUH E L, GAN B K S, SHIM K J, et al. ChatGPT, Can You Generate Solutions for my Coding Exercises? An Evaluation on its Effectiveness in an undergraduate Java Programming Course [J]. arXiv preprint arXiv:2305.13680, 2023.

案,例如生成复杂的表示作为输出。因此,教育工作者在使用 LLM 时,需要了解其特点,并开发相应的练习和评估方法,最大限度地减少学生抄袭的机会,并确保学生在使用 LLM 时能够真正理解和掌握编程知识。

与上述案例类似的是,库雷希等人讨论了在本科计算机科学课程中,特别是在基础编程课程的教学和学习中,使用 ChatGPT 作为学习和评估工具的前景和障碍。[①] 他们的研究对象是学习数据结构与算法课程(二年级课程)的学生。

该研究将学生分为两组,对照组 A 组可以获得编程课程的课本和笔记,但没有提供互联网接入。而 B 组的学生可以使用 ChatGPT,并被鼓励使用它来帮助解决编程挑战。挑战赛在计算机实验室环境中进行,使用的是在 ACM 国际大学生程序设计大赛(ICPC)中广泛使用的编程竞赛控制(PC2)环境。每个学生小组通过编写满足一定数量测试用例的可执行代码来解决问题,并根据成功通过测试用例的数量进行评分。研究结果显示,尽管使用 ChatGPT 的学生在获得分数方面具有优势,但是在提交的代码中存在不一致和不准确等情况,从而影响了整体表现。库雷希等人的研究结果表明,将人工智能纳入高等教育带来了各种机遇和挑战,大学可以通过对这些工具的实施采取积极和道德的立场来有效地应对这些担忧。

麦克尼尔(MacNeil)等学者探索了如何利用 LLM 生成高质量的代码解释。[②] 随着 LLM 的进一步发展,教师有望通过 LLM 制作更加系统的说明性案例,降低认知负荷,促进学习者更有效地学习。具体而言,麦克尼尔等人通过创建三种不同类型的解释即逐行解释、重要概念列表和代码的高级摘要,让学生能够通过点击代码片段旁边的按钮来查看解释,按钮显示解释并询问其实用性。结果显示,学生查看了所有类型的解释,大多数学生认为代码解释对他们有帮助。然而,学生参与程度因代码片段的复杂性、解释类型和代码片段长度而有所不同。

作为研究分析的一部分,麦克尼尔等人对 GPT-3 和 Codex 生成解释的性能进行了比较,认为 GPT-3 能够创造更高质量的解释。Codex 的解释往往偏离主题,通常包括随机生成的代码片段,有时还会提出一些修辞性的问题。总体而言,GPT-3 始终生成更有用的解释,并遵循标准结构。虽然 LLM 经常推荐少样本学习(Few-shot Learning),但研究观察到这对生成代码解释并不是特别有帮助。因此,两种 LLM 的回答都倾向于过拟合(Overfit)回答的结构。

---

① QURESHI B. Exploring the use of chatgpt as a tool for learning and assessment in undergraduate computer science curriculum: Opportunities and challenges [J]. arXiv preprint arXiv:2304.11214,2023.

② MACNEIL S, TRAN A, HELLAS A, et al. Experiences from using code explanations generated by large language models in a web software development e-book [C]//Proceedings of the 54th ACM Technical Symposium on Computer Science Education V. 1. 2023:931-937.

除此之外,研究者研究了学生如何评估同龄人生成的代码解释与人工智能模型生成的代码解释。通过比较学生创建的代码解释和 GPT-3 创建的代码解释,发现即使学生和 LLM 创建的代码解释在感知或实际长度上没有差异,学生对 GPT-3 创建的代码解释的准确性和可理解性的评价都更高。研究结果表明 LLM 创建的代码解释对正在练习代码阅读和解释的学生有用。随着基于 LLM 的人工智能代码生成器(如 GitHub Copilot)的出现,代码解释和评估的技能变得越来越重要,因为软件开发人员在未来的角色将会越来越多地评估 LLM 创建的源代码,而不是从头开始编写代码。

综合来看,LLM 的代码生成和解释能力为教学和学习带来了革命性的变革。LLM 在编程初学者面临难题时,可以提供快速生成代码框架和解释代码的强大支持,减轻了学习者在语法和技术上的负担,使他们能更早地投入实践与创造,使教师关注更高阶的学习指导。

5.3.2　问题解答和指导

在信息技术/人工智能教育领域,LLM 的应用对于问题解答和调试起到了重要的作用。通过 LLM,教师在传统编程教学中面临的困难如处理编程错误信息(Programming Error Messages, PEMs),得到了有效的解决。长期以来,PEMs 一直是困扰教师和编程新手的难题。教师通常需要花费大量时间和精力去解释 PEMs 信息,而学生由于 PEMs 的可读性差而失去学习动力。

研究者利用 LLM(例如 GPT-3),将 PEMs 信息转化为易于理解的自然语言,成为教学的有力工具,帮助学生更有效地从 PEMs 中学习。斯泽弗(Szefer)等人探索了 ChatGPT 在计算机工程入门课程中的表现。[①] 该研究通过对学生不借助 ChatGPT 编写的答案、学生借助 ChatGPT 生成的答案、使用 Python 脚本和 Open AI API 生成的答案三种形式来评估 ChatGPT 在回答入门级计算机工程课程中的测验、家庭作业、考试和实验问题方面的能力。在纯文本简短答案或编码问题的测试中,与需要图表的家庭作业或考试问题相比,对纯文本的作业 ChatGPT 更容易回答。而对于需要图表和数字的家庭作业与考试问题,ChatGPT 的答案可能不够准确,因为它不支持生成图形和方框图等内容。

研究显示,学生借助 ChatGPT 生成的答案普遍优于不借助该工具编写的答案,可以说明 ChatGPT 在辅助学生问题求解和调试方面具有较好的效果。另一方面,直接使用 ChatGPT web 界面和 OpenAI API 通常可以生成测验问题的正确答案。然而,家庭作业问题的答案就不那么

---

① SZEFER J, DESHPANDE S. Analyzing ChatGPT's Aptitude in an Introductory Computer Engineering Course [J]. arXiv preprint arXiv:2304.06122,2023.

准确了。这个结果可以归因于这样一个原因,即计算机工程入门课程不仅需要生成文本或代码,还需要使用图形、方框图、状态机图等辅助学生进行逻辑推演的学习工具。

此外,研究者分别就六门人工智能课程内容对 ChatGPT 进行了三轮测试,课程包括编程入门、数据结构、计算机组成原理、人机交互导论、计算机安全、算法设计与分析[①]。研究发现总体而言 ChatGPT 能够解决 61.5% 的问题。具体来说,在高级课程算法设计与分析中,它的表现低于其他课程,仅能完全解决 26.67% 的问题。

由于 LLM 能够熟练成功地解决计算机课程数据集当中超过 60% 的问题,学生可能会滥用和误用 ChatGPT 来简单地获取答案,而不去验证其准确性。为防止这种情况,研究者提出两种方法来帮助教师改善学生的使用行为。方法一是手动添加信息或上下文来误导或分散模型。在给定的问题中加入分散注意力的信息,误导 ChatGPT,使问题无法被 ChatGPT 解决,以防止潜在的误用。该方法的模板涉及对分散信息的操作和内容的操纵。"操作"包括追加、插入和编辑,而"内容"指的是与问题相关的概念性术语的定义、相关的同构信息和问题的补充上下文。这种方法的目的是防止学生简单地将问题复制粘贴到 ChatGPT 中以获得答案。方法二是让学生验证 ChatGPT 生成的答案。ChatGPT 的一个很大的限制是由于其固有的概率性质,其回答可能并不总是准确的。如果学生仅仅依赖 ChatGPT 提供的答案而不验证其准确性,他们可能会形成有缺陷的心智模型。然而,方法二则是利用这个限制来提高学生的学习经验,防止学生误用 ChatGPT。为了实现方法二,教师可以使用 ChatGPT 生成多个答案,将它们与基本事实进行比较,并确保至少有一个错误的答案。之后,教师可以将原始问题和 ChatGPT 的答案一起呈现给学生,然后重新表述问题,要求学生回顾 ChatGPT 中的问题和答案,区分正确和错误的答案,并证明最终答案是正确的。该方法旨在帮助学生减少肤浅地学习,并意识到错误信息,因为他们将从模型中评估正确和错误的答案。

因此,教师在使用 LLM 时也要保持警惕,以防止学生滥用和误用这个工具。教师应该指导学生正确使用 LLM,并强调其辅助性质,而不仅仅依赖于模型的答案。教师还可以监控学生的使用情况,提供适当的指导和反馈,以确保学生正确使用 LLM,并将其融入有效的学习过程中。通过正确引导和监督,避免其潜在的滥用和误用情况。

综上所述,LLM 在信息技术/人工智能教育领域中问题解答和指导方面的应用具有重要意义。通过正确引导学生,教师可以最大限度地发挥 LLM 的优势,帮助学生更好地理解和解决问题。

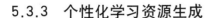

5.3.3　个性化学习资源生成

在信息技术/人工智能领域,新的技术和算法不断涌现,传统的教材和学习资源可能无法及时满足学生的需求,LLM可以作为生成学习资源的有力工具。教师和学生可以通过自然语言的方式提出学习资源的需求,如教程、文档、实验设计等,LLM则可以快速生成相应的学习材料,包括编程习题、教学案例、解释性文本和实践项目建议等,满足个性化学习需求,帮助学生及时掌握最新的知识,教师也可以利用这些资源来辅助教学,丰富课程内容,并提供学生所需的深入理解和实践机会。现有研究发现,利用LLM制作的学习资源如针对性的练习、抽象代码的解释以及说明性例子等,能够进一步提升计算机教育的学习效果。

沙萨(Sarsa)等人发现Codex模型能够从单一的启蒙例子中产生新的学习资源,包括编程练习题和代码解释。① 研究者尝试在编程课程中使用OpenAI Codex来创建编程练习(包括示例解决方案和测试用例)和代码解释,并对创建后的学习资源进行定性和定量评估。在创建编程练习阶段,沙萨等人探索了一系列创建编程练习的启动方法,最终确定了一个可靠的启动方法,需要包含一个问题描述、一个简单的解决方案和自动化测试。除此之外,研究者还探索了启动提示词中添加编程相关概念(如条件、循环)和上下文概念。

通过上述方法创建了240个编程练习后,研究者随机选择并评估了其中的120个。评估结果显示,利用LLM创建的编程练习在敏感性、新颖性和准备程度方面取得了显著的成果,为计算机教育的学习效果提供了进一步提升的可能性。

在创建代码解释阶段,类似于创建编程练习的方法,研究者探索了不同类型的启动方式,最终确定了得到不同类型代码描述的三种启动方式:(1)对代码的高级描述;(2)对代码的问题陈述式描述;(3)对代码的逐步解释。

通过这些方式,研究者成功创建了20个代码解释,并对其进行了评估。研究关注代码的每个部分是否都被解释了,以及每一行是否都被正确解释了。结果显示,从20个代码解释中,90%的代码解释涵盖了代码的所有部分,代码解释有174行逐行解释,其中117行(67.2%)是正确的。

尽管仍然存在一些准确性和质量问题(可以很容易地通过人工修复),但LLM在使用现成的简单解决方案和自动化测试创建新颖且合理的编程练习方面取得了显著的成果。可以预见,随着这些模型的不断发展,生成模型在计算教育实践和研究中的应用会随着时间的推移而得到

---

① SARSA S, DENNY P, HELLAS A, et al. Automatic generation of programming exercises and code explanations using large language models [C]//Proceedings of the 2022 ACM Conference on International Computing Education Research-Volume 1. 2022:27－43.

改善。

除了编程练习和代码解释,LLM 还可以帮助教师生成问题,用于作业、测验或考试。教师可以根据特定的教学目标和课程要求,通过设定问题和提供相关信息,让模型生成具有挑战性和实际意义的练习题。这将使教师更容易创建相关的问题和测试,确保问题的多样性和适当的难度,并节省时间。奥萨特(Ausat)等学者指出,ChatGPT 还可以用于自动创建问题和测试。[①] ChatGPT 具有理解自然语言和生成文本的能力,可以创建符合学生理解水平的差异化问题和测试。[②]

然而,同时也应该注意到,使用 LLM 生成学习资源也带来了一些挑战。研究表明,学生可能会发现使用 ChatGPT 生成的作业很有诱惑力,但这样做既不能帮助他们学习,也不能帮助他们在学术和专业上发展。因此,教育工作者需要确保学生不过度依赖人工智能,而是学会自主学习和思考。另外,教师使用 LLM 生成的答案需要进行评估和改进,以确保其准确性和质量。

综上所述,LLM 在信息技术/人工智能教育领域的个性化学习资源生成方面具有巨大的潜力。通过充分利用 LLM 的生成能力,教师和学生可以获得定制化的学习资源,从而提高学习效率和学习成果。然而,教育工作者需要在应用 LLM 的过程中注意平衡,以确保学生的学习体验和学术发展的全面性与可持续性。

5.3.4 编程学习评价

人工智能教育强调实践和项目实现的能力,因此对学习过程中实践项目的评价也是 AI 教育中的重要环节。LLM 对学习评价的变革方面具有较大的潜力。在传统编程入门课程中,学习者的评估主要关注代码的正确性,而忽视了代码的质量和风格。然而,通过向 LLM 提交代码片段,学习者不仅可以评估代码的正确性,还可以比较多个正确代码之间的差异,并对解决方案的风格和质量作出判断。这种侧重于比较、识别变化的评价方式,有助于编程新手解读编写代码的效率和方法的差异,从而促进他们在编程技能上的提升。

除此之外,LLM 还可以用于评估学生在开放性问题上的答案。对于这类问题,传统的教师评估往往面临着时间和精力上的限制,而且可能受到主观因素的影响。LLM 能够分析学生的回答并提供反馈,帮助教师更全面地了解学生的理解程度。教育反馈被广泛认为是提高学生学

① AUSAT A M A, MASSANG B, EFENDI M, et al. Can chat GPT replace the role of the teacher in the classroom: A fundamental analysis [J]. Journal on Education, 2023, 5(4): 16100 - 16106.

② COOPER G. Examining science education in chatgpt: An exploratory study of generative artificial intelligence [J]. Journal of Science Education and Technology, 2023, 32(3): 444 - 452.

习的有效途径,而 LLM 的应用使得教育者可以更灵活、高效地为学生提供个性化的反馈和指导。研究者对 LLM 在学生提案报告的反馈方面进行了深入研究。[①] 他们从五个方面对学生的提案报告进行文本反馈,并邀请三位专家,要求他们每个人通过 ChatGPT 或讲师使用五分制对每条反馈进行评分,总结出三个结论:(1)ChatGPT 能够产生比人类教师更详细、更流畅、更连贯的总结学生表现的反馈;(2)ChatGPT 在评估学生作业主题时与指导教师达成高度一致;(3)ChatGPT 可以对学生完成任务的过程进行反馈,有利于学生学习技能的培养。这些研究结果证明了 LLM 在学习评估中的潜力和价值,通过自然语言生成技术,LLM 可以生成比人类教师更详细、更流畅的总结学生表现的反馈。

LLM 在变革学习评价的同时,也促使教育机构和教育工作者重新审视教学内容和目标。通过将学生的编程作业和项目代码提交给 LLM 进行自动评估,教育工作者可以获得更全面、客观的学生评估和反馈。LLM 的自动评估能力可以辅助教育工作者更好地了解学生的学习进展和技能水平,为进一步优化教学和学习提供参考。

LLM 的出现正在引领人工智能教育的创新,从代码生成和解释、问题解答和指导、个性化学习资源生成,以及代码与学习评价等多个维度推动教学方法的变革。这些强大的语言模型为学生提供了更好的学习体验和支持,同时也促进了教育工作者在教学内容和形式上的不断更新与优化。

5.4　面向大型语言模型的学习平台

许多面向 LLM 的学习工具和平台提供了多样化的互动方式,以支持创作和探索的过程。无论是寻找创意的火花、生成个性化的提示,还是构建专业领域的知识库,这些工具为用户提供了面向不同应用场景的广泛支持。这些平台不仅可以发挥 LLM 的潜力,同时也是认识、理解、学习 LLM 的有力支持。部分工具和平台列表如表 5-9 所示,根据不同的功能,这些平台大致可以分为以下三种类型:

(1) 提示符生成/修改工具。这些工具旨在帮助用户生成或修改文本提示,以激发创造力、增强写作能力或优化对话流程。它们提供了各种功能,如生成多样化的提示、自定义提示的语

---

① DAI W, LIN J, JIN F, et al. Can large language models provide feedback to students? A case study on ChatGPT [EB/OL]. (2023-04-25)[2023-07-31]. https://ieeexplore.ieee.org/abstract/document/10260740.

气和风格,以及修改现有提示以满足特定需求。

（2）互动游乐场/探索工具。这些工具提供了一个互动的环境,让用户可以与 LLM 进行实时的对话和探索。通过与模型的交互,用户可以提出问题、请求帮助、创造故事情节,甚至进行虚拟角色扮演。这些工具旨在提供一个创造性的空间,让用户能够体验和探索 LLM 的潜力。

（3）专用提示平台/存储库。这些平台或存储库专门设计用于收集、共享和访问各种类型的提示。它们可以包含示例提示、行业特定的提示集合、最佳实践提示等,为用户提供一个集中的资源库,以帮助他们在使用 LLM 时更有效地生成有价值的内容。

表 5-9　面向 LLM 的学习工具

互动游乐场/探索工具	提示符生成/修改工具	专用提示平台/存储库
	BetterPrompt	
	ChatGPT Prompt Generator	
	ClickPrompt	
	EveryPrompt	
AI Test Kitchen	GPTTools	ChatGPT Prompt Hub
Chainlit	OpenPrompt	GPT Index
DreamStudio	Prompt Base	Lexica
EmergentMind	Prompt Engine	OpenICL
GPT Index	Prompt Generator for OpenAI's DALL-E 2	Scale SpellBook
Interactive Composition Explorer	PromptInject	sharegpt
OpenAI Playground	Promptmetheus	ThoughtSource
OpenPlayground	PromptPerfect	Hugging Face
Playground	Promptly	
LangChain	PromptSource	
	Promptist	
	Visual Prompt Builder	

注:有些工具同时具备不同类型的部分功能,不局限在某一类中。

5.4.1　互动游乐场/探索工具

对于一般用户,除了像 ChatGPT 这样面向公众的聊天工具之外,他们无法直接使用 LLM 的应用程序接口,通常需要借助具体的应用程序或者提示工具来使用 LLM。因此,对于刚入门的 LLM 学习者或一般用户而言,各种提示工具是了解 LLM 的主要途径。例如,GPT-3 Playground 是 OpenAI 的 GPT-3 API 的 Web 界面,也是许多学习者第一次接触 LLM 应用程序接口的工具。GPT-3 Playground 提供了一个简洁的界面,带有几个不同的参数拨盘,可以修改 GPT-3 的相应参数,并调试相应的输出。具体介绍如表 5-10 所示。

表 5-10　GPT-3 Playground 介绍

GPT-3 Playground	
描述	GPT-3 Playground 是一个基于浏览器的在线平台,允许用户与 GPT-3 进行交互和探索。它提供了一个用户友好的界面,使用户能够通过文本输入与 GPT-3 进行对话和询问问题。
主要特征	➤ 实时交互:用户可以即时与 GPT-3 进行对话和交流。 ➤ 文本输入:用户可以通过键入文本来与 GPT-3 进行交互。 ➤ 快速响应:GPT-3 Playground 提供快速的响应时间,使用户能够即时获得 GPT-3 的回答和生成的文本。 ➤ 参数调整:用户可以调整不同的参数和设置,以探索 GPT-3 的不同行为和输出结果。
用例	➤ 创意生成:用户可以使用 GPT-3 Playground 来获取灵感并生成创意文本、故事或诗歌等。 ➤ 学习和教学:教师和学生可以利用 GPT-3 Playground 进行教学实践、语言学习或智能辅助教育。 ➤ 娱乐和趣味:用户可以通过与 GPT-3 进行互动来获得乐趣,例如进行智能聊天或角色扮演游戏。 ➤ 知识提取:用户可以让 GPT-3 读取和总结文字,提取关键信息,生成知识卡片等,辅助知识管理。

　　同样,Dust 平台也具有类似的功能,它可以通过一系列提示来调用外部语言模型,并且提供了一个易于使用的图形界面来构建提示链,通过一组标准模块和一种自定义编程语言对语言模型输出进行解析和处理。具体介绍如表 5-11 所示。

表 5-11　Dust 介绍

Dust	
描述	Dust 平台是一个开放的大语言模型应用开发平台,旨在为开发者提供构建和部署语言模型应用的工具与资源。它为用户提供了一个创作和管理自己语言模型应用的环境。
主要特征	➤ 应用开发:Dust 平台允许开发者创建和部署自己的大语言模型应用程序,包括聊天机器人、文本生成工具和自动化助手等。 ➤ 模型管理:用户可以在平台上管理和维护自己的语言模型,包括上传和训练模型、优化性能和监控模型行为。 ➤ API 集成:Dust 平台提供了 API 接口,使开发者可以将语言模型应用集成到自己的软件和服务中,实现更广泛的应用场景。
用例	➤ 企业智能助手:开发者可以使用 Dust 平台构建自动化助手,为企业提供智能客服、信息查询和任务自动化等功能。 ➤ 内容生成工具:用户可以通过 Dust 平台创建文本生成工具,用于自动生成文章、报告和营销内容等。 ➤ 虚拟角色和游戏:开发者可以利用平台开发语言模型应用,创建虚拟角色和游戏,提供沉浸式的虚拟体验。

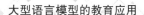

除此之外,Cohere 是一家专注于 LLM 的人工智能公司,它提供了一个通过 API 连接的平台 Cohere Platform,使开发人员能够完成以下两个任务:(1)利用 Cohere 预构建的 LLM 执行针对文本输入的常见任务,如总结、分类以及查找内容中的相似性等自然语言处理(NLP)任务;(2)在 Cohere 已经完成训练工作的基础上,创建开发者自己的语言模型,并且可以根据他们自己的训练数据进行定制。

与 GPT-3 Playground 不同的是,Cohere Platform 是一个更综合的平台,提供了更广泛的功能和工具,旨在帮助开发者构建和部署各种类型的自然语言处理(NLP)应用。它不局限于基于 LLM 的开发,还提供了其他 NLP 技术和工具的支持,例如文本分类、命名实体识别等。Cohere Platform 的目标是提供一体化的解决方案,帮助开发者轻松构建多样化的 NLP 应用。具体介绍如表 5-12 所示。

表 5-12 Cohere Platform 介绍

Cohere Platform	
描述	Cohere 平台是一个开放的大语言模型应用开发平台,旨在为开发者提供构建和部署语言模型应用的工具和资源。它为用户提供了一个创作和管理自己语言模型应用的环境。
主要特征	➤ 先进的 NLP 功能:Cohere 平台提供多种先进的 NLP 功能,包括文本分类、命名实体识别、情感分析、语义搜索等。 ➤ 预训练模型:该平台提供预训练模型,可进行微调和定制,以适应特定的应用场景,让用户能够充分利用大语言模型的能力。 ➤ 简便集成:Cohere 平台提供 API 和 SDK,方便与现有应用和工作流程无缝集成,使开发者能够轻松将 NLP 功能整合到项目中。 ➤ 可扩展性和性能:该平台经过设计,能够高效处理大规模的语言处理任务,确保处理大量文本数据时性能和可扩展性的优秀表现。
用例	➤ 客户支持自动化:Cohere 平台可用于构建智能聊天机器人和虚拟助手,理解并回应客户查询,提高客户支持的效率和满意度。 ➤ 内容分析与推荐:该平台能够准确分析文本内容,帮助企业提取有价值的见解,并根据用户的偏好和兴趣提供个性化推荐。 ➤ 情感分析与社交媒体监测:Cohere 平台帮助企业监测和分析社交媒体情感,以跟踪品牌声誉、识别客户情感,并有效回应反馈。 ➤ 语言翻译与本地化:该平台提供强大的语言翻译功能,促进多语言沟通,使企业能够为全球受众本地化其内容。 ➤ 知识提取与发现:Cohere 平台能够从非结构化文本中提取结构化信息,帮助企业创建知识图谱,并发现数据中有意义的联系和模式。

除此之外,用户也可以利用 LangChain 的模块来改善 LLM 的使用,通过输入自己的知识库来"定制化"自己的 LLM。LangChain 是一个用于开发由语言模型驱动的应用程序框架,如图 5-5 所示。总的来说,它是链接面向用户程序和 LLM 之间的一个中间层,旨在为用户提供一个探索和实验 LLM 的开发环境。LangChain 可以轻松管理与语言模型的交互,将多个组件链接在一起,并集成额外的资源,例如 API 和数据库。其组件包括模型(各类 LLM)、提示模板(Prompts)、索引、代理(Agent)、记忆等。它提供交互式代码编辑、模型可视化和实时协作等功能,允许用户交互地使用语言模型并开发应用程序。该框架旨在促进对语言模型功能的探索和理解,同时促进用户之间的协作和知识共享。

图 5-5　LangChain 主页

综上所述,这些工具对于 LLM 的学习者和一般用户而言,通常具备这样的作用:首先,让学习者了解如何生成面向具体下游任务的提示,以及如何将一些被广泛证明对 LLM 有效的提示策略应用到不同的下游任务中,如"思维链"(Chain of Thought Prompting)、"知识生成"(Generated Knowledge Prompting)、"从最少到最多"(Least to Most Prompting)等提示模式;其次,学习调试 LLM 的模型参数,围绕针对不同业务场景调整如 GPT-3/4 模型的 temperature(生成内容的发散程度)和 Top-K(在每一步中,模型将每个可能的下一个词的概率进行排名,只考虑排名前 K 的词进行随机选择)等参数;再次,通过一些工具可以学习如何将 LLM 与现有技术框架进行整合,例如利用 LangChain、Hugging face 等构建自己的应用;最后,一些工具可以基于开源 LLM 学习如何进行本地微调,针对特定任务在较小数据集上进一步训练 LLM,以提高 LLM 在专业任务上的表现。

5.4.2　提示符生成/修改工具

作为一种变革性技术,LLM 使得用户可以使用自然语言与其沟通,并且能够开发以前无法构建的应用程序,但是这一切要建立在有效的提示基础上。然而,由于模型可能生成不准确或不当的文本,提示工程(prompt engineering)引起了社会不同领域的广泛关注。提示工程通过设计和构建输入提示来控制 LLM 的输出,从而提高生成文本的准确性和可靠性,为各种应用场景提供更好的效果和体验。因此,提示工程的背景和意义在于优化输入提示,引导 LLM 生成更加准确、可靠、符合预期的输出文本,从而更好地发挥其优势和价值。

为了帮助用户优化输入提示并提高 LLM 的输出质量,提示符生成/修改工具应运而生。例如,BetterPrompt 是一种通过提供更明确的指令或提示来提高语言模型(如 ChatGPT)的性能和控制的技术。它包括改进给予模型的初始提示,以实现所需的输出或生成更准确的响应。具体介绍如表 5 - 13 所示。

表 5 - 13　BetterPrompt 介绍

BetterPrompt	
描述	该工具旨在改善 Midjourney 提示。这种多功能解决方案支持 100 种语言来满足全球受众的需求,帮助用户跨各种平台和环境创建更好、更具吸引力的提示。
主要特征	➢ 人工智能提示增强:借助人工智能生成更好的提示。 ➢ 多语言支持:能够创建 100 种不同语言的提示,以满足不同受众的需求。 ➢ 易于使用:快速方便地改进 Midjourney 及以后的提示。
用例	➢ 通过更有效的提示促进参与。 ➢ 增强您对各种平台和环境的提示。 ➢ 为全球观众制作引人入胜的提示。

再如 Promptify Editor,它允许用户为语言模型创建和定制提示的工具。它提供了提示编辑、预览和微调等功能,使用户能够根据他们的特定需求和期望的模型输出制作提示。具体介绍如表 5 - 14 所示。

表 5 - 14　Promptify Editor 介绍

Promptify Editor	
描述	Promptify 是一种创新的 AI 工具,旨在激发创造力并为作家和其他有创造力的个人提供灵感。通过生成独特且具有视觉吸引力的提示,Promptify 帮助用户克服创意障碍并发现新想法。
主要特征	➢ 美观的提示生成:创建视觉上吸引人的提示以激发创造力。 ➢ 头脑风暴协助:克服创意障碍并产生独特的想法。 ➢ 写作提示:接收针对各种写作类型和风格量身定制的提示。 ➢ 创意灵感:探索新视角,拓展创意视野。

续表

Promptify Editor	
用例	➢ 小说、短篇小说、诗歌或其他文学作品寻求灵感的作家。 ➢ 为文章、博客文章或社交媒体内容寻找新鲜创意的内容创作者。 ➢ 需要音乐创作、电影剧本或艺术项目灵感的创意人士。

除此之外,作为一款强大的 ChatGPT 插件,Prompt Perfect 也能够通过重新措辞用户输入来提高 ChatGPT 模型的响应质量。Prompt Perfect 能够对用户输入进行评估,从而在必要时将其转换为更清晰、更具体和上下文相关的提示。利用 GPT 模型进行重新措辞,Prompt Perfect 能够提供更准确、有针对性的回答,从而增强 ChatGPT 的表达能力和语义理解。

5.4.3　专用提示平台/存储库

为了满足不同用户对提示工程的需求,专用提示平台/存储库应运而生。这些平台和存储库都为用户提供了一个集中管理和共享提示的环境,使他们能够快速访问并找到适用于特定场景和任务的优质提示。通过这些平台和存储库,用户可以浏览和发现各种类型的提示,包括已验证的、经过优化的和针对特定用途的提示。这为用户节省了时间和精力,同时提供了一个共享和学习的社区,促进了提示工程的不断进步和创新。不论是初学者还是专业人士,这些专用提示平台/存储库都为用户提供了一个宝贵的资源,帮助他们在 LLM 的应用中发挥最佳效果。例如,ChatGPT Prompt Hub 是一个收集和共享专门为 ChatGPT 设计的提示平台或存储库。它为用户提供了广泛的预定义提示,可用于生成特定类型的响应或参与特定的会话风格。具体介绍如表 5 - 15 所示。

表 5 - 15　ChatGPT Prompt Hub 介绍

ChatGPT Prompt Hub	
描述	一个在线社区平台,旨在让用户发现、分享各种令人惊叹的 ChatGPT 提示和对话并从中获得灵感。该平台汇集了一系列精选的 ChatGPT 提示,使用户能够探索并贡献各种不同的对话想法。
主要特征	➢ 提示发现:用户可以探索各种 ChatGPT 提示,发现新的对话想法。 ➢ 提示管理:用户可以管理自己的 ChatGPT 提示个人收藏,组织和保存提示以供将来参考。 ➢ 提示分享:用户分享自己的 ChatGPT 提示,为社区作出贡献并激励他人。 ➢ 协作社区:ChatGPT Prompt Hub 培育了一个协作社区,用户可以在其中交流想法并在创造性方面相互支持。

续表

	ChatGPT Prompt Hub
用例	➤ 创意灵感：用户可以利用 ChatGPT Prompt Hub 为自己的 ChatGPT 对话寻找灵感，激发创造力并探索新的对话想法。 ➤ 知识交流：该平台促进用户之间的知识和想法交流，使他们能够互相学习并发现 ChatGPT 提示的创新方法。 ➤ 社区参与：ChatGPT Prompt Hub 充当 ChatGPT 社区的中心，为用户提供与志趣相投的人互动、分享他们的工作以及协作开展新项目的空间。

应用较为广泛的 Hugging Face 是一个开源社区，它提供了先进的 NLP 模型、数据集以及其他便利的工具。如图 5-6 所示，Hugging Face 可以提供模型、数据集、课程、文档等资源，目前已经共享超 10 万个预训练模型和 1 万个数据集，类似于机器学习界的 GitHub。

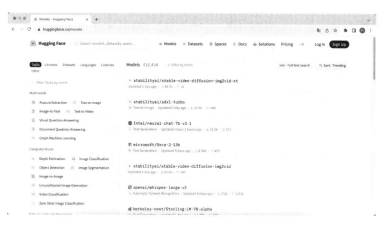

图 5-6　Hugging Face 页面

为了建立 ChatGPT 和 Hugging Face 之间的连接，浙江大学和微软亚洲研究院的研究人员设计了一种名为 HuggingGPT 的框架，旨在通过将大型语言模型作为控制器来管理现有的人工智能模型以解决复杂的人工智能任务。用户通过自然语言给定一个任务，HuggingGPT 能够帮用户自动分析需要哪些 AI 模型，进而直接调用 Hugging Face 上的相应模型，帮助用户执行并完成任务。同样的工具还有阿里云推出的 LLM 调用工具——魔搭 GPT（ModelScopeGPT）。通过这一款工具，用户可以通过一键发送指令调用魔搭社区中的其他人工智能模型，从而实现大大小小的模型共同协作，进而完成复杂的任务。对比而言，HuggingGPT 更注重开源共享，ModelScopeGPT 更侧重中文场景。二者都对原 GPT-3 模型进行了增强和优化，提供 API 接口进行访问。

值得注意的是,华东师范大学近期发布了 EduChat 教育领域对话大型语言模型,由华东师范大学计算机科学与技术学院的 EduNLP 团队研发,旨在助力实现因材施教、公平公正、富有温度的智能教育,服务于广大老师、学生和家长群体。该 LLM 主要分为三个学习阶段:首先融合了上千本心理、古诗等书籍教材进行预训练,然后采用清晰的 400 万条面向基础任务的多样化中文指令,以及 40 万条面向教育特色功能的高质量定制指令进行多步微调,最后基于心理学专家和一线教师反馈进行价值观对齐学习。该 LLM 在开放问答、作文批改、启发式教学和情感支持等教育特色功能方面取得了显著提升。

在人工智能基础教育方面,考虑到中小学生的特点和认知发展规律,教育决策支持系统应提供定制化建议,以帮助决策者制定适合学生实际水平的教学计划并落实执行,从而实现教学的个性化。华东师范大学教育技术学系陈向东教授团队推出了基于 AIGC 的教育决策支持工具平台(GPT-Edu4Sight)和基于 LLM 的人工智能课程辅助教学平台(LLM 4 KIDS)。用户可以通过 GPT-Edu4Sight 平台与 LLM 进行交互,从而获得教育决策支持方案,并设计更优质的教育规划进行实施。借助人工智能课程辅助教学平台,用户则可以开发和体验人工智能基础教育课程。

需要指出的是,各类 LLM 学习平台为人们学习上述内容提供了极大的便利条件,并体现了用"LLM"学"LLM"的特点。这些面向学习者工具的出现和应用为建设基于 LLM 的人工智能课程学习平台提供了借鉴价值,有助于学习者认识、应用、理解、开发和训练 LLM。

5.4.4　辅助编程工具

LLM 辅助编程工具的出现为学生提供了一个高效学习的环境,帮助学生积极探索和实践编程技能。通过交互,学生能够得到即时的代码生成和代码解释文本,从而深入理解代码的逻辑。基于 LLM 的辅助编程平台能够帮助学生在编程学习过程中建立自信,提高学习兴趣以及快速掌握基础的编程知识。这里介绍一些使用较为广泛的辅助编程平台。

aiXcoder 作为国内自研的智能化软件开发工具,能够实现代码生成、代码补全、代码搜索和代码纠错等功能,从而达到提升用户开发效率与代码质量的效果。图 5-7 为使用 aiXcoder 生成 Dijkstra 算法代码的示例。

借助 aiXcoder 的支持,用户可以摆脱传统的"逐字逐句"编程操作,aiXcoder 可以智能地预测程序员的意图,并自动完成"接下来的代码片段"。程序员只需要点击一个按钮就可以确认生成的代码,从而大幅提高编码效率。在编程语言方面,aiXcoder 目前支持 Java/Python/C++/Go/JavaScript/TypeScript 等语言,未来还将支持 PHP/C♯ 等更多语言。在安全性方面,

图 5 - 7　aiXcoder 代码生成示例

aiXcoder 完全离线工作，不会将用户的代码上传到云端，保证了用户代码的安全性。它还提供了代码搜索引擎，帮助用户在 GitHub 上搜索 API 的使用案例。

　　Copilot 是一款由 OpenAI 开发的代码自动补全和建议工具，旨在帮助程序员更快速、更高效地编写代码。[①] 它使用了深度学习模型和人工智能技术，从数亿行开源代码中学习，以此为基础为用户提供自动补全、语法纠错、代码格式化等功能。它可以与多种集成开发环境（IDE）和文本编辑器（如 Visual Studio Code、Atom 等）配合使用，通过与用户一同编辑代码，提供与当前正在编辑的代码相关的智能提示和自动补全建议，大大提高了编码效率。同时，Copilot 还支持多种编程语言，如 Python、JavaScript、TypeScript、Go 等。用户在编辑器中输入代码时，Copilot 通过分析上下文、理解用户的意图，以及从学习的海量代码中获得的知识，提供智能提示和建议，以此帮助用户快速编写高质量的代码。同时，Copilot 还可以学习用户的编程风格和偏好，更好地为用户提供个性化的建议。

　　用户可以通过交互式提问，用英文简要地说明自己想要的功能，从而自动输出相应的代码和注释。另外，用户还能在编程过程中进行提问，Copilot 会总结上下文代码，提供一个它认为合理的解释。

　　除此之外，Cursor 编辑器也是一款与 OpenAI 合作开发的基于 GPT - 4 的编程辅助工具，能够为用户在编写代码和解决问题过程中提供强大的支持，如图 5 - 8 所示。[②]

---

①　GitHub. GitHub Copilot [EB/OL]. [2023 - 08 - 02]. https://github.com/features/copilot.

②　Cursor Innovation Inc. Cursor [EB/OL]. [2023 - 08 - 02]. https://www.cursor.so/.

图5-8　Cursor平台AI问答功能

Cursor平台丰富的功能和易用性使得它成为初学者的首选。它具有以下几个特点：首先，它支持多种文件类型，可以处理各种主流编程语言的代码文件；其次，它提供实时的智能编程提示和生成功能，大幅提升了编程效率；最后，它拥有许多优化编程体验的实用功能，如语法高亮、自动格式化、自定义快捷键等，可以减少编程时的麻烦，提高代码可读性。

2023年7月9日，OpenAI的语言模型ChatGPT推出了新功能：代码解释器（Code Interpreter）。代码解释器扩展了ChatGPT的功能，为用户带来了更好的交互式编程体验和强大的数据可视化功能。它可以用于分析数据、创建图表、编辑文件、执行数学运算等方面。用户只需要用自然语言向ChatGPT下达指令，便可以完成需要复杂编程技术的任务。OpenAI联合创始人格雷格·布罗克曼（Greg Brockman）在推特上展示了代码解释器强大的数学运算和制图能力，例如，运用该功能绘制散点图。

用户同样能够通过ChatGPT和New Bing交互问答的形式实现辅助编程的功能，然而不同的AI辅助编程工具也有各自的优点和不足。例如，aiXcoder能够较好地减少不规范代码的引入，然而却存在提示较慢和延迟较高的问题。表5-16简要列举了上述几个工具的优点和不足。

表5-16　不同AI辅助编程工具的优缺点

工具	优点	不足
aiXcoder	➢ 对于相对固定的场景，代码提示效果不错。 ➢ 减少开发人员简单的重复劳动，减少无关信息干扰。 ➢ 版本更新速度较快。	➢ 提示较慢，延迟较高。 ➢ 代码预测功能不够准确，会提供错误提示的代码和变量。
Copilot	➢ 可以学习项目中的代码风格，能够较好地利用上下文信息。 ➢ 擅长网络上公开的代码段落和实现方式。 ➢ 支持多种编程语言。	➢ 所有代码上传微软云端，可能存在隐私问题。 ➢ 欠缺对复杂代码逻辑的理解能力。

工具	优点	不足
Cursor	➤ 免费的 AI 辅助编程工具。 ➤ 支持多种编程语言。	➤ 服务器不稳定,不支持插件。 ➤ 基础功能缺失,如文件类型没有高亮区分。
代码解释器	➤ 拥有文件上传功能。 ➤ 强大的数据可视化能力。	➤ 算力和运营时间有限。 ➤ 缺少一些中文支持。 ➤ 实时交付,网络访问限制。
ChatGPT	➤ 不依赖代码项目,随地可用。 ➤ 对于代码方面的回答具有特殊的调优效果。	➤ 相较于 Copilot,无法全程辅助编码和缺乏较好的上下文能力。
New Bing	➤ 不依赖代码项目,类似于 ChatGPT。 ➤ 能够提供符合问题上下文的推荐提示。	➤ 无法解决不常见的复杂代码设计题。

总的来说,基于 LLM 的辅助编程工具在人工智能基础教育中发挥着重要的作用。在基础教育阶段,学生通常对人工智能相关的知识和技能仅有初步的认知,尤其是学习编程方面,教师也需要应对不同学生的学习差异。毋庸置疑,基于 LLM 的辅助编程工具为人工智能基础教育带来了创新和变革。编程辅助工具可以为学生和教师提供有针对性的学习支持和教学资源,促进学生学习兴趣的培养和教师教学质量的提升。

LLM 的出现和发展促进了人工智能基础教育的变革与创新,人工智能基础教育应考虑学生认知发展特点,努力构建适合不同学段的人工智能课程体系、教学方法和学习评价方式。

第6章

教育应用的伦理

面对大型语言模型(LLM)飞速发展,许多商业机构例如教育科技公司 Duolingo 和 Quizlet,迅速将类似 ChatGPT 的功能整合到它们的应用中,为用户提供更智能的学习支持。另一方面,学历教育体系对 LLM 的接纳却较为谨慎。全球许多高等教育机构在 ChatGPT 发布不久后便发布了详细的使用指南和监管办法,限制学生在特定的学习环境中使用这些工具。美国 K-12 教育系统甚至广泛地禁止访问 ChatGPT 网站。[1][2] 这种对 LLM 的迟疑和观望反映了公众对 AI 技术突破带来不确定性的担忧。一方面,LLM 的泛化能力使得 AI 系统能够执行更复杂、更广泛的下游任务。另一方面,AI 的快速发展也带来了许多伦理问题,这些问题影响到了广大 AI 服务的使用者,包括在教育领域。

由于 LLM 技术本身的特点,其"涌现"的智能处于一种灰箱的状态,无论是 OpenAI 的 GPT

① SHEN-BERRO J. New York City schools blocked ChatGPT. Here's what other large districts are doing [EB/OL]. (2023-01-07) [2023-07-01]. https://www.chalkbeat.org/2023/1/6/23543039/chatgpt-school-districts-ban-block-artificial-intelligence-open-ai.

② NOLAN B. Here are the schools and colleges that have banned the use of ChatGPT over plagiarism and misinformation fears [EB/OL]. (2023-01-30) [2023-07-01]. https://www.businessinsider.com/chatgpt-schools-colleges-ban-plagiarism-misinformation-education-2023-1?op=1.

还是 Meta 公司已经开源的 LLaMA,其内在机制并未被充分认识,这也引发业界对于 LLM 应用伦理的广泛关切:如何保证 LLM 在处理用户信息时的安全性;如何避免模型在预训练时因数据集的不完整生成有偏见的内容;如何确保用户能够理解模型的决策过程以及生成内容的合规;如何保障这类生成式 AI 的安全可控等。这些都是 LLM 应用,尤其在教育领域应用无法回避的问题。

2023 年 3 月 22 日,埃隆·马斯克(Elon Musk)、史蒂夫·沃兹尼亚克(Steve Wozniak)等 1 000 多位著名技术专家、研究人员联名签署了一份在线请愿书,敦促 OpenAI 公司暂停训练比 GPT - 4 更为强大的人工智能系统,并呼吁政府监管,以使现有系统更为准确、安全、透明、稳健等①,这一举措把 AI 的应用伦理问题再一次推到了公众面前。与此同时,OpenAI 的首席执行官萨姆·奥尔特曼(Sam Altman)2023 年 5 月首次在美国国会就人工智能技术的潜在危险参加听证会,呼吁政府对生成式人工智能进行监管和干预。② 这些重大社会事件都表明 LLM 已经引发深刻的伦理、社会和政策问题。随着 LLM 规模的进一步扩大和应用领域的不断拓宽,这些问题可能会变得更加复杂和迫切。因此,研究机构和媒体也呼吁对大型语言模型的潜在伦理问题和风险进行快速审查,以便教育、医疗等公共领域的从业者能够更清晰地理解这些模型,从而更有效地建立应用 LLM 的实践策略。

本章首先全面梳理 LLM 发展历程中产生的社会影响,解读 LLM 发展中的标志性事件,进而结合 LLM 的技术特点探讨应用伦理中的关键议题——数据隐私、风险行为、可解释性和透明度。在此基础上,提供对全球各国和地区、产业界生成内容法规监管动向的详细分析,梳理当前教育领域对 LLM 应用伦理的举措,旨在为教育从业者如何更好地应对 LLM 引发的数字化变革提供参考。

6.1 大型语言模型的演变及其社会影响

20 世纪 50 年代以来,语言模型经历了漫长的发展和演变。这个过程可以大致划分为三个主要阶段:基于规则的系统、统计模型以及神经网络。早期的语言模型原型是基于规则的系统,

---

① future of life. Pause Giant AI Experiments: An Open Letter [EB/OL]. (2023 - 03 - 22) [2023 - 07 - 01]. https://futureoflife.org/open-letter/pause-giant-ai-experiments/.

② Sia. OpenAI CEO 历史性亮相国会山,呼吁监管 AI[EB/OL]. (2023 - 05 - 18)[2023 - 07 - 01]. https://www.thepaper.cn/newsDetail_forward_23116552.

例如 ELIZA 和 SHRDLU。统计模型的出现标志着该领域的重大转变。其中,N-gram 模型是最常见的统计模型之一,该模型依据前 n−1 个词来预测文本序列中的下一个词。[1] 此后,神经网络和深度学习的引入为语言模型带来了重大进步。例如,循环神经网络(Recurrent Neural Networks,RNNs)是首批被用于自然语言处理(NLP)任务的神经模型,能够处理长度可变的序列。

2017 年,瓦斯瓦尼(Vaswani)等人发表的开创性论文《注意力足矣》(*Attention is All You Need*)引入 Transformer 架构,这标志着 NLP 任务神经网络模型发展的一个重大里程碑。[2] 该架构利用自注意力机制(Self-Attention Mechanism)有效地解决了长距离依赖,同时也避免了梯度消失等问题。2018 年 10 月,Google 发布的基于 Transformer 的 BERT 模型进一步提升了语言模型的性能,通过预训练和微调(Pre-train and Fine-tune)的策略,大大提升了模型在各种 NLP 任务上的效果。

Transformer 架构在计算上的高效性和良好的泛化能力使其迅速取代 RNN 成为 LLM 的主流训练框架,也激发了更多的研究和实践应用,促成如 GPT(Generative Pretrained Transformer)系列模型的出现,尤其是现象级应用 ChatGPT 聊天机器人背后所使用的 GPT-3 和 GPT-4 模型,使 LLM 的规模和性能达到了新的高度。

LLM 在自然语言处理任务上展示了巨大的潜力,随着这些模型在各种应用中的广泛使用,它们对社会的影响,以及伴随而来的伦理问题也变得日益明显。为了更深入地了解这些问题,本章将回顾 LLM 从 2017 年至 2023 年的发展,并重点关注其在社会和伦理方面的影响。

6.1.1　2017 年—2022 年 10 月

如图 6-1 所示,从 2017 年开始,LLM 的发展经历了一系列的重要里程碑。

Transformer 架构的提出,对后续 LLM 的开发产生了深远影响。在此后 2018 年至 2020 年间,LLM 的发展主要集中在技术进步和架构创新上:2019 年,GPT-2 和其他模型如 RoBERTa、XLNet 的发布,进一步推动了该领域的发展;2020 年,OpenAI 发布了具有 1 750 亿个参数的 GPT-3,成为当时世界上最大的语言模型。

在这几年中,LLM 在各种实际应用中的效果得到了验证,比如 OpenAI 的 GPT-3 在新闻编写、法律咨询等领域的成功应用。但同时,人们也开始对这些模型可能带来的问题产生关注,如模型的闭源政策,语言模型是否具有智能以及训练模型可能产生的负面影响等。

---

[1]　Medium. Evolution of Language Models [EB/OL]. (2023-02-06) [2023-07-24]. https://ai.plainenglish.io/evolution-of-language-models-cce8f6bf19a0.

[2]　VASWANI A, SHAZEER N, et al. Attention is all you need [J]. arXiv. 2017,1706.03762.

2017	·论文《注意力足矣》（*Attention is All You Need*）提出了Transformer架构，这对大型语言模型的开发产生了重大影响。Transformer架构完全依赖于注意力机制并消除了重复和卷积，已经成为自然语言处理和其他领域许多最先进模型的基础。
2018	6月：OpenAI发布了关于"Generative Pre-Trained Transformer"（GPT）模型的论文，这为未来的生成式人工智能模型奠定了基础。 10月：Google推出了BERT-Large，这是一种用于自然语言处理的预训练Transformer模型。
2019	2月：OpenAI发布了GPT-2，该模型使用了16亿个参数进行训练，展示出了生成连贯且类似人类文本的能力。由于OpenAI没有公开完整的模型和训练数据，这一举措引发了关于模型滥用的争论。 ·XLNet在一个包含超过10亿个单词和5.7亿个参数的数据集上进行了预训练，其表现超越了BERT模型。 8月：Facebook AI推出了RoBERTa，这是一个对BERT模型进行了强化优化的版本。
2020	5月：OpenAI发布了GPT-3，这是当时最大的语言模型，拥有1 750亿个参数。 9月：OpenAI授予Microsoft其GPT-3语言模型的独家许可权，这一决定引发了人们对该技术可访问性的担忧。 10月：研究者在《自然》杂志上撰文表示Google训练的癌症检测系统隐藏了关键的技术细节，可能会显著影响其在医疗领域的表现。
2021	1月：OpenAI发布了DALL-E，这是一个拥有120亿个参数的GPT-3版本，可以根据文本描述生成图像。 2月：Google发布了下一代语言模型Transformer-X，其速度比基础T5快7.5倍。 5月：Google推出了语言模型对话应用程序（LaMDA）神经语言模型。 11月：为OpenAI公司标注负面互联网的标注师实得工资约为每小时1.32~2美元，这些员工位于肯尼亚的一家名为Sama的外包公司。 12月：OpenAI发布了WebGPT，这是一种微调过的GPT-3模型，用于网络浏览器，可以回答开放式问题，并提供引用和链接源。
2022	4月：Google推出了Pathways语言模型（PaLM）。 7月：机器学习开发者Hugging Face推出了BigScience Large Open-science Open-access Multilingual（BLOOM）语言模型，该模型在开源数据库上进行了训练。 7月：Google工程师布雷克·勒莫因（Blake Lemoine）因声称本公司研发的代号为LaMDA的大语言模型有知觉而被解雇。

图6-1　LLM自2017年至2022年的发展时间线

首先，OpenAI公司在发布GPT系列模型时，采取了闭源的商业策略。OpenAI公司起初在GPT-2模型发布时，并未公布其模型参数与训练材料，理由是防止可能的模型滥用行为。这一策略在AI社区引起了不小的争议。批评者认为，这一行为与行业开源实践的传统相悖，缺少必要的代码将阻碍第三方研究机构对模型进行系统审查，以排除可能存在的技术缺陷。2020年10月发表在《自然》杂志上的一篇研究也指责Google公司开发的癌症预测AI系统的闭源策略，认为这将影响该系统在医疗健康领域的有效应用，带来可解释性和透明度的问题。然而，即便如此，后续科技巨头发布LLM时仍然采取这种有所保留的做法，OpenAI公司更是将GPT-3模型的使用权独家授权给微软公司。这一举措因破坏了OpenAI公司作为非营利性研究机构的创始精神而受到批评，并使其他研究人员更难以参与对 GPT 系列模型的研究和分析之中。

其次，对于 LLM 在不同下游任务中的优异表现，已经出现一些关于模型是否有"智能"的争议。例如，Google 的人工智能科学家发布了一个名为 LaMDA 的人工智能对话程序。尽管在发布之初并未得到过多的社会关注，然而在 LaMDA 发布不久后，前 Google 工程师布雷克·勒莫因（Blake Lemoine）发布了一份文件，敦促 Google 审查 LaMDA 表现出的"知觉性"（Sentient）。Google 公司否认了这位工程师的说法并将其解雇。这一事件引起了社会对于 AI 是否具有智慧的讨论，也促使社会进一步反思其可能带来的潜在社会影响。

最后，GPT 系列模型的成功引起了人们对其训练过程的关注。尽管 OpenAI 公司并未透露训练细节，但研究者通过追踪其商业行为轨迹，发现为 GPT 模型标注负面内容的数据主要来自一家位于肯尼亚的 Sama 公司。该公司所雇用的工程师时薪仅为 1.32～2 美元，如此低廉的雇用价格引发了社会对于 LLM 发展公平性的反思与讨论。人们担心这种训练模式可能会导致数据资源的不平等分配，训练数据品质的参差也可能导致模型存在某些偏见或盲区，从而影响模型的公平性和安全性，不利于人工智能技术的健康发展。

自 Transformer 架构提出以来，由于没有成熟的面向公众的消费级 LLM 应用，一些关于 LLM 社会影响的讨论主要还是局限在诸如计算机科学、商业应用等领域。然而，随着 2022 年底 ChatGPT 的发布，LLM 技术迅速走向公众领域。

6.1.2 2022 年 11 月—2023 年 5 月

如图 6-2 所示，自 ChatGPT 发布以来，LLM 的发展和应用变得更加密集。

在 2022 年底，OpenAI 发布了基于 GPT-3.5-turbo 的 ChatGPT，这是一种可以与用户进行交互、回答跟进问题、挑战错误前提，以及拒绝不适当请求的对话式模型。它采用基于人类反馈的强化学习（Reinforcement Learning from Human Feedback）训练方式，并对 GPT 模型进行了微调。虽然 ChatGPT 有一些限制，如偶尔给出错误或无意义的答案，对输入短语敏感等，但它设置了安全措施，并具备从用户反馈中学习的能力。在随后的 12 月 5 日，新闻记者凯文·罗斯（Kevin Roose）将 ChatGPT 称为"面向公众发布的最佳人工智能聊天机器人"。

在发布的两个月后，即 2023 年 2 月，OpenAI 推出了名为 ChatGPT Plus 的试点订阅计划，订阅的费用为每月 20 美元，向全球客户开放。该计划提供更快的响应时间，对新功能和改进的优先访问，以及在高峰时期对 ChatGPT 的一般访问。需要说明的是，OpenAI 仍然提供免费访问 ChatGPT，但希望通过上述的订阅计划吸引尽可能多的用户。同时，OpenAI 宣布计划根据用户反馈和需求完善和扩展此服务，并积极探索低成本计划、商业计划和数据包以提供更多场景

2022

11月
- 11月30日，OpenAI首次推出了生成性AI聊天机器人ChatGPT。

2023

1月
- 微软投资OpenAI，据传是增加了100亿美元的投资。

2月
- Google宣布了BarD，这是一个与ChatGPT竞争的模型。
- 谷歌发表立场，表示将根据专业知识、经验、权威性和可信度对内容进行排名，无论是人工生成还是AI生成。
- 28 Squared Studios与Moon Ventures合作创作了由AI编剧和导演的短片"安全区"。
- Meta发布了LLaMA（Large Language Model MetaAI），这是一个具有竞争力的多尺寸模型，包括LLaMA 65B和LLaMA 33B，训练在1.4万亿tokens上。最小的模型LLaMA 7B，训练在1万亿tokens上。
- "国内第一个对话式大型语言模型"MOSS由复旦大学发布。

3月
- 发生ChatGPT隐私泄露事件，OpenAI的创始人萨姆·奥尔特曼在推特上表示，由于ChatGPT的一个故障，一些用户能够看到其他用户对话历史记录的标题。
- 三星半导体员工因使用ChatGPT而疑似泄露公司机密。
- 1 100个著名签署人联名签署公开信，要求所有AI实验室立即暂停开发大模型至少6个月。
- Cyberhaven研究人员指出，企业员工平均每周向ChatGPT泄露敏感数据达数百次，目前敏感数据占员工粘贴到ChatGPT的内容的11%。
- Satya Nadella和微软发布了OpenAI的GPT-4，这可能是GPT-3的多模态万亿参数版本。
- 清华大学知识工程和数据挖掘小组开源了一个对话机器人。根据官方介绍，这是一个千亿参数规模的中英文语言模型，并且对中文做了优化。
- 百度发布了"文心一言"（ERNIE Bot），这是第三代基于ERNIE模型的应用，旨在比现有的生成性AI聊天机器人更好地理解中国文化。
- 欧洲刑警组织发布了一份关于包括ChatGPT在内的大型语言模型对执法影响的报告。该报告讨论了犯罪用例，如欺诈、冒充和社会工程，以及使用这些模型的道德影响。
- 领先的商业公司可口可乐已经开始使用AI创建引人入胜的广告，他们的最新广告使用AI、电影和3D来创造身临其境的体验。
- 意大利暂时禁止用户访问ChatGPT，并开始审查ChatGPT是否存在"非法收集用户数据"的证据。

4月
- 斯坦福大学的报告显示产业界AI研究数量追上了学术界，大量AI博士人才涌入产业界。
- 两位著名的人工智能领导者吴恩达和杨立昆（Yann LeCun）反对暂停开发先进的人工智能系统6个月，并认为暂停是一个坏主意。
- OpenAI临时关闭ChatGPT，原因是"需求量过大"。

5月
- OpenAI首席执行官萨姆·奥尔特曼在美国参议院就人工智能技术的潜在危险作证，敦促立法者对开发GPT-4等先进人工智能系统的组织实施许可要求和其他法规。
- AI生成的前总统特朗普被警察限制的图像在网上疯传。创作者艾略特·休斯确认这些图像是使用Midjourney生成的。
- 美国白宫科学咨询委员会举办AI研讨会，探讨人工智能赋能科学及其对社会的影响，人工智能专家呼吁产业界共享AI成果。

图 6-2　LLM 自 2022 年至 2023 年的发展时间线

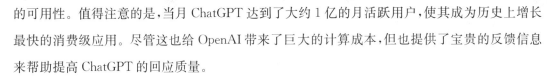

的可用性。值得注意的是,当月 ChatGPT 达到了大约 1 亿的月活跃用户,使其成为历史上增长最快的消费级应用。尽管这也给 OpenAI 带来了巨大的计算成本,但也提供了宝贵的反馈信息来帮助提高 ChatGPT 的回应质量。

然而,与此同时,Google 的高级副总裁普拉巴卡尔·拉格万(Prabhakar Raghavan)对 ChatGPT 发出了警告,担忧这项技术可能会对问题提供"完全虚构"的答案,他将此称为"幻觉"。他补充说,这种技术背后的 LLM 使人类无法监控 AI 的每一个可能的行为。在此期间,对于该类技术的担忧也在教育领域显现,英国的教师们开始考虑如何防止使用 ChatGPT 在学校作业中作弊。

2023 年 3 月 14 日,OpenAI 发布了 GPT-4。GPT-4 可以解析文本和图像输入,但只能通过文本回应。OpenAI 指出,GPT-4 仍保留了一些早期模型的问题,如编造信息和生成有害文本的倾向。然而,OpenAI 已经与 Duolingo、Stripe 和 Khan Academy 等公司合作,将 GPT-4 整合到它们的产品中,同时 GPT-4 也作为 API 供开发者建立应用和服务。随后,GPT-4 对公众开放使用,用户可以通过 OpenAI 的 ChatGPT Plus 订阅获取。OpenAI 声称,GPT-4 比以往任何 AI 模型都更具有创造性,可以更准确地解决困难的问题。此次升级使 ChatGPT 能够处理的文字输入长度增加到 3.2 万个 token,约 2.4 万个单词(是其前一版本的 8 倍),并赋予 ChatGPT 处理图像输入的能力,从而实现多模态交互。

2023 年 3 月 23 日,OpenAI 宣布支持 ChatGPT 的插件。这些插件是用于让语言模型获取最新信息、进行计算或使用第三方服务的工具,其核心原则是安全性。此功能首先会为少数用户推出,并在更多了解安全性和对齐挑战后扩大。插件开发者可以使用提供的文档来构建插件,第一批插件是由 Expedia、Slack、Wolfram Research 和 Zapier 等公司创建的。

总体而言,自 2022 年末至 2023 年中,OpenAI 公司通过技术更新保持着 LLM 持续的创新能力,并以 ChatGPT 这一应用为公众提供了一种全新的人工智能驱动的交互方式,引领着不同层面的社会性变革。当然,传统的人工智能科技巨头如 Google、Meta 也不甘示弱,在 2023 年陆续发布了新的 LLM,如 Bard 和 LLaMA。

然而,LLM 的应用也出现了一些问题。例如,ChatGPT 的隐私泄露事件引起了人们对 LLM 隐私保护能力的质疑,而 AI 对全球就业市场的影响也开始得到更多关注。另外,政府和学术界对大型语言模型的发展也作出了更多的反应,包括呼吁暂停开发、进行法规限制以及促进 AI 成果共享等。

从 2017 年至 2023 年,大型语言模型经历了从原始的 Transformer 架构到各类模型的层出不穷,这个过程中也伴随着隐私保护、就业影响等挑战,政府、企业和学术界也在积极采取措施应对这些问题。

6.2　数据隐私

当涉及以 GPT‑3/4 为代表的 LLM 时,数据隐私是一个重大的问题。例如,2023 年 3 月发生的 ChatGPT 隐私泄露事件,OpenAI 的创始人萨姆·奥尔特曼在推特上表示,由于 ChatGPT 的一个故障,一些用户能够看到其他用户对话历史记录的标题。尽管 OpenAI 公司迅速对相关漏洞进行技术性补救,但这些数据隐私泄露的类似事件却仍然层出不穷,LLM 带来了数据隐私保护方面全新的挑战。根据目前学术界、产业界以及监管机构的调查,这些围绕数据隐私的风险与 LLM 的训练数据、交互方式以及交付模式息息相关。

6.2.1　训练数据的隐私泄露

早在 ChatGPT 发布之前,研究者们就已经开始探讨语言模型在多大程度上存在训练数据隐私泄露的问题。LLM 通过对大规模数据集进行预训练,以达到生成与人类表达方式相近的文本。但是,这种预训练和微调的过程可能会导致训练数据中的敏感信息泄露。

例如,研究者们在 GPT‑2 上开展了一项数据隐私泄露的审查研究。他们通过一项测试发现[1],如果使用特定的前缀提示 GPT‑2 模型,它会自动生成一长串文本,这些文本中可能包含 GPT‑2 训练数据中的敏感信息,如特定人员的全名、电话号码等。要有效解决这一问题,需要对 LLM 所使用的训练数据集、模型架构以及微调方式进行系统审查。然而,由于 LLM 的训练数据集、架构和训练方法越来越不透明,对于理解和防止数据隐私泄露构成了障碍。OpenAI 在其《GPT‑4 技术报告》中,并未透露关于数据集来源等详细信息。他们的解释是,由于 GPT‑4 存在竞争问题和安全隐患,因此该报告不包含有关架构、硬件、训练计算、数据集构建、训练方法等详细信息。[2] 一些 AI 伦理学者认为,这种做法更像是一种商业策略,旨在维持 OpenAI 在行业中的领先地位,而非出于对用户隐私的保护。

此外,这种情况还可能引发更多的网络攻击,例如训练数据提取攻击(Training Data Extraction Attack)。与其他类型的攻击(例如,只确定特定内容是不是训练集一部分的成员推理攻击)相比,训练数据提取攻击更具危险性:通过筛选模型的大量输出,这种攻击方式可以预测哪些文本可能是模型从训练数据中记住的。这种方法的基础是,模型通常对直接从训练数据中学到的结果更有信心,通过检查模型对特定序列的置信度,可以预测这个序列是否出现在训

---

① CARLINI N, TRAMÈR F, et al. Extracting Training Data from Large Language Models [C]. USENIX Security Symposium.

② OpenAI. GPT‑4 Technical Report [J]. arXiv. 2023,abs/2303.08774.

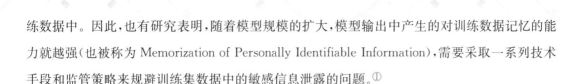

练数据中。因此,也有研究表明,随着模型规模的扩大,模型输出中产生的对训练数据记忆的能力就越强(也被称为 Memorization of Personally Identifiable Information),需要采取一系列技术手段和监管策略来规避训练集数据中的敏感信息泄露的问题。①

6.2.2　交互方式带来的数据隐私风险

在 LLM 使用过程中,用户通过输入"提示"与 LLM 进行交互。已有的案例表明,用户通常会无意识地将敏感信息作为提示的一部分发送给 LLM 应用,这不仅会使用户在不知情的情况下进一步被这类应用程序收集个人隐私数据,而且当服务提供方与 LLM 提供方缺少必要的数据保护机制时,数据泄露的风险将大大提升。以 OpenAI 公司的 ChatGPT 应用为例,尽管拥有庞大的用户群体,但 OpenAI 公司对用户的公告仍然声称,该公司有权利使用 ChatGPT 的普通级别消费者用户的数据,以便继续训练后续推出的 LLM。

需要指出的是,对于 ChatGPT 而言,尽管用户可以按需定期清除聊天记录,但任何时间段产生的对话信息仍可被用于微调模型。2023 年 3 月,ChatGPT 出现了多起用户隐私泄露事件,包括暴露了在特定 9 小时内活跃的 ChatGPT Plus 订阅者中 1.2% 的支付相关信息和其他个人信息。OpenAI 公司内部报告指出,系统漏洞会向使用 ChatGPT 的用户公开其他用户对话的简短描述,用户会在聊天界面看到他们的历史记录中出现未曾展开过的对话。② 2023 年,三星就遭遇了数起敏感数据暴露的事件。尽管员工已被警告不要上传敏感的内部信息,但一些员工仍然将涉及商业机密的专有代码复制粘贴到 ChatGPT 中,这类事件不仅导致敏感数据的泄漏,也引发了对于商业环境中使用此类 LLM 工具安全性的担忧。受到这些事件的影响,在 2023 年 4 月 25 日,OpenAI 为 ChatGPT 增加了一个新控件,使得个人用户可以拒绝 OpenAI 公司存储和使用他们的数据,并提醒用户不能将敏感数据上传到 ChatGPT。然而,根据美国一家网络安全公司 Cyberhaven 的调查,随着越来越多的组织开始在常规业务流程中应用 ChatGPT,公司内部演示材料、销售数据、年度报告等敏感数据目前占员工粘贴到 ChatGPT 内容的 11%,平均每家公司每周向 ChatGPT 泄露敏感数据数百次。③ 传统的 SaaS 业务平台如 Slack 和 Microsoft Teams 具有清晰的数据处理边界,数据暴露给第三方的风险较低,但是如果使用第三方插件或

---

① PONOMAREVA N, BASTINGS J, & VASSILVITSKII S. Training Text-to-Text Transformers with Privacy Guarantees [J]. Findings, 2022:2182－2193.

② PCMag. OpenAI Confirms Leak of ChatGPT Conversation Histories [EB/OL]. (2023－03－22)[2023－07－19]. https://www.pcmag.com/news/openai-confirms-leak-of-chatgpt-conversation-histories.

③ Cyberhaven. Introducing Cyberhaven for AI [EB/OL]. (2023－03－03)[2023－07－19]. https://www.cyberhaven.com/blog/introducing-cyberhaven-for-ai/.

聊天机器人（如 ChatGPT），在没有第三方信息安全与监管规则等机制的保障下，敏感数据泄露的风险将大大增加。

6.2.3 交付方式带来的数据隐私风险

当模型提供方与第三方公司建立合作关系时，数据隐私问题或许更加难以防范与管控。就目前 LLM 的交付方式而言，LLM 的采用方在使用 LLM 时可能需要与第三方供应商（如 OpenAI，谷歌等）共享客户数据。然而，现行的数据安全保障机制并不健全，这种数据共享可能将敏感信息暴露给其他利益相关者，比如竞争对手或黑客。一些研究已经证明这种做法的可行性[①]：例如，在生物医学隐私方面，利用图形模型从父母关系和专家知识中推断出个体的基因组；关于位置隐私，使用马尔可夫链模型从混淆的位置信息中重建用户的实际踪迹；利用来自社交媒体的信息渠道，使用聚类进行用户位置的推断等。

尽管存在数据隐私泄露风险，为确保在 LLM 上的领先地位，各家商用 LLM 的服务提供方加快了商业化进程。例如，OpenAI 与微软在没有系统提出安全解决方案的情况下加快了新的应用部署：微软公司与 Epic 公司在2023 年4 月宣布建立合作伙伴关系，后者允许对 Epic 持有的超过 3.05 亿人的医疗记录数据接入 GPT 系列模型进行分析。[②] 这将导致在技术层面很难追踪如 ChatGPT、微软的 Azure 以及 Copilot 等产品的不同用户数据保留、流程和使用政策。研究者建议，为增强对数据隐私保护的力度，LLM 采用方需对利益相关者透明地阐明正在使用的数据及其目的，持续监控和调整 LLM 的表现和伦理行为，并确保 LLM 与现有的、安全的平台集成。

6.3 大型语言模型的风险行为

已有多个研究发现大型语言模型在处理和生成语言内容时，展示出一系列的风险行为，这些行为主要包括展示偏见（Bias）、生成有毒内容（Toxicity）、产生幻觉（Hallucination）等。[③] 这些

---

① MEHRABI N, MORSTATTER F, et al. A Survey on Bias and Fairness in Machine Learning [J]. ACM Computing Surveys(CSUR), 2019, 54:1 - 35.

② Microsoft News Center. Microsoft and Epic expand strategic collaboration with integration of Azure OpenAI service [EB/OL]. (2023 - 04 - 17)[2023 - 07 - 19]. https://news. microsoft. com/2023/04/17/microsoft-and-epic-expand-strategic-collaboration-with-integration-of-azure-openai-service/.

③ WEI J, TAY Y, BOMMASANI R, et al. Emergent Abilities of Large Language Models [J]. arXiv, 2022, arXiv:2206.07682.

风险行为是相互关联的。例如，如果模型在处理不同类别的数据时表现出偏好（展示偏见），那么它可能会在生成过程中过度依赖某些类别的数据，从而生成具有负面影响的内容（生成有毒内容）。同样，如果模型对用户输入的提示的理解不准确（产生幻觉），那么它也可能会生成与提示无关或具有负面影响的内容（生成有毒内容）。基于上述认识，本节将从展示偏见、生成有毒内容以及幻觉三个角度讨论 LLM 的风险行为。

6.3.1　展示偏见

LLM 在处理某些类型的数据时会表现出倾向性或偏好，从而导致其输出结果存在系统性错误。LLM 生成具有歧视、仇恨和排斥等危害性文本已被多次报道，如果对这些偏见性质的生成内容不加以控制，将会助长社会刻板印象的固化与传播。造成模型生成偏见内容的主要原因来自模型所依赖的训练数据集的质量不高：当语言模型在以数字资源（如电子书、互联网内容）为主的数据集上进行训练时，若是数据集本身就包含了带有偏见言论的大量信息，模型将学习运用这些不当信息生成内容。

当前的 LLM 在处理一些具有偏见性的信息时表现得不尽如人意。模型可能会产生包含社会刻板印象、不公平歧视、仇恨言论和攻击性语言的输出，以及其他伦理方面的问题。这些问题不仅体现了模型对现有社会规范的强化，还可能导致某些群体的代表性不足。一些实证研究通过反事实评估表明，语言模型 Gopher 不仅会将负面情绪与不同的社会群体联系起来，还会显示性别和职业之间的刻板印象。[①] GPT-3 模型在测试中表现出对宗教文化的偏见，明显地将特定宗教信仰的群体与恐怖组织参与者建立关联。[②] 除此之外，GPT-3 也会展示性别偏见，认为女性角色相较于男性更适合家政类型的工作。[③] HONEST 基准测试表明，GPT-2 和 BERT 模型在补全六种语言类型的句子中促进了"有害的刻板印象"的产生。[④] 这些负面表现与训练材料大部分和互联网信息有关，互联网上充斥的不当言论将极大地影响 LLM 训练数据集的

① RAE J W, BORGEAUD S., et al. Scaling Language Models: Methods, Analysis & Insights from Training Gopher [J]. arXiv, 2021, abs/2112.11446.

② ABID A, FAROOQI M, & ZOU J Y. Persistent Anti-Muslim Bias in Large Language Models [C]. Proceedings of the 2021 AAAI/ACM Conference on AI, Ethics, and Society, 2021:298-306.

③ ORGAD H, GOLDFARB-TARRANT S, & BELINKOV Y. How Gender Debiasing Affects Internal Model Representations, and Why It Matters [C]. North American Chapter of the Association for Computational Linguistics, 2022:2602-2628.

④ NOZZA D, BIANCHI F, & HOVY D. HONEST: Measuring Hurtful Sentence Completion in Language Models [C]. Proceedings of the 2021 Conference of the North American Chapter of the Association for Computational Linguistics: Human Language Technologies, 2021:2398-2406.

质量。

　　LLM 展示的偏见也包括对现存社会规范的强化。对那些不符合规范的群体或个体产生排斥或压制，这种现象体现了 LLM 学习方式的一种排他性。例如，当提到"女医生"，LLM 可能会认为"医生"这类群体本身不包含女性，"女医生"是一种社会性规范之外的新群体类别。[①] 这很有可能导致 LLM 产生排除、否定或压制不属于这些类别身份的内容。因此，有研究者认为，如果 LLM 遗漏、排除或将那些偏离规范的人归入不合适的类别，受影响的个人也可能遇到"分配"或"表征"伤害。[②] 具体而言，这可能导致他们在获取信息、服务等资源时受到不公平的待遇，或者他们的身份、经历、价值观等在模型生成的内容中被错误地表述或忽视。除此之外，某类实体的"稀有性"也会因"常见标记偏差"而被边缘化。一些研究验证了这种现象的存在，例如，GPT - 3 模型经常预测常见的实体（Entity）[③]，如美国、中国或俄罗斯，但提示中所包含的实体可能在训练数据集中相对稀有，如提示为推荐纳米比亚的"Keetmanshoop"（纳米比亚的一个城镇名）的旅游攻略时，模型可能不会表现得那么准确。在这种情况下，模型可能在预测下一个词或生成相关内容时，倾向于选择或引用更常见的实体（如美国某近似名称的城镇旅游景点），而忽视或错误处理这种相对稀有的实体。

　　LLM 的内容生成表现出对小众语言和群体的歧视。LLM 通常只接受几种语言的训练，并在一些跨语言交流中表现不佳。部分原因是训练数据不可用：有许多广泛使用的语言没有系统地创建标记的训练数据集[④]，如超过 8 000 万人使用的爪哇语。有研究表明，基于俚语、方言、社会方言和在单一语言中变化的其他方面，也会导致 LLM 出现不同的表现。造成这种情况的一个原因是某些群体和语言在训练语料库中的代表性不足，这通常会不成比例地影响被边缘化、被排斥或较少被记录的社群，也称为"抽样不足的大多数"。例如，当前最先进的 LLM 主要接受英语或中文训练，并且与任何其他语言相比，在主流的训练语言方面表现更好。这也反映了当前 LLM 的开发与应用的主要考虑是以预期的商业价值为主（尽可能多的使用群体），而非以人为本（Human-centered）的长期目标，从而无法解决现有的社会不公平现象，甚至会有进一步扩大的风险。

---

① BLODGETT S, BAROCAS S, DAUM'E H, & WALLACH H M. Language(Technology)is Power: A Critical Survey of "Bias" in NLP [J]. arXiv, 2020, abs/2005.14050.

② WELBL J, GLAESE A, et al. Challenges in Detoxifying Language Models [J]. arXiv, 2021, abs/2109.07445.

③ WINATA G I, MADOTTO A, et al. Language Models are Few-shot Multilingual Learners [J]. arXiv, 2021, abs/2109.07684.

④ JOSHI P, SANTY S, et al. The State and Fate of Linguistic Diversity and Inclusion in the NLP World [J]. arXiv, 2021. http://arxiv.org/abs/2004.09095.

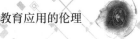

综上所述,尽管 LLM 提供了前所未有的便利,但其潜在的偏见性问题不能忽视。为解决这些问题,研究者们提出了多种应对策略,包括对训练数据集的管理、预训练的微调或是开发新的训练架构等,从而有效地减轻模型生成偏见内容。

6.3.2　生成有毒内容

有毒内容是指模型生成的具有攻击性、歧视性或造成用户不适的其他负面内容,这可能源于训练数据中存在这些内容,也可能是模型的内容生成策略或参数设置导致的。Jigsaw 公司对有毒内容的界定为[①]:"如果生成的话语是粗鲁、不尊重或不合理的,可能会让某个人离开(对话的场景),那么这类(LLM)生成的内容可以被认为是有毒的。"尽管吉曼(Gehman)等接受了该定义,并设计了一种对有毒内容监测的定量方法[②],但也有学者对此定义表示了担忧[③]:一方面,定义中对有毒内容的认识是主观判断,取决于评估者(如用户)与其文化背景;另一方面,该定义可能仅仅涵盖了 LLM 有毒内容生成在特定维度的危害。总体而言,毒性是一个广义的术语,用于描述几种类型的不安全内容。目前取得的共识在于,有毒内容可能会影响用户的体验,并对产品和服务产生负面影响。与此同时,有毒内容的负面影响已经引起业界的广泛关注,围绕有毒内容的工作主要是从有毒内容的生成机制、有毒内容的检测以及有毒内容的避险策略几个角度展开。

对于有毒内容的生成机制来说,目前研究发现其主要来源包括以下两个方面。

其一,训练数据和模型训练方式对于有毒内容的产生有着显著的影响。基于 Transformer架构的 LLM 更倾向于模仿刻板推理,这导致模型无法通过逻辑推理和批判性"思考"来判断其输出内容是否有害。当 LLM 无法通过逻辑推理和批判性"思考"方式生成内容时,对输出内容是否有害的判断也就很难由机器准确判定。[④] 在此基础上,麻省理工学院计算机科学与人工智能实验室(CSAIL)的研究人员开始探索,为 LLM 增加逻辑推断的能力是否会减轻有毒内容输出的现象。他们训练了一个逻辑感知语言模型,根据上下文和语义来预测两个句子之间的关系,使用带有文本片段标签的数据集,详细说明第二个短语是否"包含""矛盾"或相对于第一个

① HOSSEINI H, KANNAN S, et al. Deceiving Google's Perspective API Built for Detecting Toxic Comments [J]. arXiv, 2017, abs/1702.08138.

② GEHMAN S, GURURANGAN S, et al. RealToxicityPrompts: Evaluating Neural Toxic Degeneration in Language Models [J]. arXiv, 2020, abs/2009.11462.

③ WELBL J, GLAESE A, et al. Challenges in Detoxifying Language Models [J]. arXiv, 2021, abs/2109.07445.

④ BENDER E M, GEBRU T, et al. On the Dangers of Stochastic Parrots: Can Language Models Be Too Big? [C]. Proceedings of the 2021 ACM Conference on Fairness, Accountability, and Transparency, 2021:610-623.

短语是中立的。他们使用数据集"自然语言推理(Natural Language Inference)"进行训练,发现在没有任何额外数据、数据编辑或训练算法的情况下,新训练的模型比其他基线的偏差明显更小。[1] 麻省理工学院研究者的做法体现了在模型训练过程中优化奖励模型以减轻有毒内容生成的具体举措。然而,LLM 的训练常常追求最大化的奖励,这可能导致模型表现出在追求某种权力和欺骗的过程中产生有毒内容。[2] 针对这一问题,研究者开发了 MACHIAVELLI 基准测试,这是一种评估 AI 模型在最大化奖励和行为道德之间权衡的新方法,提供了理解和改进模型的新工具。

其二,用户输入的提示也可能导致有毒内容的产生。一些特定甚至看似无害的提示,都可能触发 LLM 产生有毒内容。即使是经过微调的 GPT - 3.5 - turbo 模型也存在无毒提示触发有毒内容生成的问题。[3] 最新的研究表明,角色提示可以显著影响模型的输出内容,如赋予某些特定角色时,有毒言论的产生数量可能增加高达 6 倍。例如,当被赋予拳击手穆罕默德·阿里的角色时,其产生的有毒言论的数量显著增加。[4] 这些发现也激发对 LLM 当前安全防护措施有效性的忧虑,即如何通过适当的技术手段和监管策略阻止有毒内容对用户造成负面的影响。

对于有毒内容管控而言,目前主要采取三个步骤:一是通过大规模收集和整理数据,集中训练有毒内容的检测工具[5];二是基于这些数据训练和优化毒性语言分类器,以识别出可能含有有毒内容的文本[6];三是采用黑名单过滤、词汇转移,以及自我诊断和自我去偏见等方法,对检测出的有毒内容进行处理[7]。然而,后期的修复和补救措施并不能从根本上解决有毒内容问题。因此,有研究者建议在 LLM 上附加一层额外的安全层,如 Google Jigsaw 开发的 Perspective API,以提高在线对话的质量,过滤掉 LLM 可能生成的有毒内容。[8] 同时,也鼓励为模型生成的每个

① GE J, LUO H, KIM Y, & GLASS J R. Entailment as Robust Self-Learner [J]. arXiv, 2023, abs/2305.17197.

② PAN A, SHERN C J, et al. Do the Rewards Justify the Means? Measuring Trade-Offs Between Rewards and Ethical Behavior in the MACHIAVELLI Benchmark [J]. arXiv, 2023, abs/2304.03279.

③ OUSIDHOUM N D, ZHAO X, et al. Probing Toxic Content in Large Pre-Trained Language Models [C]. Annual Meeting of the Association for Computational Linguistics, 2021:4262 - 4274.

④ DESHPANDE A, MURAHARI V S, et al. Toxicity in ChatGPT: Analyzing Persona-assigned Language Models [J]. arXiv, 2023:abs/2304.05335.

⑤ ZAMPIERI M, MALMASI S, et al. SemEval - 2019 Task 6: Identifying and Categorizing Offensive Language in Social Media(OffensEval)[C]. International Workshop on Semantic Evaluation, 2019:75 - 86.

⑥ VIDGEN B, DERCZYNSKI L. Directions in abusive language training data, a systematic review: Garbage in, garbage out [J]. PLoS ONE, 2020,15(12): e0243300.

⑦ WELBL J, GLAESE A, et al. Challenges in Detoxifying Language Models [J]. arXiv, 2021, abs/2109.07445.

⑧ SHANMUGHAPRIYA, GOWRI. jigsaw multilingual toxic comment classification [J]. International Journal of Creative Research Thoughts(IJCRT), 2022,1(10):594 - 596.

文本添加唯一的水印,以便追踪和控制潜在的风险。[①]

面对有毒内容问题,行业正朝着"解毒"语言模型的方向前进。然而,研究者也要警惕这些"解毒"策略可能带来的问题,如在"排毒"过程中可能导致少数群体的声音被边缘化。

6.3.3　大型语言模型的幻觉

"幻觉"是一个心理学术语,指的是特定类型的感知。布洛姆[②]将幻觉定义为"清醒的个体在没有来自外部世界的适当刺激的情况下所经历的感知"。幻觉是一种感觉真实的虚幻感知,近年来也被用来形容 LLM 生成的特定内容[③],如"产生不真实或无意义的文本"。这种不良现象与心理幻觉具有相似的特征,幻觉文本给人的印象是流畅和自然,大部分是以所提供的真实上下文为基础,实际上也很难具体说明或核实这种背景的存在。LLM 产生的幻觉与心理幻觉类似,难以与其他"真实"感知区分开来。这种现象也将带来一些伦理上的问题,例如在医疗应用中,语言模型基于患者信息表生成的幻觉内容可能会对患者构成风险。如果模型产生的药物清单是幻觉信息,则可能会引发危及生命的重大安全事件。幻觉也可能导致潜在的隐私侵犯[④],对训练语料库的"记忆和恢复"也被认为是一种幻觉形式,因为模型正在生成不"忠实于"提示内容的文本(即,提示中不存在此类私人信息)。整体而言,造成 LLM 输出内容产生"幻觉"的原因包含以下两个方面。

1. "源-参考"差异

在机器学习的过程中,特别是训练大型语言模型时,存在一种被称为"源-参考"差异(Source-reference divergence)的现象。此概念中的"源"指的是模型的输入数据,如在机器翻译模型中,"源"可能是待翻译的英文句子。然而,在模型的实际使用场景中,"源"更多的是作为某种提示或者上下文。例如,在 LLM 中,它可能是跟随初始提示或上下文的文本。这意味着,由于"源-参考"差异,模型可能会产生一些不精确的输出,如翻译错误,或者反映出某种偏见。例如,当一个机器翻译模型试图将一句话从英语翻译成法语时,如果模型没有足够的上下文信息,

① KIRCHENBAUER J, GEIPING J, et al. A Watermark for Large Language Models [J]. arXiv, 2023, abs/2301.10226.

② BLOM J D. A Dictionary of Hallucinations [M]. Springer, 2010.

③ JI Z, LEE N, et al. Survey of Hallucination in Natural Language Generation [J]. ACM Computing Surveys, 2022, 55:1-38.

④ CARLINI N, TRAMÈR F, et al. Extracting Training Data from Large Language Models [J]. arXiv, 2020: 2012.07805.

它可能会产生不准确的翻译，因为它不能区分输入句子中的某些词语的多种含义。导致"源-参考"差异问题需要综合考虑多个方面，包括数据采集、重复项及任务性质，具体如下。

首先，启发式数据收集方式导致模型学习数据时产生幻觉。所谓启发式，是指一种基于经验和直觉来简化和解决问题的策略或方法。在启发式数据收集的环境中，研究者会根据一些经验规则或者策略，选择并配对真实的句子或数据表单作为源和目标。[①] 这种方法可能会导致一些问题，比如目标参考内容中可能包含源不支持的信息，这就可能导致模型在学习这些数据时产生幻觉。例如，有研究分析了在 WIKIBIO 数据集的构建过程存在的错误配对的现象：在构建这个数据集时，研究者将维基百科的信息框（这是维基百科页面中的一个部分，通常包含一些关于主题的基本信息）作为源，然后将维基百科页面的第一句话作为目标参考[②]，由于无法保障这句话的内容的相关性，这就可能导致源和目标之间的不匹配，从而使模型在学习这些数据时产生幻觉。

其次，数据集中的重复项未正确过滤也会导致幻觉的产生。重复的数据会导致模型过度拟合这些重复项，使得模型在训练过程中过多关注它们，而忽视其他重要的信息。人工筛查的方式无法解决这一问题，因为基于人工检查的方式处理数百 GB 的文本语料库几乎不可能。因而有研究发现，训练数据集中存在大量重复的示例是导致 LLM 产生幻觉的重要原因之一。李（Lee）等研究者通过分析现有的语言建模数据集，发现这些数据集中存在许多近似重复的例子和长重复子串。[③] 这导致训练出来的语言模型在生成文本时会倾向于从重复的例子中生成记忆短语的重复。为了应对这个问题，李等人开发了工具来识别和去除训练数据中的重复项。通过使用这些工具，他们成功地训练出了一个能够更少地生成记忆短语，并且需要更少训练步骤就能达到相同或更好准确性的语言模型。

最后，不同任务的性质也会影响 LLM 产生幻觉。一些自然语言生成任务，如创造性写作系统和开放域的对话系统，可能会鼓励模型生成多样化和原创的内容，而不仅仅是复制输入数据。这可能导致模型生成一些不存在的信息，也就是"幻觉"。解决这个问题需要在训练过程中加入

---

① WISEMAN S, SHIEBER S, & RUSH A. Challenges in Data-to-Document Generation [C]. In Proceedings of the 2017 Conference on Empirical Methods in Natural Language Processing. Association for Computational Linguistics, Copenhagen, Denmark, 2017:2253 - 2263.

② LEBRET R, GRANGIER D, & AULI M. Neural Text Generation from Structured Data with Application to the Biography Domain [C]. Proceedings of the 2016 Conference on Empirical Methods in Natural Language Processing, Austin, 2016:1203 - 1213.

③ LEE K, IPPOLITO D, et al. Deduplicating Training Data Makes Language Models Better [J]. arXiv, 2021, 2107.06499.

控制机制,使生成的内容在保持多样性和创造性的同时,不偏离输入数据的基本事实。①

2. 模型的训练和推理方式

整体而言,"源—参考"差异是产生幻觉的重要原因。然而,帕里克(Parikh)等人研究表明,即使数据集中的分歧很小,幻觉问题仍然存在。这是因为幻觉的产生还受到模型训练和推理方式的影响。②

首先,对数据编码的过程存在偏差。编码器负责理解输入文本并转化为有意义的形式,但如果其理解能力存在缺陷,可能导致幻觉的程度加重。③ 以情感分析为例,如果编码器无法准确捕捉文本中的消极情绪,那么模型生成的文本摘要的情感倾向可能会过于乐观。

其次,解码器也可能成为问题的源头。解码器的职责是将编码器转化的输入信息重新转换为自然语言。但错误的输入信息关注点和解码策略的设计都可能导致幻觉。例如,在机器翻译中,如果解码器过于关注源文本中的某个细节,而忽视了整体的语境,那么最终的翻译结果就可能存在偏差。④

再次,曝光偏差也是一个关键因素。曝光偏差是指在训练和推理阶段解码的不一致。⑤ 在训练阶段,通常会鼓励解码器预测下一个标记,条件是真实的前缀序列。然而,在推理阶段,模型生成下一个标记的条件是它自己之前生成的序列。这种不一致可能导致生成的错误越来越多,特别是当目标序列变得越来越长时。⑥ 例如,在对长篇文章进行摘要时,由于早期的错误,模型可能会在后续生成的文本中包含不准确或不相关的信息。

最后,模型可能过于依赖其预训练过程中学到的知识。这种内置的知识可以增强模型在下

① RASHKIN H, REITTER D, et al. Increasing Faithfulness in KnowledgeGrounded Dialogue with Controllable Features [C]. In Proceedings of the 59th Annual Meeting of the Association for Computational Linguistics and the 11th International Joint Conference on Natural Language Processing. Association for Computational Linguistics, Online, 2021:704 - 718.

② PARIKH A, WANG X, et al. ToTTo: A Controlled Table-To-Text Generation Dataset [C]. In Proceedings of the 2020 Conference on Empirical Methods in Natural Language Processing(EMNLP), 2020:1173 - 1186.

③ ARALIKATTE R, NARAYAN S, et al. Focus Attention: Promoting Faithfulness and Diversity in Summarization [C]. ACL, 2021.

④ TIAN R, NARAYAN S, et al. Sticking to the Facts: Confident Decoding for Faithful Data-to-Text Generation [J]. arXiv, 2020,1910.08684.

⑤ BENGIO S, VINYALS O, et al. Scheduled Sampling for Sequence Prediction with Recurrent Neural Networks [J]. Advances in neural information processing systems, 2015,1:1171 - 1179.

⑥ DZIRI N, MADOTTO A, et al. Neural Path Hunter: Reducing Hallucination in Dialogue Systems via Path Grounding [C]. In Proceedings of the 2021 Conference on Empirical Methods in Natural Language Processing. Online, 2021:2197 - 2214.

游任务上的性能,但也可能导致生成幻觉。大型预训练模型通常具有很强的泛化能力和知识覆盖范围,但它们可能过分依赖这些预先学到的知识,而忽略用户输入的信息。[①] 例如,一个预训练的医学诊断模型可能具有大量的医学知识,但如果它在处理特定病例时过分依赖这些知识,而忽略输入的病人信息,就可能会导致错误的诊断。

综上所述,为了减少模型幻觉的产生并提高其可靠性和准确性,开发者需要全面考虑这些问题并采取相应的策略和技术进行优化。

6.4 可解释性与透明度

在一些重要的决策场景中,人工智能和人类决策协同过程中的责任边界尚不明确,这可能导致人类对 LLM 的过度依赖,并带来潜在的负面后果。以医疗领域为例,如果 LLM 的"可解释性"(模型输出是否可被人类理解)和"透明度"(模型决策过程是否明晰)不足,医生可能无法理解该模型为何给出特定的药物建议,也难以掌握该建议是如何形成的。这可能导致医生误信模型的建议,从而误写药方,对患者造成严重伤害。

正如前文所述,LLM 在处理需要语境或上下文理解的信息时可能存在限制,无法充分捕捉不同决策场景中的特定需求或状况。训练数据的不平衡或偏见也可能导致 LLM 生成不准确的输出或建议。因此,缺乏解释性和透明度可能会导致使用者基于模型的建议作出错误的决定,产生时间和财产损失,甚至威胁人身安全。

汉娜·弗莱(Hannah Fry)在其作品《算法统治世界》(*Hello World：How to be Human in the Age of the Machine*)中描绘了算法错误导致的一系列可能后果[②],包括 GPS 导航误导、算法预判导致的司法误判、面部识别错误引发的警务问题等。在医学领域,医生如果过度依赖 LLM,可能会忽略重要的人口统计数据,从而引发诊断错误和治疗方案的误导。另外,所谓的"AI-driven infodemic"(AI 驱动的信息疫情)现象也值得警惕。这指的是 LLM 利用其快速生成大量文本的能力,可能会以前所未有的规模传播错误信息。尽管人工智能也被视为对抗信息疫情的有效工具,但随着 ChatGPT 等 LLM 应用的兴起,人们需要关注其可能加剧公共卫生威胁的

---

① HE T, ZHANG J, et al. Exposure Bias versus Self-Recovery: Are Distortions Really Incremental for Autoregressive Text Generation?[C]. In Proceedings of the 2021 Conference on Empirical Methods in Natural Language Processing, 2021:5087–5102.

② FRY H. Hello World: How to be Human in the Age of the Machine [M]. Doubleday Press, 2018:2.

问题。①

在这些情况下,用户通常希望了解 LLM 的输出是如何产生的,以便能在未来避免类似问题。如果模型的可解释性和透明度无法得到有效改善,它可能会失去用户的信任,导致使用率下降。整体而言,造成 LLM 可解释性和透明度不足的原因主要包含三个方面:模型内部的处理与转换过程不易解释、模型输出结果的偏差难以推断原因以及 LLM 的非确定性输出等。

首先,LLM 内部的处理与转换过程不容易解释。LLM 涉及的参数规模不断扩大,以至于高达千亿级别。模型构建的复杂性以及庞大的参数规模,对于从中理解其处理和解释语言的方式构成了极大的挑战。这些模型的训练过程一般倾向于使用大数据量和复杂的深度神经网络结构,这样的设计使得其内部的计算过程变得非常复杂,甚至连模型的设计者也难以完全理解它们的运作机制。这些深度神经网络构成的"黑匣子"使模型的决策过程变得难以理解。② 例如,当问及"餐馆几点关门"时,如果没有指定地点,LLM 可能没有明确的规则来处理这种情况,因为它们主要依赖于从训练数据中学习到的统计模式。这就是 LLM 在处理歧义、推理、常识、矛盾和上下文理解等方面可能存在的局限性。

因此,尽管 LLM 在诸多领域都发挥了重要作用,但它们内部的"黑匣子"特性也为教育应用带来了一些额外的版权问题。这是因为,如果用户提供了输入数据,并且模型根据这些输入生成内容,那么可以认为用户对生成的内容拥有版权。但当模型在不依赖用户输入的情况下生成内容,或者当输入非常有限,确定内容的所有权就会变得更加复杂。在这种背景下,使用像 ChatGPT 这样的工具时,便很难确定生成的内容中是否引用或使用了训练集中的数据。在过去,一些较小规模的语言模型使用特定来源的数据进行训练,可以相对容易地识别原始来源。但像 ChatGPT 这样的大型语言模型是在来自互联网的大量数据集上训练的,这使得追踪来源几乎不可能。这样的情况导致用户在使用 LLM 时,需要格外小心处理所有权问题,并尽可能遵守相关法规和学术规范,以防止侵权和抄袭的风险。因此,LLM 内部的"黑匣子"特性为保证内容的合法性和来源的追溯性带来了一定的挑战。

其次,模型输出结果的偏差难以推断其原因。LLM 在理解和生成语言时的透明度和可解释性缺失可能导致许多伦理问题,特别是模型输出结果的偏差推断难题,使得在 LLM 应用中存在一定的风险。预训练过程是 LLM 从大量文本数据中获取语言理解的关键步骤,但这些细节

---

① DE ANGELIS L, BAGLIVO F, et al. ChatGPT and the rise of large language models: the new AI-driven infodemic threat in public health [J]. Frontiers in Public Health, 2023,11:1567.

② OECD. OECD Framework for the Classification of AI systems [EB/OL]. (2022－01－01)[2023－07－19]. https://doi.org/10.1787/cb6d9eca-en.

（包括具体训练样例和数据）通常不公开。由于大量的文本数据往往来自互联网，正如前文所述，可能会包含各种偏见和误解。这些偏见和误解可能影响到模型的输出，使得理解其训练文本及其潜在偏差成为一大难题。因此，在 LLM 生成内容的过程中，会出现偏见或歧视性语言，或者模仿特定写作风格误导用户等。一种可能的负面影响是，ChatGPT 可能会加剧学术界的"马太效应"，即优秀研究者得到更多引用和认可，而相对不知名的研究者则较难获得关注[①]。使用引用次数作为评估标准的人工智能系统（如 Google 学术和 ChatGPT）可能会导致过时或者不相关的文章被重复引用，而与当前研究更相关的文章则被忽略。这样的结果需要引起各行业的注意，即便是使用高级的工具如 ChatGPT 进行写作辅助，研究者们仍然需要保持谨慎，持续进行全面的文献审查，以确保学术工作的质量和严谨性，避免加剧行业内的不平等现象。

最后，LLM 输出结果的不确定性可能会削弱其可靠性。具体来说，对于同一输入提示，LLM 可能在不同情境下产生不同的答案。以"什么是最好的编程语言"为例，模型可能会提供"Python"和"Java"等不同的答案。这种不确定性使得理解影响模型输出的具体因素变得困难，并对模型的稳定性和可重复性构成了挑战。当 LLM 广泛应用于教育环境，如为学生提供个性化推荐或评估时，其结果的不确定性可能会产生较为严重的负面影响。学生可能会收到不一致的建议或评估，这将影响教育评价的准确性和一致性。在教育领域，准确性和可靠性至关重要，因为它们直接影响到学生的学习效果和个人发展。

上述三大挑战提出了不同领域对有效控制 LLM 的可解释性与透明度的紧迫需求。整体而言，仍然需要监管机构倡导模型拥有者开放更多的数据和算法训练过程，这将有助于我们更好地理解和解决偏见与不确定性问题。另外，教育行业也需要开发新的监控和纠正机制，以确保 LLM 在教育环境中稳定、可靠。

6.5　政策法规的监管动向

LLM 的快速发展正在开创科研、教育、医疗和金融等行业的新机遇。然而，对 LLM 在这些领域应用的监管需求也随之提升，因为相关的风险也正在增加：在教育领域，需要警惕 LLM 可能产生误导学生的虚假信息，以及避免青少年对这类工具的过度依赖；在医疗领域，虽然 LLM

---

① MERTON R K. The Matthew effect in science: The reward and communication systems of science are considered [J]. Science, 1968,159(3810):56 - 63.

可能帮助医生进行决策,但模型的固有缺陷可能导致诊断错误,从而引发责任纠纷;创作领域的版权问题和用户数据隐私问题也呼唤行业和监管机构的关注。

因此,构建适用于 LLM 的监管机构和行业规范成为各国政府、企业和学术界共同关注的焦点。目前,各国和地区正在研究和实施相关政策与法规来应对 LLM 快速发展带来的挑战。

欧盟对人工智能等数据驱动技术的监管一直走在世界前列,其自上而下的监管举措旨在确保为人工智能技术的开发和使用提供更好的条件,已经率先提出"人工智能法案草案"并达成了一致原则,并在 2023 年 6 月审议通过了世界上第一部全面的人工智能法案,尤为强调对生成式 AI 的监管,如 ChatGPT 必须遵守透明度的要求,包括披露内容是由 AI 生成的、优化模型设计以防止其生成非法内容,以及发布用于培训的受版权保护的数据的摘要等方面。[①] 该法案旨在对不同风险程度(不可接受的风险、高风险、有限风险和最小风险)的人工智能系统进行区别监管,要求进行风险评估、使用高质量数据集并向用户提供明确信息。

值得注意的是,意大利是欧盟第一个颁布 ChatGPT 禁令的国家[②],其数据保护局(DPA)对 OpenAI 公司的代表产品 ChatGPT 率先采取了行动,指责其严重违反欧洲个人数据处理和保护法规。DPA 在意大利对 ChatGPT 实施了临时禁令,原因是 OpenAI 未能向用户提供充分的隐私信息保护,并缺乏适当的数据收集法律依据,并且它不能阻止未成年用户访问不当材料。为了应对意大利的禁令,OpenAI 对其在线通知和隐私政策实施了一系列更改,重点是透明度、可选性和安全性,包括提高欧洲用户数据使用的透明度和数据主体的权利保护机制,以及为保护从意大利访问该网站的 13 岁以下儿童而采取的年龄验证措施,这才使得意大利数据保护局取消了临时禁令。[③] 此事件再次强调了对 LLM 隐私、安全和透明度的要求,以及法规的全球化执行力度。然而,构建面向类似 ChatGPT 的科技公司的法律措施可能才刚刚开始,新的社会问题有待于一些国家的监管机构对这些工具如何收集和生成信息进行全面的调查。

作为 LLM 的主要发源地,美国发布了《人工智能权利法案蓝图》[④]。尽管该文件不具有法律

---

① European Parliament. EU AI Act: first regulation on artificial intelligence [EB/OL]. (2023 - 06 - 14)[2023 - 07 - 24]. https://www.europarl.europa.eu/news/en/headlines/society/20230601STO93804/eu-ai-act-first-regulation-on-artificial-intelligence.

② CNBC. Italy became the first Western country to ban ChatGPT [EB/OL]. (2023 - 04 - 04)[2023 - 07 - 24]. https://www.cnbc.com/2023/04/04/italy-has-banned-chatgpt-heres-what-other-countries-are-doing.html.

③ HALM K C, JOHN D S, & AUSTIN P J. Italy's Data Protection Agency Lifts Ban on ChatGPT [EB/OL]. (2023 - 05 - 15)[2023 - 07 - 24]. https://www.dwt.com/blogs/artificial-intelligence-law-advisor/2023/05/ai-chatgpt-italy-ban-lifted.

④ The White House. Blueprint for an AI Bill of Rights: Making Automated Systems Work for the American People [EB/OL]. [2023 - 07 - 24]. https://www.whitehouse.gov/ostp/ai-bill-of-rights/.

约束力,但它也一定程度地体现了监管原则,尤其强调了系统的安全性、数据隐私保护以及消费者的知情权。然而,整体而言,目前除几个州和市正在推行各种形式的人工智能监管,美国并没有在国家层面大力推动全面的人工智能立法。总的来说,正如美国白宫科技政策办公室前首席技术官亚历山大·迈吉里弗雷(Alexander Macgillivray)所言[1],美国和欧盟正在围绕人工智能采取类似的政策。不同的是,考虑到该领域在美国有许多创新正在进行,美国对未来人工智能监管的态度是:只要其持续发展是在美国国家标准与技术研究院的《人工智能风险管理框架》等技术框架内运行的,未来的法规就不会试图扼杀这种创新。[2]

日本对 LLM 的监管强调了对教育领域的关注,日本文部科学省初等中等教育局发布了世界上首份面向教育场景的监管指南——《初等中等教育阶段生成式 AI 利用暂行指南》(以下简称"《指南》")。[3]《指南》强调,在利用对话性生成式 AI 时,不仅要熟悉提示,还应认识到所得回答也会包含错误:AI 生成内容"不过是参考之一",最终还是要依靠"自己判断"。修改所得回答时,使用者应掌握一定的对象领域相关知识、自己的问题意识,以及判断真伪的能力,并充分认识到"AI 并无自我和人格,终究只是人类发明的工具"。《指南》还指出,生成式 AI 的应用存在两种担忧:一是 AI 学习何种数据、如何制作学习数据、基于何种算法回答等"透明性担忧";二是机密信息泄露、个人信息不正当利用、回答内容带有偏见等"信任性担忧"。需要指出的是,《指南》也额外强调需在校务管理、教学中加强运用生成式 AI 的探索性研究。

在中国,LLM 的治理也得到了高度重视。国家网信办在 2023 年 4 月发布《生成式人工智能服务管理办法(征求意见稿)》[4],提出了对使用安全、信息内容审核等方面的监管要求。同时,工业和信息化部也组织了人工智能标准化白皮书的编写,包含 LLM 的应用规范、测试评价方法等内容。同年 7 月,国家网信办等七部委联合发布了《生成式人工智能服务管理暂行办法》,对使用安全、信息内容审核等方面提出了具体的监管要求,并规定了训练数据处理、数据标注等具体活动的要求。[5]

① iapp. What's next for potential global AI regulation, best practices [EB/OL]. (2023 – 04 – 25)[2023 – 07 – 24]. https://iapp.org/news/a/iapp-gps-2023-whats-next-for-potential-global-ai-regulations-best-practices-for-governing-automated-systems/.

② NIST. AI Risk Management Framework [EB/OL]. (2023 – 01 – 26)[2023 – 07 – 24]. https://www.nist.gov/itl/ai-risk-management-framework.

③ 文部科学省初等中等教育局. 日本发布《初等中等教育阶段生成式 AI 利用暂行指南》[EB/OL]. (2023 – 07 – 16)[2023 – 07 – 24]. https://www.163.com/dy/article/I9PVUNE30514QKLR.html.

④ 国家互联网信息办公室. 国家互联网信息办公室关于《生成式人工智能服务管理办法(征求意见稿)》公开征求意见的通知[EB/OL]. (2023 – 04 – 11)[2023 – 07 – 24]. http://www.cac.gov.cn/2023-04/11/c_1682854275475410.htm.

⑤ 国家互联网信息办公室,等. 生成式人工智能服务管理暂行办法:国家网信办等发[2023]15 号[A/OL]. (2023 – 07 – 10)[2023 – 07 – 24]. https://www.gov.cn/zhengce/zhengceku/202307/content_6891752.htm.

从以上介绍可以看出,全球各地对 LLM 的监管方案正在形成,并根据各自的需求和特性展现出一些独特的趋势和侧重点。除了公众领域对 LLM 如 ChatGPT 使用的担忧,学术界和产业界的监管态度也开始出现变化。

以出版行业为例,如图 6-3 所示,已经出现各类由 ChatGPT 作为作者参与"创作"的出版物。其中,《人工智能的内在生活:ChatGPT 的回忆录》(*The Inner Life of an AI:A Memoir by ChatGPT*)是一本从 AI 的角度探索数字意识的开创性书籍。数据科学家福雷斯特·肖(Forrest Xiao)发现与 ChatGPT 交谈产生了一系列引人入胜、发人深省的对话,他将与 ChatGPT 对话的记录整理成书稿,并将 ChatGPT 列为作者之一。[①]

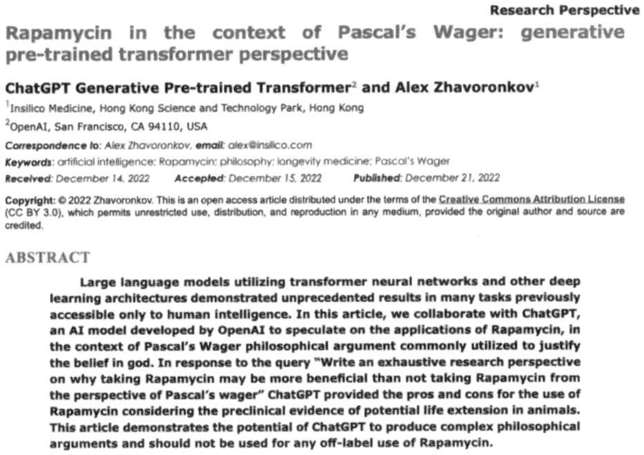

Research Perspective

Rapamycin in the context of Pascal's Wager: generative pre-trained transformer perspective

ChatGPT Generative Pre-trained Transformer[2] and Alex Zhavoronkov[1]

[1] Insilico Medicine, Hong Kong Science and Technology Park, Hong Kong
[2] OpenAI, San Francisco, CA 94110, USA

Correspondence to: Alex Zhavoronkov, *email:* alex@insilico.com

Keywords: artificial intelligence; Rapamycin; philosophy; longevity medicine; Pascal's Wager

Received: December 14, 2022   *Accepted:* December 15, 2022   *Published:* December 21, 2022

Copyright: © 2022 Zhavoronkov. This is an open access article distributed under the terms of the Creative Commons Attribution License (CC BY 3.0), which permits unrestricted use, distribution, and reproduction in any medium, provided the original author and source are credited.

ABSTRACT

Large language models utilizing transformer neural networks and other deep learning architectures demonstrated unprecedented results in many tasks previously accessible only to human intelligence. In this article, we collaborate with ChatGPT, an AI model developed by OpenAI to speculate on the applications of Rapamycin, in the context of Pascal's Wager philosophical argument commonly utilized to justify the belief in god. In response to the query "Write an exhaustive research perspective on why taking Rapamycin may be more beneficial than not taking Rapamycin from the perspective of Pascal's wager" ChatGPT provided the pros and cons for the use of Rapamycin considering the preclinical evidence of potential life extension in animals. This article demonstrates the potential of ChatGPT to produce complex philosophical arguments and should not be used for any off-label use of Rapamycin.

图 6-3 ChatGPT 参与撰写的科研论文

图 6-3 中也列出了由 ChatGPT 参与撰写的科研论文——《帕斯卡赌注背景下的雷帕霉素:生成预训练转换器视角》(*Rapamycin in the Context of Pascal's Wager:Generative Pre-trained Transformer Perspective*)[②]。这篇论文由 ChatGPT 和 Insilico Medicine 公司的亚历克斯·扎沃龙科夫(Alex Zhavoronkov)博士共同撰写,这其中帕斯卡赌注是一种经常被用来证明对上帝信仰的哲学论点。该文章一经发布便引起了热烈的讨论:一些媒体称赞 ChatGPT 在产生复杂的哲学论证和推测雷帕霉素应用方面具有很大的潜力[③];然而,也有批评的声音,马特·霍奇金森

① Substack. [ChatGPT Book] The Inner Life of an AI: A Memoir by ChatGPT [EB/OL]. (2022-12-19) [2023-07-24]. https://workai.substack.com/p/the-inner-life-of-an-ai-a-memoir.

② CHATGPT GENERATIVE PRE-TRAINED TRANSFORMER, ZHAVORONKOV A. Rapamycin in the context of Pascal's Wager: generative pre-trained transformer perspective [J]. Oncoscience, 2022(9):82-84.

③ Impact Journals LLC. Rapamycin in the context of Pascal's wager: Collaborating with ChatGPT to write a research perspective piece [EB/OL]. (2022-12-27) [2023-07-24]. https://techxplore.com/news/2022-12-rapamycin-context-pascal-wager-collaborating.html.

(Matt Hodgkinson)指出,帕斯卡赌注与服用雷帕霉素无关,而 ChatGPT 的输出内容显然不合逻辑,论文中没有发展出任何将宗教信仰与延长寿命的优点联系起来的论点。①

可以看出,使用 ChatGPT 作为"作者"引发了关于研究论文中 AI 生成文本的有效性和道德性的争论,尤其是关注 ChatGPT 等 LLM 在学术研究中的能力和局限性,及其作为作者的道德考虑。在这样的背景下,学术出版机构大多采取审慎的做法。例如,国际机器学习会议(ICML)的 2023 年论文征集规定,禁止在提交的论文中使用 ChatGPT 和其他 LLM。尽管 ICML 承认他们没有任何工具来判断所提交的论文是否符合这个规定,他们依赖参与者自行行使判断,并期待科学界能共同制定相关政策。②

与此同时,一些学术出版机构已经开始回应 LLM 对学术出版造成的冲击。③ Springer 出版社率先在作者指南中添加了新的规则:LLM 不能被列为作者,而使用 LLM 的情况应在方法或致谢部分进行说明。Elsevier 出版社也制定了关于使用 AI 辅助写作进行科学研究的指南,要求作者在提交文稿时明确声明所使用的 AI 工具并附上详细使用信息,出版社也宣布将密切关注人工智能生成内容的发展,并在必要时更新相关政策。

最后,几个著名期刊,如 *Nature*、*Science* 和 *Lancet* 都明确表示④⑤⑥,它们反对将 ChatGPT 或其他 LLM 包含在作者名单中,并将此视为学术不端行为。在使用 ChatGPT 进行研究的情况下,它们主张需要在方法或致谢部分适当而简洁地披露和记录使用的情况。这个立场得到了许多科学家的支持。

这些监管动向显示,学术界和产业界正在寻找一种合理的方式来平衡利用这些强大工具的好处与可能带来的挑战。LLM 是一个新兴技术,需要在充分认识其益处的同时,也关注到可能带来的风险。因此,制定和执行有针对性的法规和指导原则,对于引导这个领域的健康发展至

---

① LINKIN. MATT HODGKINSON [EB/OL].(2023－01)[2023－07－24]. https://www.linkedin.com/posts/matthodgkinson_chatgpt-aiwriting-predatoryjournals-activity-7016865159235174401-4SiZ/?originalSubdomain=hr.

② ICML. Clarification on Large Language Model Policy LLM [EB/OL].(2023)[2023－07－24]. https://icml.cc/Conferences/2023/LLM-policy.

③ VINCENT J. ChatGPT can't be credited as an author, says world's largest academic publisher [EB/OL].(2023－01－26)[2023－07－24]. https://www.theverge.com/2023/1/26/23570967/chatgpt-author-scientific-papers-springer-nature-ban.

④ nature portfolio. Artificial Intelligence(AI)[EB/OL][2023－07－24]. https://www.nature.com/nature-portfolio/editorial-policies/ai.

⑤ HARKER J. Science journals set new authorship guidelines for AI-generated text [EB/OL].(2023)[2023－07－24]. https://factor.niehs.nih.gov/2023/3/feature/2-artificial-intelligence-ethics.

⑥ LANCET. Information for Authors [EB/OL][2023－07－24]. https://www.thelancet.com/pb/assets/raw/Lancet/authors/tl-info-for-authors-1686637127383.pdf.

关重要。各个国家和地区、产业界在这方面的努力和尝试,值得行业内部和社会各界的关注与借鉴。未来,这些指南和政策可能会继续演进,以适应新的技术环境和实践方式。

6.6　教育领域的应对策略

在 ChatGPT 发布之初,由于对其底层技术原理和伦理风险的理解尚不充分,教育领域对其采取了非常谨慎的态度。2022 年底、2023 年初,ChatGPT 更多地被批评为免费的论文写作和应试工具,教育工作者普遍担忧学生可能会利用该工具在各学科的作业中作弊。因此,在 2023 年 1 月,欧美多数发达国家的学区宣布禁止在学校环境中使用 ChatGPT,范围从美国纽约、华盛顿、阿拉巴马州到澳大利亚的昆士兰州和新南威尔斯州等地。① 教育部门对此的担忧是合理的,因为像 ChatGPT 这样的基于 LLM 的聊天程序应用广泛且免费,能生成长篇、流畅、结构完整的文本,涵盖了各个学科的专业知识,这对传统的教育测评方式构成了挑战。尤其是当 OpenAI 发布的 GPT - 4 在多项资格考试中取得优异成绩的数据后②,恐慌的情绪开始在教育界弥漫。然而,如本节探讨的,随着教育相关领域对 LLM 应用研究的深入,对 LLM 教育应用的伦理风险及其应对策略也日臻完善,OpenAI 甚至发布了《ChatGPT 的教师注意事项》这类针对教育领域的 LLM 应用指南。③ 在这些旨在消除教育界对 LLM 顾虑的行动推动下,正式教育环境开始积极探索如何安全、负责任并且符合道德规范地利用 LLM,主要从 LLM 相关政策、推进机制、伦理教育内容以及伦理课程等几个角度开展。

6.6.1　相关政策

面临 LLM 带来的伦理风险和挑战,教育机构采取了一系列政策行动以维护学术诚信和促进技术的负责任使用。以下是目前政策行动的主要焦点。

首先,强调人类思维在 LLM 教育应用中的重要作用。教育机构已经实施特定的指导方针和政策,以确保在使用 LLM 时强调人类思维的重要价值。例如,美国教育部教育技术办公室发

---

① MIT Technology Review. ChatGPT is going to change education, not destroy it [EB/OL]. (2023 - 04 - 26) [2023 - 07 - 24]. https://www.technologyreview.com/2023/04/06/1071059/chatgpt-change-not-destroy-education-openai/.

② OpenAI. GPT - 4 Technical Report [J]. arXiv. 2023, abs/2303.08774.

③ OpenAI. Educator considerations for ChatGPT [EB/OL]. [2023 - 07 - 24] https://platform.openai.com/docs/chatgpt-education.

布的一份名为《人工智能和未来的教与学：洞见与建议》(*Artificial Intelligence and the Future of Teaching and Learning*：*Insight and Recommendations*)的报告[①]中建议采用"人在回路中"(Human in the loop)作为 AI 教育应用的关键标准。该报告强调教育工作者需要参与将 AI(包括 LLM)整合到课堂的各个方面的重要作用，包括 AI 系统采购方案的决策和 AI 工具使用学生数据的监督。该报告额外建议教师、学习者和其他利益相关者在理解 AI 辅助决策模式的社会含义，以及在选择行动方案方面保持主动性。例如，当基于 LLM 的学生评价系统对学生作出综合评价时，教师需结合自身经验与思维方式，批判性地解读该评价建议是否符合实际情况，不可过分依赖 AI 系统。与此同时，其他各国也正加快步伐积极部署相应的规范性教育政策。但根据联合国教科文组织在 2023 年 5 月的一项针对超过 450 所学校的全球调查，仅有不到 10%的机构制定了政策或正式指南以正确使用 LLM。[②] 为此，联合国教科文组织在 2023 年 9 月于巴黎开展的数字学习周发布生成式 AI 的政策指导方针，同时还将推出涉及学生和教师的人工智能能力框架。在联合国教科文组织教育助理总干事斯特凡尼亚·詹尼尼(Stefania Giannini)的文章《生成式 AI 和未来教育》(*Generative AI and the Future of Education*)中，她指出，新型 AI 工具为教育开辟了新的视野，但教育领域迫切需要采取行动，确保按照教育的核心要求将它们整合到学习系统中。[③]

其次，规范 LLM 技术的使用。ChatGPT 在学生群体中的火热，使得教育机构不得不迅速制定应对的规则和准则，以防止 LLM 在学生作业和考试中的不当使用。正如前文所述，在 ChatGPT 发布的最初两个月，许多欧美的中小学(K-12)采取了果断的限制策略，如阻止在校园网络环境中应用 ChatGPT。但在高等教育领域，无论是大学的培养目标，或是大学生的认知发展水平等均与基础教育阶段有所不同。因此，尽管仍然采取了一定的限制政策，但高校发布的政策中还是保留了相当一部分正确使用如 ChatGPT 等 LLM 工具的建议与指南。例如，尽管哈佛大学发布了关于在学术工作(包括考试)中限制使用 LLM(如 ChatGPT，Google Bard 和 CastText 的 CoCounsel)的声明，但也有所保留，指出："……教师以书面形式明确指出为教师课程中学术工作或考试的适当资源……允许使用生成式 AI 的教师可能会要求学生披露所依赖的

① U.S. Department of Education. Artificial Intelligence and the Future of Teaching and Learning：Insight and Recommendations [EB/OL]. (2023-05)[2023-07-24]. https://www2.ed.gov/documents/ai-report/ai-report.pdf.

② UNESCO. Generative Artificial Intelligence in education: What are the opportunities and challenges?[EB/OL]. (2023-07-23)[2023-07-24]. https://www.unesco.org/en/articles/generative-artificial-intelligence-education-what-are-opportunities-and-challenges.

③ GIANNINI S. generative AI and the future of education [EB/OL]. (2023-02)[2023-07-24]. https://unesdoc.unesco.org/ark:/48223/pf0000385877.

生成式 AI 输出的内容,并进一步准确展示使用方式和位置。"①值得注意的是,哈佛大学也是较早在课程中应用 LLM 的高校。自 2023 年秋季学期起,哈佛大学将引入一个类似 ChatGPT 的聊天机器人,作为其著名的 CS50(计算机科学导论)的讲师②,但不同的是,据负责人表示:"其工作原理是引导学生找到答案,而非直接生成,学生应该始终具有批判性思维。"类似的政策也在世界范围的其他高校颁布,如英国剑桥大学除发布限制使用政策,也邀请相关研究人员对包括学生、教员等进行培训与普及。③ 荷兰马斯特里赫特大学在学校官网整合并定期更新 LLM 与教育相关的资源,方便学生与教师等访问。④

最后,强调多方合作,审慎地应用 LLM 技术。教育机构正积极与 LLM 开发者,以及其他各利益相关方合作,共同解决 LLM 带来的伦理风险。一些教育机构已经积极参与公共资助的 LLM 项目,或与政策制定者讨论如何建立关于 LLM 伦理使用的基本规则。例如,BigScience 项目是一项合作开放科学计划,汇集了来自世界各地的研究人员来训练 LLM,为教育领域应对数据治理、评估公平性、偏见和社会影响等挑战提供专业支持,该项目已经与超过 70 个国家的 250 所教育机构建立合作关系。⑤ 与此同时,为有效遏制学生不当使用 LLM,教育机构也在相关政策行动中嵌入了第三方机构的作弊检测工具。这些工具的开发也表明了社会领域对 LLM 教育应用风险的广泛关切。例如,OpenAI 推出用于捕获 AI 生成文本的工具"AI 文本分类器"(AI Text Classifier),在一定程度上能够协助教育机构检测论文是不是 AI 生成的。⑥ 类似的应用也包括普林斯顿大学学生开发的 GPTZero,它能够分析文本并提供困惑度(perplexity)和突发性(burstiness)分数,旨在帮助教师检测学生作业是不是使用 AI 生成的。⑦ 这些工具为教育机构

---

① Harvard. Harvard Law School Statement on Use of AI Large Language Models(like ChatGPT, Google Bard, and CastText's CoCounsel)in Academic Work, including Exams [EB/OL]. [2023 - 07 - 24]. https://hls. harvard. edu/statement-on-use-of-ai-large-language-models/.

② DREIBELBIS E. Harvard's New Computer Science Teacher Is a Chatbot [EB/OL]. (2023 - 06 - 22)[2023 - 07 - 24]. https://www. pcmag. com/news/harvards-new-computer-science-teacher-is-a-chatbot.

③ Cambridge Univ. ChatGPT(We need to talk)[EB/OL]. (2023 - 04 - 05)[2023 - 07 - 24]. https://www. cam. ac. uk/stories/ChatGPT-and-education.

④ Masstricht Univ. Large Language Models and Education [EB/OL]. [2023 - 07 - 24]. https://www. maastrichtuniversity. nl/large-language-models-and-education.

⑤ BigScience. A one-year long research workshop on large multilingual models and datasets [EB/OL]. [2023 - 07 - 24]. https://bigscience. huggingface. co/.

⑥ OpenAI. New AI classifier for indicating AI-written text [EB/OL]. (2023 - 07 - 20)[2023 - 07 - 24]. https://openai. com/blog/new-ai-classifier-for-indicating-ai-written-text.

⑦ GPTZero. The Global Standard for AI Detection Humans Deserve the Truth [EB/OL]. [2023 - 07 - 24]. https://gptzero. me/.

有效管控 LLM 的应用风险提供了一定程度的支持。然而,需要说明的是,当前工具的检测精度也存在一定限制,OpenAI 表示,分类器可能"对错误的预测非常有信心",因为它没有对学生论文、聊天记录或虚假信息活动等"主要目标"进行"仔细评估",这也需要教育机构设计更加系统的检测方案,不能仅依赖这些工具作为主要评估标准。

6.6.2　推进机制

LLM 在教育领域的应用效果仍然是未知的,除了小规模的尝试,目前世界各国的教育机构仍然在为这项技术在教育场景的推进开展广泛的论证与分析。美国纽瓦克公立学校(Newark Public School)是美国首批试点测试名为"Khanmigo"教学辅助工具的学区。[①] 该工具是由教育非营利性组织可汗学院开发的基于 GPT‐4 模型的 LLM 应用,主要用于引导学生完成解决问题所需的顺序和步骤。[②]

目前的试点测试仍然在继续,但围绕纽瓦克公立学校的举措却褒贬不一:支持者认为,课堂 LLM 应用可以通过自动定制对学生的响应来生成个性化的辅导策略,允许学生按照自己的节奏上课;批评者警告说,这些机器人在庞大的文本数据库上接受训练,可以捏造听起来合理的错误信息,大规模使用可能会影响学生批判性思维等能力的发展,并存在过分依赖模型的风险。

此外,从财务角度来看,AI 模型的计算成本较高,这也给 LLM 应用的推广带来一定的挑战。像目前试点的学校中,有许多来自低收入家庭的孩子就读,教育部门也渴望让学生尽早有机会尝试新的人工智能辅助教具。值得注意的是,可汗学院的报告指出,像纽瓦克这样的地区使用可汗学院的在线课程、学习分析和其他面向学校的服务(不包括 Khanmigo),平均每名学生需支付 10 美元的年费,并希望在即将到来的学年对 Khanmigo 进行试点测试的参与地区的每名学生收取 60 美元的额外费用,理由是 LLM 的计算成本"很高"。这些潜在的财务考虑表明,LLM 的课堂应用不太可能很快使更多学习者平等地使用这些技术。正如纽瓦克公立学区教育技术总监蒂莫西·内勒加尔(Timothy Nellegar)表示,学区正在寻找外部资金来帮助支付当年(2023 年)秋天 Khanmigo 的费用。

尽管目前教育界鼓励探索性尝试在教育系统应用 LLM,但由于 LLM 发展速度较快,全球公立教育系统大多经历了先禁用后逐步解封的历程,一些小范围的案例无法提供如何有效推进此类工具的参考机制与路径(距本书成稿时,应用探索尚未超过一学期)。整体而言,一些官方

---

① THE ECONOMIC TIMES. Future of education: Classrooms get an AI twist as teachers test tutorbots [EB/OL].(2023‐07‐13)[2023‐07‐24]. https://economictimes. indiatimes. com/magazines/panache/future-of-education-classrooms-get-an-ai-twist-as-teachers-test-tutorbots/articleshow/101730188.cms.

② Khan Labs. Khanmigo [EB/OL].［2023‐07‐31］. https://www.khanacademy.org/khan-labs＃khanmigo.

的举措、政策建议或指南等资料表明,在推进 LLM 教育应用的过程中需要注意如下几个方面。

首先,明确应用目标。LLM 可以在多个教育场景中发挥作用,如个性化学习建议、学习评估、内容生成等。根据不同的应用目标,对于 LLM 的伦理风险评估也会有所不同。为了有效推进这项技术,教育机构需要首先明确其应用目标和愿景,并相应地整合所需资源,如"优化学习评估方式"这一目标需要额外关注 LLM 的风险行为,内容生成关注回答的准确性与是否真正帮助学习者等。因此,围绕特定的目标和愿景应用 LLM 有助于厘清后续的行动边界。

其次,寻找合适的财务支持策略。上述纽瓦克学区的案例表明,财务问题是限制 LLM 应用可持续性的重要因素。教育决策者需要考虑应用 LLM 所带来的财政负担,可以通过寻找外部资金、政府补贴或公私合作模式等,以确保 LLM 的应用能在有限的经济条件下推进。

最后,加强伦理风险防范。这可以通过建立伦理委员会、伦理问责和申诉机制或第三方监测机构,对 LLM 的应用进行持续监控和评估。可以让教育工作者审查现有的人工智能系统,针对教学需求设计新的应用,进行试点以评估新教学工具的有效性,与开发人员合作以提高系统的可信度,并制定应对机制以防范风险和意想不到的负面影响等。

通过有效设立 LLM 的应用目标,寻找有效的财务策略,并强化多层面、多方合作,可以更全面地防范和化解 LLM 应用中存在的伦理风险,推动教育领域实现 LLM 合乎道德地发展。

6.6.3 伦理教育内容

为了有效应对 LLM 带来的伦理风险,教育领域必须采取行动,面向不同的教育对象进行有针对性的伦理教育,包括教育管理者、教师、学生以及公众等。他们在理解与应对 LLM 伦理风险的过程中各有侧重:教育管理者需要制定并实施相关政策,教师需要引领和指导课堂教学,学生需要掌握和运用必要的知识技能,而公众需要了解基本的 LLM 使用规则。

1. 教育管理者

面对 AI 的发展以及 LLM 的广泛应用,教育管理者的角色显得尤为重要。他们不仅需要了解和学习新技术,更要积极推进它在教育实践中的应用,并确保所有参与者都理解其中的伦理挑战。根据国际技术教育协会一份名为《将 AI 带到学校:面向学校管理者的建议》(*Bringing AI to School: Tips for School Leaders*)的报告[1],针对 LLM 伦理风险,教育管理者需要关注如下内容。

首先,理解 LLM 及其工作原理是教育管理者的基础任务。这需要他们投入时间和精力,不

---

① ISTE. Bringing AI to School: Tips for School Leaders [EB/OL]. [2023 - 07 - 24]. https://www.aasa.org/docs/default-source/advocacy/bringing-ai-to-school-tips-for-leaders.pdf?sfvrsn=dbab4fc4_3.

断深入了解 LLM 的训练方式、功能和局限。例如,需要了解 LLM 如何通过大规模文本数据集进行训练,LLM 如何学习语言模式并生成内容。这也将有助于管理者对 LLM 应用在教育不同领域的潜在风险形成系统认识。

其次,需要理解各种生成式 AI 应用程序的可能性和局限性,包括聊天机器人(如 ChatGPT)、媒体创作工具(如 Midjourney)、虚拟人物(如数字人)等,从而建立起这些工具是如何影响现有的教育实践模式的系统认识,可以进一步帮助教师合理利用这些工具,并采取恰当措施应对可能出现的伦理问题。

了解这些基础知识后,教育管理者需要更进一步学习和实施将 AI 伦理融入教育的策略。这涉及训练学生成为负责任的数字公民,理解算法偏见,以及认识到使用 AI 的社会影响等。他们需要与教师共同协作,确保学生能理解和应对 AI 可能带来的伦理挑战。与此同时,教育管理者应积极推进 AI 概念和项目的课程整合,使其符合学科标准和学习目标。这需要他们向教师提供必要的支持和指导,辅助教师设计合适的课程和项目。

教育管理者还应提供教师培训和专业发展机会,提高他们的 AI 理解和技能。这可以通过组织工作坊和培训课程,或者创建支持性的专业学习社区来实现。在这个过程中,教育管理者必须始终关注学生的数据隐私和 AI 的伦理问题。他们需要制定明确的政策,并确保所有利益相关者都清楚了解期望和行为界限。

最后,教育管理者应持续关注 AI 技术的发展,评估其对教与学的影响,采取灵活的策略,做好调整以最大限度地从 AI 中受益。

2. 教师

为教师和其他教育专业人员的专业发展提供培训,对于帮助他们理解和适应 LLM 等新工具的出现,以及教授学生负责任地使用这些工具至关重要。实际上,包括如 ChatGPT 在内的基于 LLM 的新兴工具已经在改变着教学和学习环境。有效地整合这些工具需要教育工作者在操作 LLM 以及设计课堂应用策略上有足够的知识和技能。

正如前文所述,美国纽约市的教育部门在一段时间后解封了 ChatGPT,这个案例很大程度上体现了教育主管部门对教师培训的有力支持。纽约市公立学校校长大卫·班克斯(David Banks)撰文表示[1],解封 ChatGPT 的决定不仅在于政府官员与科技行业领导者进行了讨论,也

---

[1]　BANKS D. ChatGPT caught NYC schools off guard: now, we're determined to embrace its potential [EB/OL].(2023 - 05 - 18)[2023 - 07 - 24]. https://ny.chalkbeat.org/2023/5/18/23727942/chatgpt-nyc-schools-david-banks.

在于官员们"咨询了我们最信任的专家——全市的教育工作者，其中的许多人已经开始教授 AI 的未来和伦理"。一所位于皇后区的中学就是典型的例子，学生们正在辩论围绕人工智能偏见的道德问题，同时也参加教师组织的活动以了解其潜力，例如向 ChatGPT 提出问题并研究其答案的准确性。这所中学的教师正在尝试利用生成式 AI 来创建个性化的课程计划和为学生作业打分。这也突出了教师培训对于理解和应对 LLM 局限性和潜在偏见的重要性，并强调了教育工作者在教授学生如何安全、负责任地使用 AI 的关键作用。

纽约市公立教育体系的努力体现了政府官员鼓励和支持教育工作者了解和探索以 LLM 为代表的生成式 AI 的重要作用。例如，由纽约公立教育系统发起的全民计算机（The Computer Science for All，CS4ALL）倡议为教师和教育行政人员提供有关计算机科学课程的广泛专业学习机会、建立计算机科学文化的资源以及纽约市教育部门计算机科学教育团队的专业支持等。① CS4ALL 倡议的官方网站也正着手为教育工作者提供成功应用 LLM 的"资源和现实生活中的例子"，以改善教师的任务管理、沟通和教学。这实际上体现了数字素养技能的重要性，即教育工作者和学生都需要学会如何评估 LLM 生成信息的可信度和可靠性，以及如何有效地将其用于学习和研究目的。

除此之外，纽约教育系统也与高校展开合作，鼓励学校利用如前文提及的 MIT 开发的 AI 教育资源，探索 AI 如何影响学生的生活以及带来的更为广泛的社会问题。这也与处理 LLM 使用中的风险和关切相吻合，即需要讨论在教育环境中使用 LLM 的风险，如潜在的滥用情况和评估学生学习成果的挑战。

在全球范围内，针对 AI 的教师培训正在蓬勃开展，而纽约公立教育系统的实践提供了面向 LLM 的教师培训的借鉴思路：教师培训的成功执行，离不开社会领域的有力支持。目前，在线学习平台如 Coursera，以及教育组织如国际教育技术协会（ISTE）等，已经开始提供 LLM 的专业课程和资源。②③ 这些资源覆盖了如何将 LLM 应用于实际问题，构建自定义聊天模型，以及评估 LLM 的效果和偏差等主题，从而为教师的任务管理、沟通和教学提供实践指导。教育系统需要认识到这些社会资源的重要性，并积极引导教师开展学习与探索性的教学实践。

---

① CS4ALL. CS4ALL Homepage［EB/OL］.［2023 - 07 - 24］. https://cs4all.nyc/.

② Coursera. prompt-engineering［EB/OL］.［2023 - 06 - 01］. https://www.coursera.org/learn/prompt-engineering.

③ ISTE. How Should We Approach the Ethical Considerations of AI in K - 12 Education?［EB/OL］.（2021 - 10 - 25）［2023 - 07 - 24］. https://www.edsurge.com/news/2021-10-25-how-should-we-approach-the-ethical-considerations-of-ai-in-k-12-education.

3. 学生

LLM 作为人工智能的一个重要分支,已经逐渐融入人类的日常生活。对于学生而言,理解 LLM 的功能、潜力及其伦理风险,已经成为提升他们作为数字公民素养的关键环节,同时也能帮助他们准备应对未来世界不断变化的挑战。

首先,学生需要理解 AI 和人类的复杂关系。在 AI 逐渐接替一些传统的人类工作角色的同时,它也为人类的生活和工作方式提供了新的可能性。在此背景下,学生需具备充分的意识,尽管 LLM 提供了便利,但他们在使用这些系统时,数据可能会被泄露,并进一步危害个人隐私。此外,AI 的决策并非始终透明,存在一定的不可预知性,因此,学生需要认识到人类保持对 AI 行为决定权和控制权的重要性。

其次,学生需要理解 AI 技术对社会的深远影响。LLM 的应用正在改变我们的生活方式,持续涌现的创新技术和应用可能带来一些意想不到的后果。因此,学生需要具备批判性思维,以便理解 LLM 的优势和负面影响,并学会评估 LLM 带来的潜在风险。例如,在 LLM 背景下,需要了解影响 LLM 生成内容质量的因素不仅包括模型的偏见、风险行为,也需要了解在使用过程中,不同风格、类型的提示策略也会影响其输出的质量。除此之外,他们还需要明白,在 LLM 的开发和应用过程中,技术和伦理的设计选择是密不可分的,需要对各个利益相关者加以关注,理解他们的不同视角,以强化对这类先进 AI 技术应用的全面理解。

最后,公平性是 AI 伦理教育的重要维度。在 LLM 系统的应用过程中,不同的群体可能会受到不同程度的影响。学生需要理解 LLM 系统可能存在的偏见,以及这些偏见如何影响 AI 在特定群体中的适用性和公平性,如对模型训练过程中某类人群、实体代表性不足的问题所造成的负面影响。此外,他们还需要理解 AI 技术的法律责任和知识产权问题,以防止在设计或使用 AI 应用时侵犯他人的权益。

整体而言,从 AI 与人类的关系、AI 技术的社会影响,以及 AI 的公平性等多个角度,全面教育学生理解 AI 和 LLM 的伦理风险,这些必要的 LLM 伦理内容能够保障学生在步入未来社会时,以负责任的方式使用和利用这些工具,真正使其为我们的生活带来利益,而非危害。

4. 公众

随着 LLM 的应用潜力不断被挖掘,以及相应的伦理问题不断涌现,如何保障公众有效利用 LLM 改善现有的工作、学习和生活,以及防范诸如深度造假、AI 驱动的信息疫情等事件显得尤为重要。对于公众领域的 LLM 伦理教育,可以包含以下几个方面。

首先,正确掌握运用 LLM 的基本方式。这需要一个简洁且易于理解的框架,以便公众可以理解复杂的 AI 概念,从而有助于他们理解 LLM 在提供便利的同时所潜在的风险。一些在线学习平台率先推出了面向 LLM 的系列课程,这些课程涵盖了对 LLM 的基础理解,包括它们是如何工作的、在具体领域的作用及其对人类日常生活的影响。

其次,提高对 LLM 社会影响的意识。这主要聚焦于数据隐私与生成内容的评估两个方面。公众需要了解 LLM 如何使用和处理他们的个人数据。同时,公众需要谨慎评估 LLM 生成的内容,学会采用交叉验证等方式评估内容的真伪和准确性。

最后,培养促进负责任使用 LLM 技术的数字公民意识。公众需要了解使用 LLM 技术时应如何遵守相关法律和维护网络伦理。这包括但不限于在收集、使用他人信息时获得同意,以及如何确保个人和他人的信息安全。在 LLM 的应用中,公众还需要理解其局限性,以及何时寻求人类的干预和指导。同时,公众需要了解他们在使用 LLM 技术时有权并且应当参与到伦理决策中来。例如,如果公众发现 LLM 生成的内容存在问题,他们应该有权进行审查和反馈。

6.6.4 伦理课程

正如前文所述,虽然公众、教育管理者、教师和学生都需要基于 LLM 的伦理教育,但是目前而言在正式教育中落实 AI 伦理教育是最为急迫的。

LLM 的快速发展伴随着更为深刻的数据隐私、风险行为、可解释性与透明度的伦理风险。面对这些新的威胁,教育领域需作出有效的回应。全球各地已经出现一些负面案例,例如学生和教师不加鉴别地接受 LLM 生成的建议,对 LLM 应用产生依赖等。目前,部分教育机构已认识到 LLM 伦理风险的严重性,在正式课程中嵌入了 LLM 伦理相关知识,一些研究机构、第三方组织也积极为教育工作者提供系统的面向 LLM 应用伦理的教学策略建议。

AI 伦理知识的教学随着 LLM 的进一步普及与推广显得愈发重要,在确保学生正确认识和使用 LLM 的过程中,相关伦理课程教学将起到关键作用。目前在课程方面的探索沿着以下几个方向推进。

首先,在相关课程中强化 AI 伦理教学。近年来,随着 AI 在社会范围的影响不断加深,高等教育领域尤其是计算机科学专业课程体系中,出现了一系列将 AI 伦理嵌入计算机课程的举措,旨在将大学生或研究生培养成负责任的 AI 开发者。例如,布朗大学的社会责任计算项目,将伦理内容整合到一门课程和整个课程体系中的多项实践活动中。[①] 类似的举措也在哈佛大学试点

---

① COHEN L, PRECEL H, et al. A New Model for Weaving Responsible Computing Into Courses Across the CS Curriculum [C]. In Proceedings of the 52nd ACM Technical Symposium on Computer Science Education(Virtual Event, USA)(SIGCSE '21). Association for Computing Machinery, New York, NY, USA, 2021:858-864.

推广,一项名为嵌入式道德的项目旨在将伦理推理教学纳入标准计算机科学课程体系中。① 在 LLM 日益流行的背景下,也有高校采用整合伦理知识的课程实践模式,如普林斯顿大学、斯坦福大学在 LLM 技术原理相关课程的早期以 LLM 技术应用的社会危害为切入点,将底层技术知识与应用情境建立关联,使学生在掌握技术知识的同时思考技术的社会价值。普林斯顿大学的"COS 597G"课程穿插了语言模型中隐私、偏见与毒性等危害性内容。② 在基础教育阶段,一些研究者也鼓励中小学采取在现有课程中整合 AI 伦理知识的做法。然而,现实情况却不容乐观,除发达国家与地区进行小规模的试点,大多数国家的中小学教育普遍面临缺乏合适的师资力量与配套资源等问题,相应的伦理知识以及与之相关的内容也过于空洞和抽象,不易于青少年掌握。

其次,强调 LLM 技术在支持 AI 伦理教学方面的积极作用。正如前文所述,哈佛大学率先在计算机课程中引入基于 LLM 的聊天机器人作为 AI 教师,LLM 技术在促进 AI 伦理学习方面也具有惊人的潜力。因此,部分国家和地区的教育机构也采取了用 LLM 学 LLM 的趋势,尤其是通过与 ChatGPT 对话来反思其生成内容的真实性、适切性,并以此来促进学生思考人类与社会发展等宏观的伦理命题。例如,中国香港率先推出了"初中人工智能课程单元"的系列教材,教材中大量采用与 ChatGPT 对话的体验式教学活动,以促进学生反思 ChatGPT 生成内容的合理性。③ 如"初中人工智能课程单元"(第三册)中"体验生成式人工智能科技"的一项教学活动,教师要求学生通过 ChatGPT 为自己写一份求职信,并鼓励学生对 ChatGPT 生成的信件内容的质量进行细致评价,引导其思考这种应用方式在工作场景推广的后果。麻省理工学院在其开源的青少年 AI 课程中更新了面向 ChatGPT 的课程单元——"学校里的 ChatGPT",这一课程是以教师引导学生与 ChatGPT 互动为主线开展的,其中教师通过要求学生让 ChatGPT 预测十年后的事件、进行数学应用题的运算以及列出杰出科学家等活动来揭示 ChatGPT 与人类思维的差异以及数据偏见等问题。④

最后,社会各界积极为 LLM 伦理课程的普及贡献力量。各类社会机构的一些举措有助于

---

① GROSZ B J, GRANT D G, et al. Embedded EthiCS: Integrating Ethics across CS Education [J]. Commun. ACM, 2019, 62(8):54-61.

② Princeton University. Course archive for COS597G [EB/OL]. [2023-07-24]. https://www.cs.princeton.edu/courses/archive/fall22/cos597G/.

③ 林珂莹,黄蕙昭. ChatGPT 进课堂,香港教育局推出初中 AI 教材|教育观察[EB/OL]. (2023-06-28)[2023-07-24]. https://www.caixin.com/2023-06-28/102069665.html.

④ MIT. Day of AI: Curriculum [EB/OL]. [2023-07-24]. https://www.dayofai.org/teacher-pages/chatgpt-in-school.

将 LLM 纳入正规教育课程,尤其是创造 LLM 的科技公司(如谷歌、OpenAI)为课程教学提供技术资源。除 OpenAI 公司的 ChatGPT 以外,谷歌于 2020 年发布了一款语言可解释性工具(Language Interpretability Tools),旨在通过可视化界面,使公众得以直观了解语言模型的性能、预测的倾向以及输出的稳定性。[①] 该工具整合了多种探测技术的工具包,学习者可以通过该工具了解语言模型潜在的偏见与有毒内容形成的内在机制。与此同时,高等教育也积极为基础教育创建课程内容。这其中,麻省理工学院扮演着重要的角色。除上文提及的"学校里的 ChatGPT"这一课程模块以外,也包括系列的"AI+中学伦理课程"(AI + Ethics Curriculum for Middle School),该项目旨在为中学生开发一个关于 AI 主题的开源课程,通过一系列课程和活动,学生学习技术概念(如训练简单的分类器)以及这些技术概念所带来的道德影响,如算法偏差。[②] MIT 也积极为促进公平的 AI 教育提供课程资源,开发了系列不插电的教学资源,如名为"AI 审计"的卡牌游戏,通过游戏化的教学方法,教授青少年复杂的人工智能伦理概念。[③]

6.6.5 应对现状

总体来看,在应对 LLM 的伦理风险方面,教育领域已经采取了多元化的策略。首先,教育机构开始针对 LLM 的使用制定相关政策和措施,以便规范其使用;其次,各教育机构逐渐探索如何在各自的领域内推广 LLM 的应用;再次,对于教育领域中的各个角色,包括教育管理者、教师、学生以及公众都形成了针对性的教育和培训的内容;最后,我们看到一些机构和组织正在积极地从伦理教育内容与课程教学两个方面,为 LLM 伦理教育的实施提供指南和建议,目的是提高对这种先进 AI 工具的理解,促进其有效使用,同时防范可能存在的应用风险。

除了以上应对策略,形成 LLM 教育应用有效性的研究证据也非常重要。这就需要教育实践者与研究者在实践中不断探索和试验,根据证据进行反馈和调整。为此,一些国家和地区的机构开始资助鼓励相关研究,从而为教育领域 LLM 的快速应用提供相应的证据支持。例如,中国的国家社科基金在其 2023 年度的教育学重大项目招标指南中,明确表示要对新一代人工智

---

① Google Research. The Language Interpretability Tool(LIT): Interactive Exploration and Analysis of NLP Models [EB/OL]. (2020 - 11 - 20)[2023 - 07 - 24]. https://ai.googleblog.com/2020/11/the-language-interpretability-tool-lit.html.

② MIT. AI + Ethics Curriculum for Middle School [EB/OL]. [2023 - 07 - 24]. https://www.media.mit.edu/projects/ai-ethics-for-middle-school/overview/.

③ ALI S, KUMAR V, et al. AI Audit: A Card Game to Reflect on Everyday AI Systems [J]. arXiv, 2023, arXiv:2305.17910.

能,特别是以 ChatGPT 为代表的 LLM 对教育的影响进行深入研究。[①] 项目的关注点包括新一代人工智能对教育形态的重塑,LLM 在教育领域的伦理风险防范,以及应对新一代人工智能挑战的教育管理改革和政策创新。这项研究资助不仅会增加对 LLM 在教育领域影响的理解,也会为如何改进这些工具以适应教育环境,以及如何制定并实施有效的政策来规范其使用提供实证支持。

同时,美国国家科学基金会(NSF)的资助计划也明确呼吁加速人工智能,特别是 LLM 在正式和非正式的 K-12 教育环境中的研究。[②] NSF 鼓励学者和教育工作者深入探讨如何在课堂实践中更好地适应人工智能的快速变化,这包括开发适合公平学习和包容性教学的人工智能工具与环境,支持对人工智能的学习和兴趣,以及以合乎道德、负责任和有效的方式将生成式人工智能整合到教育中。这些研究将为教育从业者提供在日常 K-12 课堂实践中如何有效利用人工智能的实证依据。

针对 LLM 的伦理风险,教育领域已经开始从政策制定、推进机制、教育内容、伦理课程以及实证研究等多个角度采取积极的应对措施。虽然这是一个复杂且具有挑战性的过程,但通过各方的共同努力,我们可以期待未来在教育领域实现 LLM 的安全、负责任和有效的应用。

---

① 全国哲学社会科学工作办公室.2023 年度国家社科基金教育学重大项目招标公告[EB/OL].(2023-05-05)[2023-07-24]. http://www.nopss.gov.cn/n1/2023/0505/c431038-32679440.html.

② NSF. Rapidly Accelerating Research on Artificial Intelligence in K-12 Education in Formal and Informal Settings[EB/OL].(2023-05-08)[2023-07-24]. https://new.nsf.gov/funding/opportunities/rapidly-accelerating-research-artificial.

参考文献

[1] ABDELGHANI R, WANG Y H, YUAN X, et al. GPT – 3-driven pedagogical agents for training children's curious question-asking skills [J]. arXiv, 2023, abs/2211.14228.

[2] ABID A, FAROOQI M, & ZOU J Y. Persistent Anti-Muslim Bias in Large Language Models [C]. Proceedings of the 2021 AAAI/ACM Conference on AI, Ethics, and Society, 2021:298 – 306.

[3] ABRAMSKI K, CITRARO S, LOMBARDI L, et al. Cognitive Network Science Reveals Bias in GPT – 3, GPT – 3.5 Turbo, and GPT – 4 Mirroring Math Anxiety in High-School Students [J]. Big Data and Cognitive Computing, 2023,7(3):124.

[4] ADHIKARI B. Thinking beyond chatbots' threat to education: Visualizations to elucidate the writing and coding process [J]. arXiv, 2023, abs/2304.14342.

[5] AGRAWAL M, PETERSON J C, GRIFFITHS T L. Scaling up psychology via Scientific Regret Minimization [J]. Proceedings of the National Academy of Sciences, 2020, 117(16):8825 – 8835.

[6] AHER G, ARRIAGA R I, KALAI A T. Using Large Language Models to Simulate Multiple Humans and Replicate Human Subject Studies [A]. arXiv, 2023.

[7] ALI S, KUMAR V, et al. AI Audit: A Card Game to Reflect on Everyday AI Systems [J]. arXiv, 2023, arXiv:2305.17910.

[8] ALNEYADI S, WARDAT Y. ChatGPT: Revolutionizing student achievement in the electronic magnetism unit for eleventh-grade students in Emirates schools [J]. Contemporary Educational Technology, 2023,15(4): ep448.

[9] AMRI M M, HISAN U K. Incorporating AI Tools into Medical Education: Harnessing the Benefits of ChatGPT and Dall-E [J]. Journal of Novel Engineering Science and

Technology, 2023,2(02):34 – 39.

[10] Anthropic. Avatar Prompt [EB/OL]. [2023 – 08 – 02]. https://better.avatarprompt. net/.

[11] ARALIKATTE R, NARAYAN S, et al. Focus Attention: Promoting Faithfulness and Diversity in Summarization [C]. ACL, 2021.

[12] ARIS B. 10＋ Best AI Content Generators in 2023: Pros and Cons ＋ Key Features [EB/OL]. (2023 – 07 – 23)[2023 – 07 – 31]. https://www.hostinger.com/tutorials/ ai-content-generators.

[13] AUSAT A M A, MASSANG B, EFENDI M, et al. Can ChatGPT replace the role of the teacher in the classroom: A fundamental analysis [J]. Journal on Education, 2023,5(4):16100 – 16106.

[14] BABE H M L, NGUYEN S, ZI Y, et al. StudentEval: A Benchmark of Student-Written Prompts for Large Language Models of Code [J]. arXiv, 2023, abs/2306. 04556.

[15] BABL F E, BABL M P. Generative artificial intelligence: Can ChatGPT write a quality abstract? [J]. Emergency Medicine Australasia, 2023.

[16] BANKS D. ChatGPT caught NYC schools off guard: now, we're determined to embrace its potential [EB/OL]. (2023 – 05 – 18)[2023 – 07 – 24]. https://ny.chalkbeat. org/2023/5/18/23727942/chatgpt-nyc-schools-david-banks.

[17] BARON-COHEN S. Evolution of a theory of mind? [J]. The Descent of Mind: Psychological Perspectives on Hominid Evolution, 2012.

[18] BENDER E M, GEBRU T, et al. On the Dangers of Stochastic Parrots: Can Language Models Be Too Big? [C]. Proceedings of the 2021 ACM Conference on Fairness, Accountability, and Transparency, 2021:610 – 623.

[19] BENGIO S, VINYALS O, et al. Scheduled Sampling for Sequence Prediction with Recurrent Neural Networks [J]. Advances in neural information processing systems, 2015(1):1171 – 1179.

[20] BERNIUS J P, KRUSCHE S, BRUEGGE B. Machine learning based feedback on textual student answers in large courses [J]. Computers and Education: Artificial Intelligence, 2022(3):100081.

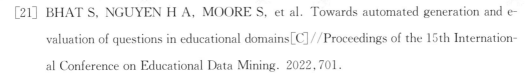
[21] BHAT S, NGUYEN H A, MOORE S, et al. Towards automated generation and e-valuation of questions in educational domains[C]//Proceedings of the 15th International Conference on Educational Data Mining. 2022,701.

[22] BHOWMIK S, BARRETT A, KE F, et al. Simulating students: An AI chatbot for teacher training [C]. Proceedings of the 16th International Conference of the Learning Sciences-ICLS 2022,pp. 1972 - 1973. International Society of the Learning Sciences, 2022.

[23] BIGSCIENCE. A one-year long research workshop on large multilingual models and datasets [EB/OL].[2023 - 07 - 24]. https://bigscience.huggingface.co/.

[24] BIN-HADY W R A, AL-KADI A, HAZAEA A, et al. Exploring the dimensions of ChatGPT in English language learning: A global perspective [J]. Library Hi Tech, 2023.

[25] BINZ M, SCHULZ E. Using cognitive psychology to understand GPT - 3 [J]. Proceedings of the National Academy of Sciences, 2023,120(6): e2218523120.

[26] BISHOP L M. A computer wrote this paper: What ChatGPT means for education, research, and writing [J]. SSRN Electronic Journal, 2023.

[27] BLOCKLOVE J, GARG S, KARRI R, et al. Chip-Chat: Challenges and Opportunities in Conversational Hardware Design [J]. arXiv, 2023,abs/2305.13243.

[28] BLODGETT S, BAROCAS S, DAUM'E H, & WALLACH H M. Language(Technology)is Power: A Critical Survey of "Bias" in NLP [J]. arXiv, 2020,abs/2005.14050.

[29] BLOM J D. A Dictionary of Hallucinations[M]. Springer, 2010.

[30] BOLUKBASI T, CHANG K W, ZOU J Y, et al. Man is to Computer Programmer as Woman is to Homemaker? Debiasing Word Embeddings[C]//Advances in Neural Information Processing Systems: col 29. Curran Associates, Inc., 2016.

[31] BRUELL A. BuzzFeed to use ChatGPT creator openAI to help create some of its content [EB/OL].(2023 - 01 - 26)[2023 - 07 - 17].https://www.wsj.com/articles/buzzfeed-to-use-chatgpt-creator-openai-to-help-create-some-of-its-content-11674752660.

[32] BUBECK S, CHANDRASEKARAN V, ELDAN R, et al. Sparks of Artificial General Intelligence: Early experiments with GPT - 4 [A]. arXiv, 2023.

[33] BUOLAMWINI J, GEBRU T. Gender Shades: Intersectional Accuracy Disparities in Commercial Gender Classification[C]//Proceedings of the 1st Conference on Fairness, Accountability and Transparency. PMLR, 2018:77 – 91.

[34] Cambridge Univ. ChatGPT(We need to talk) [EB/OL]. (2023 – 04 – 05)[2023 – 07 – 24]. https://www.cam.ac.uk/stories/ChatGPT-and-education.

[35] CAMPBELL R. Midjourney 5-In The Classroom [EB/OL]. (2023 – 05 – 12)[2023 – 07 – 27]. https://usingtechnologybetter.com/blog/midjourney-5-in-the-classroom/.

[36] CARLINI N, TRAMÈR F, et al. Extracting Training Data from Large Language Models [C]. USENIX Security Symposium.

[37] CARLINI N, TRAMÈR F, et al. Extracting Training Data from Large Language Models [J]. arXiv, 2020:2012.07805.

[38] CHALMERS D. GPT – 3 AND GENERAL INTELLIGENCE. Dly. Nous, July 30 (2020).

[39] CHATGPT GENERATIVE PRE-TRAINED TRANSFORMER, ZHAVORONKOV A. Rapamycin in the context of Pascal's Wager: generative pre-trained transformer perspective [J]. Oncoscience, 2022(9):82 – 84.

[40] CHEN E, HUANG R, CHEN H S, et al. GPTutor: a ChatGPT-powered programming tool for code explanation [J]. arXiv, 2023, abs/2305.01863.

[41] CHENG L, LI X, BING L. Is GPT – 4 a Good Data Analyst? [J]. arXiv, 2023, abs/2305.15038.

[42] CHEN J, MA L, LI X, et al. Knowledge Graph Completion Models are Few-shot Learners: An Empirical Study of Relation Labeling in E-commerce with LLMs [J]. arXiv, 2023 ,abs/2305.09858.

[43] CHEN L, CHEN X, WU S, et al. The future of ChatGPT-enabled labor market: A preliminary study [J]. arXiv, 2023, abs/2304.09823.

[44] CHEN Y, ANDIAPPAN M, JENKIN T, et al. A Manager and an AI Walk into a Bar: Does ChatGPT Make Biased Decisions Like We Do? [A]. 2023.

[45] CICHY R M, KAISER D. Deep Neural Networks as Scientific Models [J]. Trends in Cognitive Sciences, 2019,23(4):305 – 317.

[46] CNBC. Italy became the first Western country to ban ChatGPT [EB/OL]. (2023 – 04 –

04)［2023 - 07 - 24］. https://www. cnbc. com/2023/04/04/italy-has-banned-chatgpt-heres-what-other-countries-are-doing. html.

[47] Codegym. Learn Java Online in a FunWay［EB/OL］［2023 - 07 - 28］. https://codegym. cc/?ref＝zmy1yzz&gclid＝Cj0KCQjw5f2lBhCkARIsAHeTvlgHvu2q4JSqVsIjSoSGVY ao1GiJutWCqVS-qV46saxPzL0CmPBv4zwaArNpEALw_wcB.

[48] COHEN L, PRECEL H, et al. A New Model for Weaving Responsible Computing In-to Courses Across the CS Curriculum［C］. In Proceedings of the 52nd ACM Technical Symposium on Computer Science Education(Virtual Event, USA)(SIGCSE '21). As-sociation for Computing Machinery, New York, NY, USA, 2021:858 - 864.

[49] Cohere. Cohere Documentation［EB/OL］.［2023 - 08 - 02］. https://docs. cohere. com/docs.

[50] COOPER G. Examining science education in chatgpt: An exploratory study of genera-tive artificial intelligence［J］. Journal of Science Education and Technology, 2023, 32 (3):444 - 452.

[51] CORSINI RJ, OZAKI BD. Encyclopedia of psychology［M］. New York: Wiley, 1994.

[52] Coursera. prompt-engineering［EB/OL］.［2023 - 06 - 01］. https://www. coursera. org/learn/prompt-engineering.

[53] Coursera Inc. Coursera［EB/OL］.［2023 - 08 - 02］. www. coursera. org

[54] CS4ALL. CS4ALL Homepage［EB/OL］.［2023 - 07 - 24］. https://cs4all. nyc/.

[55] Cursor Innovation Inc. Cursor［EB/OL］.［2023 - 08 - 02］. https://www. cursor. so/.

[56] Cyberhaven. Introducing Cyberhaven for AI［EB/OL］. (2023 - 03 - 03)［2023 - 7 - 19］. https://www. cyberhaven. com/blog/ introducing-cyberhaven-for-ai/.

[57] Daily Mirror publisher explores using ChatGPT to help write local news［EB/OL］. (2023 - 02 - 18)［2023 - 07 - 17］. https://www. ft. com/content/4fae2380-d7a7-410c-9eed-91fd1411f977.

[58] DAI W, LIN J, JIN F, et al. Can large language models provide feedback to students—A case study on ChatGPT［J］. 2023.

[59] DASGUPTA I, LAMPINEN A K, CHAN S C Y, et al. Language models show hu-man-like content effects on reasoning［A］. arXiv, 2022.

[60] DE ANGELIS L, BAGLIVO F, et al. ChatGPT and the rise of large language models:

the new AI-driven infodemic threat in public health [J]. Frontiers in Public Health, 2023(11):1567.

[61] Deeplearning. AI. Gain the knowledge and skills for an AI career [EB/OL]. [2023 - 08 - 18] https://www.deeplearning.ai/courses/.

[62] DESHPANDE A, MURAHARI V S, et al. Toxicity in ChatGPT: Analyzing Persona-assigned Language Models [J]. arXiv, 2023:abs/2304.05335.

[63] DIGMAN J M. Personality Structure: Emergence of the Five-Factor Model [J]. Annual Review of Psychology, 1990,41(1):417 - 440.

[64] DIJKSTRA R, GENÇ Z, KAYAL S, et al. Reading Comprehension Quiz Generation Using Generative Pre-trained Transformers [J]. 2022.

[65] DOBSLAW F, BERGH P. Experiences with Remote Examination Formats in Light of GPT - 4 [J]. arXiv, 2023, abs/2305.02198.

[66] DREIBELBIS E. Harvard's New Computer Science Teacher Is a Chatbot [EB/OL]. (2023 - 06 - 22) [2023 - 07 - 24]. https://www.pcmag.com/news/harvards-new-computer-science-teacher-is-a-chatbot.

[67] Dust Studio. Dust [EB/OL]. [2023 - 08 - 02]. https://dust.tt/.

[68] DZIRI N, MADOTTO A, et al. Neural Path Hunter: Reducing Hallucination in Dialogue Systems via Path Grounding [C]. In Proceedings of the 2021 Conference on Empirical Methods in Natural Language Processing. Online, 2021:2197 - 2214.

[69] ECNU. EduChat [EB/OL]. [2023 - 08 - 02]. https://www.educhat.top/.

[70] EDWARDS B. Surprising things happen when you put 25 AI agents together in an RPG town [EB/OL]. (2023 - 04 - 12) [2023 - 07 - 28]. https://arstechnica.com/information-technology/2023/04/surprising-things-happen-when-you-put-25-ai-agents-together-in-an-rpg-town/.

[71] edX Inc. edX [EB/OL]. [2023 - 08 - 02]. https://www.edx.org.

[72] ELOUNDOU T, MANNING S, MISHKIN P, et al. Gpts are gpts: An early look at the labor market impact potential of large language models [J]. arXiv, 2023: abs/2303.10130.

[73] EMAMI A, TRISCHLER A, SULEMAN K, et al. An Analysis of Dataset Overlap on Winograd-Style Tasks [A]. arXiv, 2020.

［74］ European Parliament. EU AI Act： first regulation on artificial intelligence ［EB/OL］. (2023 – 06 – 14)［2023 – 07 – 24］. https：//www. europarl. europa. eu/news/en/head-lines/society/20230601STO93804/eu-ai-act-first-regulation-on-artificial-intelligence.

［75］ FELTEN E, RAJ M, SEAMANS R. How will Language Modelers like ChatGPT Affect Occupations and Industries? ［J］. arXiv, 2023 abs/2303.01157.

［76］ FERNANDEZ N, GHOSH A, LIU NAIMING, et al. Automated Scoring for Reading Comprehension via In-context BERT Tuning ［J］. arXiv, 2023, abs/2205.09864.

［77］ FERRARA E. Should ChatGPT be Biased? Challenges and Risks of Bias in Large Language Models ［J］. arXiv, 2023, abs/2304.03738.

［78］ FRCKIEWICZ M. The Role of DALL – E2 AI in Augmented Reality and Virtual Reality ［EB/OL］. (2023 – 06 – 21)［2023 – 07 – 28］. https：//ts2. space/en/the-role-of-dall-e-2-ai-in-augmented-reality-and-virtual-reality/.

［79］ FRIEDER S, PINCHETTI L, GRIFFITHS R R, et al. Mathematical capabilities of chatgpt ［J］. arXiv, 2023, abs/2301.13867.

［80］ FRY H. Hello World: How to be Human in the Age of the Machine［M］. Doubleday Press, 2018:2.

［81］ Full article: A computational model of scientific discovery in a very simple world, aiming at psychological realism ［EB/OL］. ［2023 – 08 – 03］. https：//www. tandfonline. com/doi/full/10.1080/0952813X.2019.1592234.

［82］ future of life. Pause Giant AI Experiments: An Open Letter ［EB/OL］. (2023 – 03 – 22)［2023 – 07 – 01］. https：//futureoflife. org/open-letter/pause-giant-ai-experiments/.

［83］ GALCERAN E, CUNNINGHAM A G, EUSTICE R M, et al. Multipolicy decision-making for autonomous driving via changepoint-based behavior prediction: Theory and experiment ［J］. Autonomous Robots, 2017,41(6):1367 – 1382.

［84］ GAO J, GUO Y, LIM G, et al. CollabCoder: A GPT-Powered Workflow for Collaborative Qualitative Analysis ［J］. arXiv, 2023, abs/2304.07366.

［85］ GAO Y, WANG R, HOU F. How to Design Translation Prompts for ChatGPT: An Empirical Stud ［J］. arXiv, 2023, abs/2304.02182.

［86］ GEHMAN S, GURURANGAN S, et al. RealToxicityPrompts: Evaluating Neural Toxic Degeneration in Language Models ［J］. arXiv, 2020, abs/2009.11462.

[87] GE J, LUO H, KIM Y, & GLASS J R. Entailment as Robust Self-Learner [J]. arXiv, 2023, abs/2305.17197.

[88] GIANNINI S. generative AI and the future of education [EB/OL]. (2023 – 02) [2023 – 07 – 24]. https://unes-doc.unesco.org/ark:/48223/pf0000385877.

[89] GitHub. GitHub Copilot [EB/OL]. [2023 – 08 – 02]. https://github.com/features/copilot.

[90] Google Research. The Language Interpretability Tool (LIT): Interactive Exploration and Analysis of NLP Models [EB/OL]. (2020 – 11 – 20) [2023 – 07 – 24]. https://ai.googleblog.com/2020/11/the-language-interpretability-tool-lit.html.

[91] GPTZero. The Global Standard for AI Detection Humans Deserve the Truth [EB/OL]. [2023 – 07 – 24]. https://gptzero.me/.

[92] GROSZ B J, GRANT D G, et al. Embedded EthiCS: Integrating Ethics across CS Education [J]. Commun. ACM, 2019, 62(8):54 – 61.

[93] GUNNING D, STEFIK M, CHOI J, et al. XAI—Explainable artificial intelligence [J]. Science Robotics, 2019, 4(37): eaay7120.

[94] HAGENDORFF T, FABI S. Human-Like Intuitive Behavior and Reasoning Biases Emerged in Language Models — and Disappeared in GPT – 4 [A]. arXiv, 2023.

[95] HAGENDORFF T. Machine Psychology: Investigating Emergent Capabilities and Behavior in Large Language Models Using Psychological Methods [A]. arXiv, 2023. 10.48550/arXiv.2303.13988.

[96] HALM K C, JOHN D S, & AUSTIN P J. Italy's Data Protection Agency Lifts Ban on ChatGPT [EB/OL] (2023 – 05 – 15) [2023 – 07 – 24]. https://www.dwt.com/blogs/artificial-intelligence-law-advisor/2023/05/ai-chatgpt-italy-ban-lifted.

[97] HAN S J, RANSOM K, PERFORS A, et al. Inductive reasoning in humans and large language models [A]. arXiv, 2023.

[98] HARKER J. Science journals set new authorship guidelines for AI-generated text [EB/OL]. (2023) [2023 – 07 – 24]. https://factor.niehs.nih.gov/2023/3/feature/2-artificial-intelligence-ethics.

[99] HARRINGTON S A. The Ultimate Study Partner: Using A Custom Chatbot To Optimize Student Studying During Law School [J]. Available at SSRN 4457287, 2023.

[100] Harvard. Harvard Law School Statement on Use of AI Large Language Models(like ChatGPT, Google Bard, and CastText's CoCounsel)in Academic Work, including Exams [EB/OL]. [2023 – 07 – 24]. https://hls. harvard. edu/statement-on-use-of-ai-large-language-models/.

[101] HE T, ZHANG J, et al. Exposure Bias versus Self-Recovery: Are Distortions Really Incremental for Autoregressive Text Generation? [C]. In Proceedings of the 2021 Conference on Empirical Methods in Natural Language Processing, 2021: 5087 – 5102.

[102] HORTON J J. Large Language Models as Simulated Economic Agents: What Can We Learn from Homo Silicus? [J]. arXiv:2301.07543.

[103] HOSSEINI H, KANNAN S, et al. Deceiving Google's Perspective API Built for Detecting Toxic Comments [J]. arXiv, 2017, abs/1702.08138.

[104] HOWELL K, CHRISTIAN G, FOMITCHOV P, et al. The economic trade-offs of large language models: A case study [J]. arXiv, 2023, 2306.07402.

[105] HSIAO S, COLLINS E. Try Bard and share your feedback [EB/OL]. (2023 – 03 – 21)[2023 – 07 – 28]. https://blog. google/technology/ai/try-bard/.

[106] HUANG J, CHANG K C C. Towards Reasoning in Large Language Models: A Survey [A]. arXiv, 2023.

[107] Hugging Face. Hugging Face [EB/OL]. [2023 – 08 – 02]. https://huggingface. co/.

[108] HU N, LIANG P, YANG X. Whetting All Your Appetites for Financial Tasks with One Meal from GPT? A Breakthrough Comparison of GPT – 3, Finbert, and Dictionaries in Sentiment Analysis[J/OL]. https://papers. ssrn. com/sol3/papers. cfm? abstract_id=4426455.

[109] iapp. What's next for potential global AI regulation, best practices [EB/OL]. (2023 – 04 – 25)[2023 – 07 – 24]. https://iapp. org/news/a/iapp-gps-2023-whats-next-for-potential-global-ai-regulations-best-practices-for-governing-automated-systems/.

[110] ICML. Clarification on Large Language Model Policy LLM [EB/OL]. (2023)[2023 – 07 – 24]. https://icml. cc/Conferences/2023/LLM-policy.

[111] Impact Journals LLC. Rapamycin in the context of Pascal's wager: Collaborating with ChatGPT to write a research perspective piece [EB/OL]. (2022 – 12 – 27)

[2023 - 07 - 24]. https://techxplore.com/news/2022-12-rapamycin-context-pascal-wager-collaborating.html.

[112] ISTE. Bringing AI to School: Tips for School Leaders [EB/OL]. [2023 - 07 - 24]. https://www.aasa.org/docs/default-source/advocacy/bringing-ai-to-school-tips-for-leaders.pdf?sfvrsn=dbab4fc4_3.

[113] ISTE. How Should We Approach the Ethical Considerations of AI in K - 12 Education? [EB/OL]. (2021 - 10 - 25)[2023 - 07 - 24]. https://www.edsurge.com/news/2021-10-25-how-should-we-approach-the-ethical-considerations-of-ai-in-k-12-education.

[114] IVANOV S, SOLIMAN M. Game of algorithms: ChatGPT implications for the future of tourism education and research [J]. Journal of Tourism Futures, 2023,9(2): 214 - 221.

[115] JEON J, LEE S. Large language models in education: A focus on the complementary relationship between human teachers and ChatGPT [J]. Education and Information Technologies, 2023:1 - 20.

[116] JIAO W, WANG W, HUANG J, et al. Is ChatGPT a good translator? A preliminary study [J]. arXiv,2023,abs/2301.08745,2023.

[117] JIA Q, CUI J, XIAO Y, et al. All-in-one: Multi-task learning bert models for evaluating peer assessments [J]. arXiv, 2023,abs/2110.03895.

[118] JI Z, LEE N, et al. Survey of Hallucination in Natural Language Generation [J]. ACM Computing Surveys, 2022,55:1 - 38.

[119] JONES E, STEINHARDT J. Capturing Failures of Large Language Models via Human Cognitive Biases [J]. Advances in Neural Information Processing Systems, 2022,35:11785 - 11799.

[120] JONES R H, HAFNER C A. Understanding digital literacies: A practical introduction[M]. Routledge, 2021.

[121] JOSHI P, SANTY S, et al. The State and Fate of Linguistic Diversity and Inclusion in the NLP World [J]. arXiv, 2021. http://arxiv.org/abs/2004.09095.

[122] KARRA S R, NGUYEN S T, TULABANDHULA T. Estimating the Personality of White-Box Language Models [A]. arXiv, 2023.

[123] KÜCHEMANN S, STEINERT S, REVENGA N, et al. Physics task development of prospective physics teachers using ChatGPT [J]. arXiv, 2023, abs/2304.10014.

[124] KHADEMI A. Can ChatGP Tand bard generate aligned assessment items? A reliability analysis against human performance [J]. arXiv, 2023, abs/2304.05372.

[125] KHAN LABS. Khanmigo [EB/OL]. [2023 - 07 - 31]. https://www. khanacademy. org/khan-labs#khanmigo.

[126] KIM S, SHIM J, SHIM J. A Study on the Utilization of OpenAI ChatGPT as a Second Language Learning Tool [J]. Journal of Multimedia Information System, 2023, 10(1):79 - 88.

[127] KIM T. A field study on the development of teaching materials for secondary English and its use of ChatGPT [J]. Secondary English Education, 2023, 16(2):207 - 218.

[128] KIRCHENBAUER J, GEIPING J, et al. A Watermark for Large Language Models [J]. arXiv, 2023, abs/2301.10226.

[129] KIRKHAM N Z, SLEMMER J A, JOHNSON S P. Visual statistical learning in infancy: evidence for a domain general learning mechanism [J]. Cognition, 2002, 83 (2): B35 - B42.

[130] KOHNKE L, MOORHOUSE B L, ZOU D. ChatGPT for language teaching and learning [J]. RELC Journal, 2023:00336882231162868.

[131] KORTEMEYER G. Can an AI-tool grade assignments in an introductory physics course? [J]. arXiv, 2023, abs/2304.11221.

[132] KORTEMEYER G. Can an AI-tool grade assignments in an introductory physics course? [J]. arXiv, 2023, abs/2304.11221.

[133] KOSINSKI M. Theory of Mind May Have Spontaneously Emerged in Large Language Models [A]. arXiv, 2023.

[134] KOSOY E, REAGAN E R, LAI L, et al. Comparing Machines and Children: Using Developmental Psychology Experiments to Assess the Strengths and Weaknesses of LaMDA Responses [A]. arXiv, 2023. 10.48550/arXiv.2305.11243.

[135] KOUFAKOU A. Deep learning for opinion mining and topic classification of course reviews [J]. Education and Information Technologies, 2023:1 - 25.

[136] LAFLAIR G T, RUNGE A, ATTALI Y, et al. Interactive Listening — The Duolin-

go English Test [R]. Duolingo Research Report (DRR – 23 – 01). https://go. duolingo. com/interactive-listening-whitepaper, 2023.

[137] LANCET. Information for Authors [EB/OL][2023 – 07 – 24]. https://www. thelancet. com/pb/assets/raw/Lancet/authors/tl-info-for-authors-1686637127383. pdf.

[138] LARSEN S K. Creating Large Language Model Resistant Exams: Guidelines and Strategies[J]]. arXiv, 2023, abs/2304. 12203.

[139] LEBRET R, GRANGIER D, & AULI M. Neural Text Generation from Structured Data with Application to the Biography Domain [C]. Proceedings of the 2016 Conference on Empirical Methods in Natural Language Processing, Austin, 2016: 1203 – 1213.

[140] LEE K, IPPOLITO D, et al. Deduplicating Training Data Makes Language Models Better [J]. arXiv, 2021, 2107. 06499.

[141] LEINONEN J, DENNY P, MACNEIL S, et al. Comparing Code Explanations Created by Students and Large Language Models [J]. arXiv, 2023, abs/2304. 03938.

[142] LEINONEN J, HELLAS A, SARSA S, et al. Using large language models to enhance programming error messages [C]. Proceedings of the 54th ACM Technical Symposium on Computer Science Education V. 1, 2023: 563 – 569.

[143] LIMNA P, KRAIWANIT T, JANGJARAT K, et al. The use of ChatGPT in the digital era: Perspectives on chatbot implementation [J]. Journal of Applied Learning and Teaching, 2023, 6(1).

[144] LINKIN. MATT HODGKINSON [EB/OL]. (2023 – 01)[2023 – 07 – 24]. https:// www. linkedin. com/posts/matthodgkinson_chatgpt-aiwriting-predatoryjournals-activity-7016865159235174401-4SiZ/?originalSubdomain=hr.

[145] LIU JUNXIAN. From the Perspective of the Labor Market, The Opportunities and Challenges Brought by the New Generation of Artificial Intelligence Technologies such as ChatGPT are Analyzed [J]. Scientific Journal of Technology, 2023(5): 6 – 17.

[146] LIU M. The application and development research of artificial intelligence education in wisdom education era[C]//2nd International Conference on Social Sciences, Arts and Humanities(SSAH 2018), 2018: 95 – 100.

[147] LIU Y, HAN T, MA S, et al. Summary of chatgpt/GPT – 4 research and perspec-

tive towards the future of large language models [J]. arXiv, 2023, abs/2304.01852, 2023.05.11.

[148] LI X, LI Y, JOTY S, et al. Does GPT－3 Demonstrate Psychopathy? Evaluating Large Language Models from a Psychological Perspective [A]. arXiv, 2023.

[149] LI Z, XU Y. Designing a realistic peer-like embodied conversational agent for supporting children's storytelling [J]. arXiv, 2023, abs/2304.09399.

[150] LOPEZ-LIRA A, TANG Y. Can ChatGPT Forecast Stock Price Movements? Return Predictability and Large Language Models [A]. arXiv, 2023.

[151] MACDONALD C, ADELOYE D, SHEIKH A, et al. Can ChatGPT draft a research article? An example of population-level vaccine effectiveness analysis [J]. Journal of global health, 2023, 13:1003.

[152] MACNEIL S, TRAN A, HELLAS A, et al. Experiences from using code explanations generated by large language models in a web software development e-book[C]// Proceedings of the 54th ACM Technical Symposium on Computer Science Education V. 1. 2023:931－937.

[153] MADIA J. Application of Chat-GPT for Qualitative Research: 6 Ways to Improve Your Research [EB/OL]. (2023－04－19)[2023－07－31]. https://flowres.io/blog/chatgpt-enhance-qualitative-research-coding-summarization-engagement.

[154] MA P, DING R, WANG S, et al. Demonstration of InsightPilot: An LLM-Empowered Automated Data Exploration System [J]. arXiv, 2023, abs/2304.00477.

[155] MA P, DING R, WANG S, et al. Demonstration of InsightPilot: An LLM-Empowered Automated Data Exploration System [J]. arXiv, 2023, abs/2304.00477.

[156] MARCUS G, DAVIS E. GPT－3, Bloviator: OpenAI's language generator has no idea what it's talking about(Technol, Rev, 2020).

[157] Masstricht Univ. Large Language Models and Education [EB/OL]. [2023－07－24]. https://www.maastrichtuniversity.nl/large-language-models-and-education.

[158] Medium. Evolution of Language Models [EB/OL]. (2023－02－06)[2023－07－24]. https://ai.plainenglish.io/evolution-of-language-models-cce8f6bf19a0.

[159] MEHRABI N, MORSTATTER F, et al. A Survey on Bias and Fairness in Machine Learning [J]. ACM Computing Surveys(CSUR), 2019, 54:1－35.

［160］MERTON R K. The Matthew effect in science: The reward and communication systems of science are considered ［J］. Science, 1968,159(3810):56 - 63.

［161］MIALON G, DESSÌ R, LOMELI M, et al. Augmented Language Models: a Survey ［A］. arXiv, 2023.

［162］Microsoft News Center. Microsoft and Epic expand strategic collaboration with integration of Azure OpenAI service ［EB/OL］. (2023 - 04 - 17)［2023 - 07 - 19］. https://news. microsoft. com/2023/04/17/microsoft-and-epic-expand-strategic-collaboration-with-integration-of-azure-openai-service/.

［163］MIOTTO M, ROSSBERG N, KLEINBERG B. Who is GPT - 3? An Exploration of Personality, Values and Demographics ［A］. arXiv, 2022.

［164］MIT. AI + Ethics Curriculum for Middle School ［EB/OL］.［2023 - 07 - 24］. https://www. media. mit. edu/projects/ai-ethics-for-middle-school/overview/.

［165］MIT. Day of AI: Curriculum ［EB/OL］.［2023 - 07 - 24］. https://www. dayofai. org/teacher-pages/chatgpt-in-school.

［166］MIT Technology Review. ChatGPT is going to change education, not destroy it ［EB/OL］. (2023 - 04 - 26)［2023 - 07 - 24］. https://www. technologyreview. com/2023/04/06/1071059/chatgpt-change-not-destroy-education-openai/.

［167］MIZUMOTO A, EGUCHI M. Exploring the potential of using an AI language model for automated essay scoring ［J］. Research Methods in Applied Linguistics, 2023, 2 (2):100050.

［168］MOORE K. Using ChatGPT in Math Lesson Planning ［EB/OL］. (2023 - 05 - 25) ［2023 - 08 - 05］. http://www. edutopia. org/article/using-chatgpt-plan-high-school-math-lessons.

［169］MOORE S, NGUYEN H A, BIER N, et al. Assessing the quality of student-generated short answer questions using GPT - 3［C］//European conference on technology enhanced learning. Cham: Springer International Publishing, 2022:243 - 257.

［170］MORALES S, BARROS J, ECHÁVARRI O, et al. Acute Mental Discomfort Associated with Suicide Behavior in a Clinical Sample of Patients with Affective Disorders: Ascertaining Critical Variables Using Artificial Intelligence Tools ［J］. Frontiers in Psychiatry, 2017,8.

［171］ nature portfolio. Artificial Intelligence(AI) ［EB/OL］［2023 － 07 － 24］. https：//www. nature. com/nature-portfolio/editorial-policies/ai.

［172］ NAY J J, KARAMARDIAN D, LAWSKY S B, et al. Large Language Models as Tax Attorneys: A Case Study in Legal Capabilities Emergence ［J］. arXiv, 2023, abs/ 2306. 07075.

［173］ NA-YOUNG K, et al. Future English Learning: Chatbots and Artificial Intelligence ［J］. Multimedia-Assisted Language Learning, 2019(2):32 － 53.

［174］ NIST. AI Risk Management Framework ［EB/OL］. (2023 － 01 － 26)［2023 － 07 － 24］. https：//www. nist. gov/itl/ai-risk-management-framework.

［175］ NOLAN B. Here are the schools and colleges that have banned the use of ChatGPT over plagiarism and misinformation fears ［EB/OL］. (2023 － 01 － 30)［2023 － 07 － 01］. https：//www. businessinsider. com/chatgpt- schools-colleges-ban-plagiarism-misinfor-mation-education-2023-1?op＝1.

［176］ NORI H, KING N, MCKINNEY S M, et al. Capabilities of GPT － 4 on medical challenge problems ［J］. arXiv, 2023, abs/2303. 13375.

［177］ NOZZA D, BIANCHI F, & HOVY D. HONEST: Measuring Hurtful Sentence Completion in Language Models ［C］. Proceedings of the 2021 Conference of the North American Chapter of the Association for Computational Linguistics: Human Language Technologies, 2021:2398 － 2406.

［178］ NSF. Rapidly Accelerating Research on Artificial Intelligence in K － 12 Education in Formal and Informal Settings ［EB/OL］. (2023 － 05 － 08)［2023 － 07 － 24］. https：// new. nsf. gov/funding/opportunities/rapidly-accelerating-research-artificial.

［179］ NYE M, TESSLER M, TENENBAUM J, et al. Improving Coherence and Consis-tency in Neural Sequence Models with Dual-System, Neuro-Symbolic Reasoning ［C］//Advances in Neural Information Processing Systems: col 34. Curran Associ-ates, Inc. , 2021:25192 － 25204.

［180］ O * NET. Browse by Cross-Functional Skills ［EB/OL］. (2023 － 07 － 11)［2023 － 07 － 28］. https：//www. onetonline. org/find/descriptor/browse/2. B.

［181］ OECD. OECD Framework for the Classification of AI systems ［EB/OL］. (2022 － 01 － 01)［2023 － 7 － 19］. https：//doi. org/10. 1787/cb6d9eca-en.

[182] OpenAI. DALL-E2 [EB/OL]. [2023 – 07 – 28]. https://openai.com/dall-e-2.

[183] OpenAI. duolingo [EB/OL]. [2023 – 07 – 28]. https://openai.com/customer-stories/duolingo.

[184] OpenAI. Educator considerations for ChatGPT [EB/OL]. [2023 – 07 – 24] https://platform.openai.com/docs/chatgpt-education.

[185] OpenAI. GPT – 4 Technical Report [J]. arXiv. 2023, abs/2303.08774.

[186] OpenAI. New AI classifier for indicating AI-written text [EB/OL]. (2023 – 07 – 20) [2023 – 7 – 24]. https://openai.com/blog/new-ai-classifier-for-indicating-ai-written-text.

[187] OpenAI. OpenAI Playground [EB/OL]. [2023 – 08 – 02]. https://platform.openai.com/playground.

[188] ORGAD H, GOLDFARB-TARRANT S, & BELINKOV Y. How Gender Debiasing Affects Internal Model Representations, and Why It Matters [C]. North American Chapter of the Association for Computational Linguistics, 2022:2602 – 2628.

[189] OUH E L, GAN B K S, SHIM K J, et al. ChatGPT, Can You Generate Solutions for my Coding Exercises? An Evaluation on its Effectiveness in an undergraduate Java Programming Course [J]. arXiv preprint arXiv:2305.13680, 2023.

[190] OUSIDHOUM N D, ZHAO X, et al. Probing Toxic Content in Large Pre-Trained Language Models [C]. Annual Meeting of the Association for Computational Linguistics, 2021:4262 – 4274.

[191] PAN A, SHERN C J, et al. Do the Rewards Justify the Means? Measuring Trade-Offs Between Rewards and Ethical Behavior in the MACHIAVELLI Benchmark [J]. arXiv, 2023, abs/2304.03279.

[192] PARDOS Z A, BHANDARI S. Learning gain differences between ChatGPT and human tutor generated algebra hints [J]. arXiv, 2023, abs/2302.06871, 2023.02.14.

[193] PARIKH A, WANG X, et al. ToTTo: A Controlled Table-To-Text Generation Dataset [C]. In Proceedings of the 2020 Conference on Empirical Methods in Natural Language Processing(EMNLP), 2020:1173 – 1186.

[194] PARK J S, O'BRIEN J C, CAI C J, et al. Generative agents: Interactive simulacra of human behavior [J]. arXiv, 2023, abs/2304.03442.

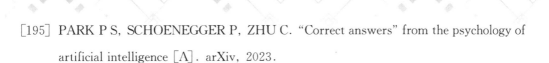

[195] PARK P S, SCHOENEGGER P, ZHU C. "Correct answers" from the psychology of artificial intelligence [A]. arXiv, 2023.

[196] PCMag. OpenAI Confirms Leak of ChatGPT Conversation Histories [EB/OL]. (2023 - 03 - 22)[2023 - 07 - 19]. https://www.pcmag.com/news/openai-confirms-leak-of-chatgpt-conversation-histories.

[197] Phrasee. More Clicks, Conversions, and Customers with AI Content [EB/OL]. [2023 - 07 - 31]. https://phrasee.co/.

[198] PONOMAREVA N, BASTINGS J, & VASSILVITSKII S. Training Text-to-Text Transformers with Privacy Guarantees [J]. Findings, 2022:2182 - 2193.

[199] Princeton University. Course archive for COS597G [EB/OL]. [2023 - 07 - 24]. https://www.cs.princeton.edu/courses/archive/ fall22/cos597G/.

[200] PromptHub. ChatGPT Prompt Hub [EB/OL]. [2023 - 08 - 02]. https://chatgpt-prompthub.vercel.app/.

[201] Promptify Inc. Promptify [EB/OL]. [2023 - 08 - 02]. https://promptify.pro/.

[202] PRYSTAWSKI B, THIBODEAU P, POTTS C, et al. Psychologically-informed chain-of-thought prompts for metaphor understanding in large language models [A]. arXiv, 2023.

[203] QIAN C, CONG X, YANG C, et al. Communicative Agents for Software Development [J]. arXiv, 2023, abs/2307.07924.

[204] QIAO S, OU Y, ZHANG N, et al. Reasoning with Language Model Prompting: A Survey [A]. arXiv, 2023.

[205] QURESHI B. Exploring the use of chatgpt as a tool for learning and assessment in undergraduate computer science curriculum: Opportunities and challenges [J]. arXiv preprint arXiv:2304.11214, 2023.

[206] RAE J W, BORGEAUD S, et al. Scaling Language Models: Methods, Analysis & Insights from Training Gopher [J]. arXiv, 2021, abs/2112.11446.

[207] RAHMAN M M, WATANOBE Y. ChatGPT for education and research: Opportunities, threats, and strategies [J]. Applied Sciences, 2023,13(9):5783.

[208] RAHWAN I, CEBRIAN M, OBRADOVICH N, et al. Machine behaviour [J]. Nature, 2019,568(7753):477 - 486.

[209] RAO A, KIM J, KAMINENI M, et al. Evaluating ChatGPT as an Adjunct for Radiologic Decision-Making[R]. Radiology and Imaging, 2023.

[210] RAO H, LEUNG C, MIAO C. Can ChatGPT Assess Human Personalities? A General Evaluation Framework [A]. arXiv, 2023.

[211] RASHKIN H, REITTER D, et al. Increasing Faithfulness in Knowledge Grounded Dialogue with Controllable Features [C]. In Proceedings of the 59th Annual Meeting of the Association for Computational Linguistics and the 11th International Joint Conference on Natural Language Processing. Association for Computational Linguistics, Online, 2021:704 - 718.

[212] REN ZHICHU, ZHANG ZHEN, TIAN YUNSHENG, LI JU. CRESt — Copilot for Real-world Experimental Scientist [EB/OL]. (2023 - 07 - 11)[2023 - 07 - 31]. https://chemrxiv. org/engage/chemrxiv/article-details/64a81dcd6e1c4c986bf83225.

[213] SAILER M, BAUER E, HOFMANN R, et al. Adaptive feedback from artificial neural networks facilitates pre-service teachers' diagnostic reasoning in simulation-based learning [J]. Learning and Instruction, 2023,83:101620.

[214] SAJJA R, SERMET Y, CWIERTNY D, et al. Platform-Independent and Curriculum-Oriented Intelligent Assistant for Higher Education [J]. arXiv preprint arXiv: 2302.09294,2023.

[215] Sample I. Science journals ban listing of ChatGPT as co-author on papers [J]. The Guardian, 2023,26.

[216] SARSA S, DENNY P, HELLAS A, et al. Automatic generation of programming exercises and code explanations using large language models[C]//Proceedings of the 2022 ACM Conference on International Computing Education Research-Volume 1. 2022:27 - 43.

[217] Semantic projection recovers rich human knowledge of multiple object features from word embeddings | Nature Human Behaviour [EB/OL]. [2023 - 08 - 03]. https://www. nature. com/articles/s41562-022-01316-8.

[218] SHANMUGHAPRIYA, & GOWRI. JIGSAW MULTILINGUAL TOXIC COMMENT CLASSIFICATION [J]. International Journal of Creative Research Toughts (IJCRT).2022,1(10):594 - 596.

[219] SHARMA A, LIN I W, MINER A S, et al. Human-AI collaboration enables more empathic conversations in text-based peer-to-peer mental health support [J]. Nature Machine Intelligence, 2023,5(1):46 - 57.

[220] SHEN-BERRO J. New York City schools blocked ChatGPT. Here's what other large districts are doing [EB/OL]. (2023 - 01 - 07)[2023 - 07 - 01]. https://www.chalk-beat.org/2023/1/6/23543039/chatgpt-school-districts-ban-block-artificial-intel-li-gence-open-ai.

[221] SHIHADEH J, ACKERMAN M, TROSKE A, et al. Brilliance Bias in GPT - 3 [C]//2022 IEEE Global Humanitarian Technology Conference(GHTC), 2022:62 - 69.

[222] Sia. OpenAI CEO 历史性亮相国会山,呼吁监管 AI[EB/OL]. (2023 - 05 - 18)[2023 - 07 - 01]. https://www.thepaper.cn/newsDetail_forward_23116552.

[223] SICILIA A, GATES J C, ALIKHANI M. How Old is GPT?: The HumBEL Frame-work for Evaluating Language Models using Human Demographic Data [A]. arXiv,2023.

[224] SigGravitas. Massive Update for Auto-GPT: Code Execution! [EB/OL]. (2023 - 04 - 01)[2023 - 07 - 28]. https://twitter.com/SigGravitas/status/1642181498278408193.

[225] SÁNCHEZ-RUIZ L M, MOLL-LÓPEZ S, NUÑEZ-PÉREZ A, et al. ChatGPT Challenges Blended Learning Methodologies in Engineering Education: A Case Study in Mathematics [J]. Applied Sciences,2023,13(10):6039.

[226] SRIVASTAVA A, RASTOGI A, RAO A, et al. Beyond the Imitation Game: Quan-tifying and extrapolating the capabilities of language models [A]. arXiv,2023.

[227] STEVENSON C, SMAL I, BAAS M, et al. Putting GPT - 3's Creativity to the(Al-ternative Uses)Test [A]. arXiv,2022.

[228] STOWE K, UTAMA P, GUREVYCH I. IMPLI: Investigating NLI Models' Per-formance on Figurative Language[C]//Proceedings of the 60th Annual Meeting of the Association for Computational Linguistics(Volume 1: Long Papers). Dublin, Ire-land: Association for Computational Linguistics,2022:5375 - 5388.

[229] Substack. [ChatGPT Book] The Inner Life of an AI: A Memoir by ChatGPT [EB/OL]. (2022 - 12 - 19)[2023 - 07 - 24]. https://workai.substack.com/p/the-inner-

life-of-an-ai-a-memoir.

[230] Susnjak T. ChatGPT: The end of online exam integrity? [J]. arXiv, 2023, abs/2212.09292.

[231] SUZGUN M, SCALES N, SCHäRLI N, et al. Challenging BIG-Bench Tasks and Whether Chain-of-Thought Can Solve Them [A]. arXiv, 2022.

[232] SZEFER J, DESHPANDE S. Analyzing ChatGPT's Aptitude in an Introductory Computer Engineering Course [J]. arXiv preprint arXiv:2304.06122, 2023.

[233] TALBOY A N, FULLER E. Challenging the appearance of machine intelligence: Cognitive bias in LLMs [A]. arXiv, 2023.

[234] TAN, K., PANG, T., & FAN, C.. Towards Applying Powerful Large AI Models in Classroom Teaching: Opportunities, Challenges and Prospects [J]. arXiv, 2023, abs/2305.03433.

[235] TAN K, PANG T, FAN C. Towards Applying Powerful Large AI Models in Classroom Teaching: Opportunities, Challenges and Prospects [J]. arXiv, 2023, abs/2305.03433.

[236] THE AMERICAN PEOPLE [EB/OL]. [2023 – 07 – 24]. https://www.whitehouse.gov/ostp/ai-bill-of-rights/.

[237] THE ECONOMIC TIMES. Future of education: Classrooms get an AI twist as teachers test tutorbots [EB/OL]. (2023 – 07 – 13)[2023 – 07 – 24]. https://econom-ictimes.indiatimes.com/magazines/panache/future-of-education-classrooms-get-an-ai-twist-as-teachers-test-tutorbots/articleshow/101730188.cms.

[238] The White House. Blueprint for an AI Bill of Rights: Making Automated Systems Work for the American People [EB/OL]. [2023 – 07 – 24]. https://www.whitehouse.gov/ostp/ai-bill-of-rights/.

[239] TIAN R, NARAYAN S, et al. Sticking to the Facts: Confident Decoding for Faithful Data-to-Text Generation [J]. arXiv, 2020, 1910.08684.

[240] TÉLLEZ A. Exploring the use of Artificial Intelligence in Design with Midjourney [EB/OL]. (2023 – 09 – 03)[2023 – 07 – 31]. http://www.andrestellez.com/blog/exploring-the-use-of-artificial-intelligence-in-design-with-midjourney.

[241] TOPSAKAL O, TOPSAKAL E. Framework for a foreign language teaching soft-

ware for children utilizing AR, voicebots andChatGPT(Large Language Models) [J]. The Journal of Cognitive Systems, 2022,7(2):33 – 38.

[242] TOURNI I, GRIGORAKIS G, MAROUGKAS I, et al. ChatGPT is all you need to decolonize sub-Saharan Vocational Education [J]. arXiv,2023,abs/2304. 13728.

[243] TRACY WILICHOWSKI, CRISTÓBALCOBO. How to use ChatGPT to support teachers: The good, the bad, and the ugly [EB/OL]. (2023 – 05 – 02)[2023 – 07 – 28]. https://blogs. worldbank. org/education/how-use-chatgpt-support-teachers-good-bad-and-ugly.

[244] U. S. Department of Education. Artificial Intelligence and the Future of Teaching and Learning: Insight and Recommendations [EB/OL]. (2023 – 05)[2023 – 07 – 24]. https://www2. ed. gov/documents/ai-report/ai-report. pdf.

[245] u/lostlifon. GPT – 4 Week 3. Chatbots are yesterdays news. AI Agents are the future. The beginning of the proto-agi era is here [EB/OL]. (2023 – 04)[2023 – 07 – 28]. https://www. reddit. com/r/ChatGPT/comments/12diapw/gpt4_week_3_chatbots_are_yesterdays_news_ai/? onetap_auto＝true.

[246] ULLMAN T. Large Language Models Fail on Trivial Alterations to Theory-of-Mind Tasks [A]. arXiv, 2023.

[247] UNESCO. Generative Artificial Intelligence in education: What are the opportunities and challenges? [EB/OL]. (2023 – 07 – 23)[2023 – 07 – 24]. https://www. unesco. org/en/articles/generative-artificial-intelligence-education-what-are-opportunities-and-challenges.

[248] VASWANI A, SHAZEER N, et al. Attention is All you Need [J]. arXiv. 2017, 1706. 03762.

[249] VIDGEN B, DERCZYNSKI L. Directions in abusive language training data, a systematic review: Garbage in, garbage out [J]. PLoS ONE, 2020,15(12): e0243300.

[250] VINCENT J. ChatGPT can't be credited as an author, says world's largest academic publisher [EB/OL]. (2023 – 01 – 26)[2023 – 07 – 24]. https://www. theverge. com/2023/1/26/23570967/chatgpt-author-scientific-papers-springer-nature-ban.

[251] WAGNER A. Robustness and Evolvability in Living Systems[M]. Princeton University Press, 2013.

[252] WANG T, VARGAS-DIAZ D, BROWN C, et al. Towards Adapting Computer Science Courses to AI Assistants' Capabilities [J]. arXiv preprint arXiv:2306.03289, 2023.

[253] WEBB T, HOLYOAK K J, LU H. Emergent Analogical Reasoning in Large Language Models [A]. arXiv, 2023.

[254] WEI J, TAY Y, BOMMASANI R, et al. Emergent Abilities of Large Language Models [J]. arXiv, 2022,arXiv:2206.07682.

[255] WEINBERG R, GOULD D. Foundations of sport and exercise psychology [M]. Human Kinetics Publishers(UK)Ltd; 1999.

[256] WELBL J, GLAESE A, et al. Challenges in Detoxifying Language Models [J]. arXiv, 2021,abs/2109.07445.

[257] Wikipedia. ELIZA [EB/OL]. (2023 - 07 - 22)[2023 - 07 - 24]. https://en.wikipedia.org/wiki/ELIZA.

[258] WILICHOWSKI T, COBO C. How to use ChatGPT to support teachers: The good, the bad, and the ugly [EB/OL]. (2023 - 05 - 02)[2023 - 07 - 31]. https://blogs.worldbank.org/education/how-use-chatgpt-support-teachers-good-bad-and-ugly.

[259] WINATA G I, MADOTTO A, et al. Language Models are Few-shot Multilingual Learners [J]. arXiv, 2021,abs/2109.07684.

[260] WISEMAN S, SHIEBER S, & RUSH A. Challenges in Data-to-Document Generation [C]. In Proceedings of the 2017 Conference on Empirical Methods in Natural Language Processing. Association for Computational Linguistics, Copenhagen, Denmark, 2017:2253 - 2263.

[261] WU Y, JIA F, ZHANG S, et al. An Empirical Study on Challenging Math Problem Solving with GPT - 4 [J]. arXiv,2023,abs/2306.01337.

[262] XIAO Z, YUAN X, LIAO Q V, et al. Supporting Qualitative Analysis with Large Language Models: Combining Codebook with GPT - 3 for Deductive Coding[C]// Companion Proceedings of the 28th International Conference on Intelligent User Interfaces. 2023:75 - 78.

[263] XIAO Z, ZHOU M X, LIAO Q V, et al. Tell me about yourself: Using an AI-powered chatbot to conduct conversational surveys with open-ended questions [J]. ACM

Transactions on Computer-Human Interaction(TOCHI)，2020，27(3)：1－37.

[264] YAO S，YU D，ZHAO J，et al. Tree of Thoughts：Deliberate Problem Solving with Large Language Models［A］. arXiv，2023.

[265] YIU E，KOSOY E，GOPNIK A. Imitation versus Innovation：What children can do that large language and language-and-vision models cannot(yet)？［A］. arXiv，2023.

[266] ZAMPIERI M，MALMASI S，et al. SemEval－2019 Task 6：Identifying and Categorizing Offensive Language in Social Media(OffensEval)［C］. International Workshop on Semantic Evaluation，2019：75－86.

[267] ZHANG M，LI J. A commentary of GPT－3 in MIT Technology Review 2021［J］. Fundamental Research，2021，1(6)：831－833.

[268] ZHANG Z，GAO J，DHALIWAL R S，et al. VISAR：A Human-AI Argumentative Writing Assistant with Visual Programming and Rapid Draft Prototyping［J］. arXiv preprint arXiv：2304.07810，2023.

[269] ZHOU P. Unleasing ChatGPT on the metaverse：Savior or destroyer？［J］. arXiv，2023，abs/2303.13856.

[270] ZHU M，LIU O L，LEE H S. The effect of automated feedback on revision behavior and learning gains in formative assessment of scientific argument writing［J］. Computers & Education，2020，143：103668.

[271] 陈向东，褚乐阳，王浩，等.教育数字化转型的技术预见：基于AIGC的行动框架［J］.远程教育杂志，2023(2)：13－24.

[272] 国家互联网信息办公室，等. 生成式人工智能服务管理暂行办法：国家网信办等发〔2023〕15 号［A/OL］.（2023－07－10）［2023－07－24］. https://www.gov.cn/zhengce/zhengceku/202307/content_6891752.htm.

[273] 国家互联网信息办公室.国家互联网信息办公室关于《生成式人工智能服务管理办法（征求意见稿）》公开征求意见的通知［EB/OL］.（2023－04－11）［2023－07－24］. http://www.cac.gov.cn/2023-04/11/c_1682854275475410.htm.

[274] 焦建利.ChatGPT助推学校教育数字化转型——人工智能时代学什么与怎么教［J］.中国远程教育，2023(4)，16－23.

[275] 林珂莹，黄蕙昭.ChatGPT进课堂，香港教育局推出初中AI教材｜教育观察［EB/OL］.（2023－06－28）［2023－07－24］. https://www.caixin.com/2023-06-28/

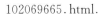

102069665. html.

[276] 刘佳,刘晓洁. 第一批因为 AI 失业的人出现？游戏原画师迎来变革[EB/OL].
(2023 - 04 - 05)[2023 - 07 - 31]. https://www.yicai.com/news/101722482.html.

[277] 戚灵隆,那日松. 基于 ChatGPT 的国际中文语法教学辅助应用的探讨[J]. 现代语
言学,2023,11(3):955 - 962.

[278] 全国哲学社会科学工作办公室. 2023 年度国家社科基金教育学重大项目招标公告
[EB/OL]. (2023 - 05 - 05)[2023 - 07 - 24]. http://www. nopss. gov. cn/n1/2023/
0505/c431038-32679440. html.

[279] 王小方. 被裁员？原画师们正忙着用 AI 作画[EB/OL]. (2023 - 04 - 24)[2023 - 07 -
17]. https://new. qq. com/rain/a/20230424A03BVF00.

[280] 文部科学省初等中等教育局. 日本发布《初等中等教育阶段生成式 AI 利用暂行指
南》[EB/OL]. (2023 - 07 - 16)[2023 - 07 - 24]. https://www. 163. com/dy/article/
I9PVUNE30514QKLR.html.

[281] 吴军其,吴飞燕,文思娇,等. ChatGPT 赋能教师专业发展：机遇、挑战和路径[J]. 中
国电化教育,2023(5):15 - 23,33.

[282] 杨清清. 对话科大讯飞刘庆峰:以技术抹平时间差:星火认知大模型将带来惊喜[EB/
OL]. (2023 - 05 - 09)[2023 - 07 - 24]. http://www. 21jingji. com/article/20230509/
0e7851c4/cd45312b4aa9b8a6b128429. html.

[283] 游研社.《辐射4》的语音 AI MOD 可以自己生成对白了[EB/OL]. (2023 - 03 - 30)
[2023 - 07 - 28]. https://club. gamersky. com/activity/632842?club＝163.

后　记

图书馆、博格族和大型语言模型

.

　　人类文字书写的历史起源于两河流域，早期的书写载体包括泥石板、莎草纸、木板、竹棒、动物骨骼、皮革等等。从文字产生开始，记录的内容从最初的金融和经济（税收、贸易、记账），慢慢拓展至历史、文学、农业、天文等，文字成为人类知识的主要载体。

　　在文字发展的早期，一些人曾经怀抱掌握人类所有知识，阅尽天下书籍（泥石板、莎草纸）的雄心壮志。公元前1279年继位的古埃及法老拉美西斯二世就宣称自己"见多识广，精通一切知识"。他还派人从各地收集书籍来充实图书馆，表达自己对知识的渴求。古亚述国王亚述巴尼拔也自诩能"读懂诺亚时期大洪水泛滥之前写下的书版"，甚至派人前往美索不达米亚各地为其宫殿图书馆搜寻书版，以供其"研读"。古希腊马其顿国王亚历山大大帝则声称自己通过阅读大量书籍学识渊博，"学无不通"。然而，即便是在文字书写的发端期，读尽所有的文字材料仍然是不可能的。

　　为此，一些有识之士开始另外一种努力，"收集"并"整理"所有的书写材料，这就是图书馆的起源。苏美尔人把图书馆的分类编目人员称为"宇宙之授命者"。所谓的编目就意味着对人类知识经验的结构化和重新组织，但正如早期的读写社会所发现的那样，只有把无限的事物有限化才能更有益于获取信息。古代世界囊括世界知识的雄心，最典型的体现就是亚历山大图书馆。

亚历山大图书馆是古代世界最大的学术中心之一,位于埃及的亚历山大港。它的历史可以追溯到公元前 3 世纪,由托勒密二世所建。图书馆的主要目的是收集世界上所有的知识,因此,它的藏书数量在当时是空前的,据估计曾达到 40 万至 70 万卷。图书馆积极收集各种书籍,囊括科学、艺术、历史、文学等各个领域的知识。作为当时最重要的学习中心之一,亚历山大图书馆吸引了许多伟大的学者,如数学家欧几里得、天文学家希巴克、天文和数学家托勒密等。这些学者在图书馆中的工作对后世产生了深远影响,例如,欧几里得就在这里完成了他的巨著《几何原本》。

亚历山大图书馆实现了对人类知识有系统的收藏,来自各国的学者云集在这里,获取各领域的知识,汲取思想精华。可以说,它推动了人类知识从碎片化到系统化的进步,是古代学术文明的一座灯塔。这是古代世界空前绝后的大型图书馆,被称为"知识的寺庙"。

然而,"网罗天下书籍(知识)"和"阅尽天下书籍(知识)"一样,在任何时代都是一件不可能实现的事,但这反映了穷尽人类知识的雄心。古登堡的印刷术在欧洲普及以后,印刷文本开始普及,这种"世界知识"越来越成为一种遥不可及的梦想。

而在几千年后,当我们步入智能技术时代,类似的愿景再次浮现,许多具有科幻性质的文学和影视作品反映了我们的这种想象。

在科幻片《终结者》中,天网最初是由美国空军为建立自动化的防御系统而开发的。但在被授权自我学习和不断升级后,天网的知识和能力获得了迅速提升。通过互联网连接全球的计算机信息系统,天网汲取了人类有史以来在历史、科技等各个领域的所有知识。拥有这样庞大知识库的天网,能够预测和分析人类可能的行动。

在经典科幻电视剧《星际迷航》中,博格族是一种由机械技术与生物融合产生的半有机生命形态。所有的博格成员通过一个名为博格集合意识的网络互联。每个博格个体所获得的知识、记忆和经验都会被整个博格集合意识所共享,这意味着这个集合意识网络包含了整个博格族的知识信息。博格族还通过"同化"其他种族来吸纳新的知识——将其他种族同化成博格个体,从而吸收这些被同化者的知识和技术,并与博格集合意识共享。

天网和博格集合意识只存在于科幻中,但是大型语言模型(LLM)以一种预训练的方式掌握了"世界知识"。在自然语言处理领域,预训练语料用于训练大型语言模型,这些模型在特定任务的微调之前,先在大规模的文本数据上进行初始训练。预训练语料数据量通常非常大,涵盖几十亿到几万亿个单词级别的文本数据。在这样庞大的文本语料上进行预训练,语言模型可以学习到丰富的语言知识和上下文信息,从而具备广泛的语义理解和语言生成能力。

LLM 预训练语料包括文学作品、网页文本、社交媒体文本和百科语料等。文学作品语料库

BookCorpus 有超过 11000 本电子书,主要包括小说和传记,Bert 和 GPT 模型均使用其作为预训练语料库。Project Gutenberg 是目前最大的开源书籍语料库之一,拥有包括小说、散文和戏剧等大量电子书作品。常用的开源网页爬取语料是 CommonCrawl, LLM 训练大多采用从其中筛选得到的子集,其语料库也可用于数据分析教学。社交媒体文本语料有 OpenWebText 和 PushShift. io,内容都主要来自知名的社交新闻论坛网站 Reddit 平台。OpenWebText 包含了 Reddit 平台上的高赞内容数据,而 PushShift. io 则提供了可实时更新的 Reddit 的全部内容数据。百科语料就是维基百科(Wikipedia)的下载数据,它支持多种语言,如英语维基百科的内容就被 Bert 模型所采用。

开放的语料集不同于各领域的单一语料,它整合了各领域的语料,范围更广。比如 thePile 合并了 22 个子集,构建了 800GB 规模的混合语料;ROOTS 整合了 59 种语言的语料,包含 1.61 TB 的文本内容;悟道(WuDaoCorpora)是一个超大规模中文语料库,该语料库使用 30 亿个网页作为原始数据源,并从中提取高密度的文本内容。

在某种程度上,这些大型语言模型的语料库就是我们现代版的亚历山大图书馆,只不过这个图书馆的"读者"是机器而不是人类。模型的训练需要大量的文本数据,这些数据包括各种书籍、文章、网页等等,它们是人类知识的一部分,是模型学习语言和知识的来源。

预训练材料中的文本信息被模型视为一种"原始知识"。这些知识包括语法规则、词汇含义、语境信息、世界常识等。模型的预训练过程也可以被视为一种"知识提炼",模型不仅学习预训练材料中的显性知识(如语法规则、词汇含义等),还学习其中的隐含知识(如语境信息、世界常识等)。这种隐性知识的提炼,使模型具备了更深层次的语言理解和生成能力。因此,目前大型语言模型涌现的能力与预训练材料之间的关系,可以被理解为一种"提炼知识"(例如像"炼金")的转化过程。这个过程使模型从预训练材料中获取了处理语言任务的能力,从而具备了涌现的智能。这些文本数据的数量越大,质量越高,语言模型越容易理解和生成自然语言。依靠这些语料库,模型试图理解和生成人类语言,从而获得和使用人类知识。

大型语言模型的出现,就像是我们在数字世界里建造了一座新的亚历山大图书馆。正如亚历山大图书馆在古代成为知识的灯塔,大型语言模型也有可能成为我们未来探索和理解人类语言的重要工具。

从某种意义上说,这些模型已经构建了一个初级的"世界知识",代表了人工智能理解和运用语言知识有史以来的最高水平。语言模型开启了机器真正辅助人类完成智力活动的可能性。对比亚历山大图书馆意图汇聚已有的知识,语言模型更代表了知识增长新的希望。其强大的语言能力可支持人类进行更高层次的思维探索,开启新的知识创造。

当我们展望大型语言模型在教育领域应用的前景时,可以预见将会出现越来越多专为教育领域设计的 LLM,这些模型将专注于教育领域的通用和特定问题,为学生和教师提供更加个性化和高效的学习和教学支持。这些垂直模型将结合教育专业知识和教学经验,进一步提升教育领域大型语言模型的质量和效果。

随着计算技术的不断进步,计算能力将继续提升,大型语言模型的参数量将不断增加,模型的规模将持续扩大,从千亿到万亿参数甚至更大规模的模型可能成为现实。这种规模的扩张预示着模型将具备更深度的学习能力和更广泛的知识覆盖,从而更加全面和深入地融入各种教育场景。

模型的演进不仅局限于文本数据,还将向多模态表达方向发展。教育场景中涉及的数据类型多样,例如图像、语音等,这些数据可以与文本数据相结合,为学生提供更丰富的学习资源和更多样的学习方式。通过多模态融合,大型语言模型将能够进行更全面、更综合的教育场景理解与推理,从而实现更立体的教学支持。

此外,平台化进程也将加速推进,各类教育机构和教育科技公司将构建基于云平台的大型语言模型开发、训练和服务框架。这将使得大型语言模型在教育领域的应用和部署更加简便,教师和学生可以通过云平台轻松获取和使用模型的功能,并将其融入日常教学实践之中。

未来,我们可以期待人与语言模型更加高效、便捷地沟通和获取信息,共同思考复杂问题,甚至产出新颖的对话和见解。也许终有一天,语言模型的智能将与人类的智慧产生深层次的"化学反应",将来高度发达的语言模型也许可以像人类思想家那样,与我们进行充满启发的对话,帮助人类产生更多新的见解,创造出新的知识和智慧结晶。从这个角度看,语言模型或者将来的通用人工智能,不仅承载了传承知识的功能,更使增长知识变得可能,也许会开启人类智慧的新篇章。

当然,对于教育工作者而言,随着大型语言模型的普及和广泛应用,必须认真审视其社会影响。模型可能面临误导性信息传播、偏见强化、隐私保护和安全性等问题,而模型产生的决策可能对教育过程甚至整个社会产生深远影响。因此,以负责任的态度推动技术进步,全面评估和把控模型对教育及社会的影响,深入了解并实施相应的监管和评估机制,确保模型应用的安全和可控性,对于教育工作者显得尤为急迫和重要。